U0378286

计算机科学与技术专业核心教材体系建设——建议使用时间

课程系列：基础系列　电类系列　程序系列　系统系列　应用系列　选修系列

学期：一年级上　一年级下　二年级上　二年级下　三年级上　三年级下　四年级上　四年级下

- 大学计算机基础
- 离散数学（上）　信息安全导论
- 离散数学（下）
- 数字逻辑设计　数字逻辑设计实验
- 电子技术基础
- 计算机程序设计
- 面向对象程序设计　程序设计实践
- 数据结构
- 算法设计与分析
- 软件工程编译原理
- 软件工程综合实践
- 计算机原理
- 操作系统
- 计算机系统综合实践
- 计算机网络
- 人工智能导论　数据库原理与技术　嵌入式系统
- 计算机体系结构
- 计算机图形学
- 机器学习　物联网导论　大数据分析技术　数字图像技术

选择并交换	92	67	52	56	11	85	15	39	55	82
第1趟	82	67	52	56	11	85	15	39	55	92
第2趟	82	67	52	56	11	55	15	39	85	
第3趟	39	67	52	56	11	55	15	82		
第4趟	39	15	52	56	11	55	67			
第5趟	39	15	52	55	11	56				
第6趟	39	15	52	11	55					
第7趟	39	15	11	52						
第8趟	11	15	39							
第9趟	11	15								

图 5-11　选择排序过程

面向新工科专业建设计算机系列教材

计算机科学与程序设计导论

林龙新　刘小丽　罗三川◎编著

清华大学出版社

北京

内 容 简 介

本书依据教育部"六卓越一拔尖"计划 2.0 关于"新工科、新商科、新医科、新农科、新文科"建设的方针政策,把计算机基础知识和程序设计核心思想融为一体,对相关内容进行简化、提炼,并注重知识的横向联系。全书共 17 章,分为两篇:第一篇为计算机科学核心知识篇,包括第 1~9 章,重点讲解面向培养程序员的计算机科学中的核心知识;第二篇为程序设计核心知识篇,包括第 10~17 章,以提炼程序设计思想和核心理念为主,并通过 Python 语言编写的综合案例把计算机科学与程序设计的诸多关键知识点融入其中。

本书适合高等院校非计算机专业本科生作为计算机通识教育课程的教材,也可以供计算机相关专业学生以及工业界的工程师参考。

图书在版编目(CIP)数据

计算机科学与程序设计导论/林龙新,刘小丽,罗三川编著.—北京:清华大学出版社,2022.6
面向新工科专业建设计算机系列教材
ISBN 978-7-302-61097-7

Ⅰ.①计… Ⅱ.①林… ②刘… ③罗… Ⅲ.①计算机科学-高等学校-教材 ②程序设计-高等学校-教材 Ⅳ.①TP3 ②TP311.1

中国版本图书馆 CIP 数据核字(2022)第 101040 号

责任编辑:白立军
封面设计:刘 乾
责任校对:焦丽丽
责任印制:刘海龙

出版发行:清华大学出版社
      网　　　址:http://www.tup.com.cn,http://www.wqbook.com
      地　　　址:北京清华大学学研大厦 A 座　　　　邮　　编:100084
      社 总 机:010-83470000　　　　邮　　购:010-62786544
      投稿与读者服务:010-62776969,c-service@tup.tsinghua.edu.cn
      质量反馈:010-62772015,zhiliang@tup.tsinghua.edu.cn
      课件下载:http://www.tup.com.cn,010-83470236
印 装 者:三河市天利华印刷装订有限公司
经　　销:全国新华书店
开　　本:185mm×260mm　　印　张:17.5　　插　页:1　　字　数:408 千字
版　　次:2022 年 6 月第 1 版　　　　印　　次:2022 年 6 月第 1 次印刷
定　　价:59.00 元

产品编号:091957-01

出版说明

一、系列教材背景

　　人类已经进入智能时代,云计算、大数据、物联网、人工智能、机器人、量子计算等是这个时代最重要的技术热点。为了适应和满足时代发展对人才培养的需要,2017 年 2 月以来,教育部积极推进新工科建设,先后形成了"复旦共识""天大行动""北京指南",并发布了《教育部高等教育司关于开展新工科研究与实践的通知》《教育部办公厅关于推荐新工科研究与实践项目的通知》,全力探索形成领跑全球工程教育的中国模式、中国经验,助力高等教育强国建设。新工科有两个内涵:一是新的工科专业;二是传统工科专业的新需求。新工科建设将促进一批新专业的发展,这批新专业有的是依托于现有计算机类专业派生、扩展而成的,有的是多个专业有机整合而成的。由计算机类专业派生、扩展形成的新工科专业有计算机科学与技术、软件工程、网络工程、物联网工程、信息管理与信息系统、数据科学与大数据技术等。由计算机类学科交叉融合形成的新工科专业有网络空间安全、人工智能、机器人工程、数字媒体技术、智能科学与技术等。

　　在新工科建设的"九个一批"中,明确提出"建设一批体现产业和技术最新发展的新课程""建设一批产业急需的新兴工科专业"。新课程和新专业的持续建设,都需要以适应新工科教育的教材作为支撑。由于各个专业之间的课程相互交叉,但是又不能相互包含,所以在选题方向上,既考虑由计算机类专业派生、扩展形成的新工科专业的选题,又考虑由计算机类专业交叉融合形成的新工科专业的选题,特别是网络空间安全专业、智能科学与技术专业的选题。基于此,清华大学出版社计划出版"面向新工科专业建设计算机系列教材"。

二、教材定位

　　教材使用对象为"211 工程"高校或同等水平及以上高校计算机类专业及相关专业学生。

三、教材编写原则

（1）借鉴 *Computer Science Curricula* 2013（以下简称 CS2013）。CS2013 的核心知识领域包括算法与复杂度、体系结构与组织、计算科学、离散结构、图形学与可视化、人机交互、信息保障与安全、信息管理、智能系统、网络与通信、操作系统、基于平台的开发、并行与分布式计算、程序设计语言、软件开发基础、软件工程、系统基础、社会问题与专业实践等内容。

（2）处理好理论与技能培养的关系，注重理论与实践相结合，加强对学生思维方式的训练和计算思维的培养。计算机专业学生能力的培养特别强调理论学习、计算思维培养和实践训练。本系列教材以"重视理论，加强计算思维培养，突出案例和实践应用"为主要目标。

（3）为便于教学，在纸质教材的基础上，融合多种形式的教学辅助材料。每本教材可以有主教材、教师用书、习题解答、实验指导等。特别是在数字资源建设方面，可以结合当前出版融合的趋势，做好立体化教材建设，可考虑加上微课、微视频、二维码、MOOC 等扩展资源。

四、教材特点

1. 满足新工科专业建设的需要

系列教材涵盖计算机科学与技术、软件工程、物联网工程、数据科学与大数据技术、网络空间安全、人工智能等专业的课程。

2. 案例体现传统工科专业的新需求

编写时，以案例驱动，任务引导，特别是有一些新应用场景的案例。

3. 循序渐进，内容全面

讲解基础知识和实用案例时，由简单到复杂，循序渐进，系统讲解。

4. 资源丰富，立体化建设

除了教学课件外，还可以提供教学大纲、教学计划、微视频等扩展资源，以方便教学。

五、优先出版

1. 精品课程配套教材

主要包括国家级或省级的精品课程和精品资源共享课的配套教材。

2. 传统优秀改版教材

对于已经出版的、得到市场认可的优秀教材，由于新技术的发展，计划给图书配上新的教学形式、教学资源的改版教材。

3. 前沿技术与热点教材

反映计算机前沿和当前热点的相关教材，例如云计算、大数据、人工智能、物联网、网络空间安全等方面的教材。

六、联系方式

联系人：白立军

联系电话：010-83470179

联系和投稿邮箱：bailj@tup.tsinghua.edu.cn

"面向新工科专业建设计算机系列教材"编委会

2019 年 6 月

面向新工科专业建设计算机系列教材编委会

主　任：

张尧学　清华大学计算机科学与技术系教授　中国工程院院士/教育部高等学校软件工程专业教学指导委员会主任委员

副主任：

陈　刚　浙江大学计算机科学与技术学院　　　　　　　　院长/教授
卢先和　清华大学出版社　　　　　　　　　　　　　　　常务副总编辑、副社长/编审

委　员：

毕　胜　大连海事大学信息科学技术学院　　　　　　　　院长/教授
蔡伯根　北京交通大学计算机与信息技术学院　　　　　　院长/教授
陈　兵　南京航空航天大学计算机科学与技术学院　　　　院长/教授
成秀珍　山东大学计算机科学与技术学院　　　　　　　　院长/教授
丁志军　同济大学计算机科学与技术系　　　　　　　　　系主任/教授
董军宇　中国海洋大学信息科学与工程学院　　　　　　　副院长/教授
冯　丹　华中科技大学计算机学院　　　　　　　　　　　院长/教授
冯立功　战略支援部队信息工程大学网络空间安全学院　　院长/教授
高　英　华南理工大学计算机科学与工程学院　　　　　　副院长/教授
桂小林　西安交通大学计算机科学与技术学院　　　　　　教授
郭卫斌　华东理工大学信息科学与工程学院　　　　　　　副院长/教授
郭文忠　福州大学数学与计算机科学学院　　　　　　　　院长/教授
郭毅可　上海大学计算机工程与科学学院　　　　　　　　院长/教授
过敏意　上海交通大学计算机科学与工程系　　　　　　　教授
胡瑞敏　西安电子科技大学网络与信息安全学院　　　　　院长/教授
黄河燕　北京理工大学计算机学院　　　　　　　　　　　院长/教授
雷蕴奇　厦门大学计算机科学系　　　　　　　　　　　　教授
李凡长　苏州大学计算机科学与技术学院　　　　　　　　院长/教授
李克秋　天津大学计算机科学与技术学院　　　　　　　　院长/教授
李肯立　湖南大学　　　　　　　　　　　　　　　　　　校长助理/教授
李向阳　中国科学技术大学计算机科学与技术学院　　　　执行院长/教授
梁荣华　浙江工业大学计算机科学与技术学院　　　　　　执行院长/教授
刘延飞　火箭军工程大学基础部　　　　　　　　　　　　副主任/教授
陆建峰　南京理工大学计算机科学与工程学院　　　　　　副院长/教授
罗军舟　东南大学计算机科学与工程学院　　　　　　　　教授
吕建成　四川大学计算机学院(软件学院)　　　　　　　　院长/教授
吕卫锋　北京航空航天大学　　　　　　　　　　　　　　副校长/教授

FOREWORD

前言

　　随着以大数据、云计算、人工智能、"互联网＋"等为代表的新一代信息技术的高速发展,信息技术正深刻地渗透和改变着社会的方方面面,给大学教育中各学科的人才培养、科学研究、创新创业带来了前所未有的冲击,出现了越来越多新兴交叉研究领域和方向。例如,新闻和传播领域的计算传播学、计算广告学、网络与新媒体方向;医学领域的医学大数据、基于 AI 的辅助医疗等;经济、管理等学科也和数据科学紧密相关。2019 年 4 月 29日,教育部、中央政法委、科技部等 13 个部门在天津联合启动"六卓越一拔尖"计划 2.0,全面推进"新工科、新医科、新农科、新文科"建设,提升高校服务社会的能力。

　　无疑,在新形势下,这些新学科的发展和创新人才培养离不开计算机相关技术,尤其是程序设计能力的培养。而 Python 作为数据科学、人工智能领域的核心编程语言,近年来迅速在学术界、工业界得到了广泛应用,从 2011 年被 Google 濒临抛弃的编程语言一跃成为国际编程语言热度权威排行榜 TIOBE 榜单中排名第 1 的编程语言。本书基于新形势下对计算机基础知识、程序设计的全新需求,结合当下"互联网＋"时代的"碎片化"学习的鲜明特征,把原来属于"计算机科学导论"和"程序设计基础"两门课程的内容,进行了高度浓缩,同时加入了第一编著者 20 多年的工程实践经验。在内容上坚持"简、精、顺"的理念。"简"是奉行"简单为美"的教学理念,尽可能把计算机科学和程序设计的核心知识点简单易懂地表述出来;"精"是把计算机科学和程序设计中在产业界真正实用的"精华"呈现出来;"顺"的目标是把计算机科学和程序设计的知识体系和脉络打通,使得其更为顺畅和实用。

　　本书分为两篇:第一篇为计算机科学核心知识篇,包括第 1～9 章,重点讲解面向培养程序员的计算机科学中的核心知识;第二篇为程序设计核心知识篇,包括第 10～17 章,以提炼程序设计思想和核心理念为主,并通过 Python 语言编写的一个综合案例把计算机科学与程序设计的诸多关键知识点融入其中。

　　本书由林龙新统一组织、策划和统稿,并邀请到刘小丽、罗三川共同撰写。其中,林龙新独立编写了第 4、8、9、10、12、14、15、16 章;刘小丽独立编写了第 1、2、3、5 章;罗三川独立编写了第 11、13 章;第 6、7 章由罗三川和刘小丽共同编写;第 17 章由罗三川和林龙新共同编写。此外,还为第一篇和第二篇分别提供了各自的引言内容,以描述各章节之间的内在联系。本书获得"暨南大学本科教材资助项目"的特别资助,在此表示感谢!

由于编者水平有限,不足之处在所难免,望读者批评指正。

编　者

2022 年 2 月

CONTENTS

目录

第二篇　程序设计核心知识

第一篇 计算机科学核心知识

现代计算机自20世纪40年代被发明以来，对整个世界的改变之巨大，有目共睹。一直以来，由计算机技术、互联网技术引发的信息技术和信息产业为社会带来了大量的就业机会，并且是"高薪水"和"高强度"的代名词。近年来在IT界甚嚣尘上的"996"工作时间之争，其根源在于IT产业的应用需求和以程序员为代表的"生产力"之间的不匹配，从供求关系来看，可以认为是"产业需求"和程序员"供给能力"的差距。从IT从业人员以及社会主流意识来看，认为是企业要求太高，对IT从业人员缺乏必要的关怀；站在企业家的角度而言，他们几乎异口同声地对"996"工作制持无奈的肯定态度。从笔者的从业经历来看，上述观点均合情合理，但是有一点值得关注：IT从业人员，尤其是程序员在进入职场前计算机科学和程序设计的教育非常不到位、不接地气，大部分无法称之为专业人士，在进入工作岗位之后，基本上需要花费大量精力"再回炉"。这种"再回炉"的成本对占绝大多数的中小企业而言，无疑会带来沉重的包袱。

有感于此，本书从软件研发者的市场需求出发，反向导出在计算机科学和程序设计基础方面所需要的关键知识点，提出了如图1所示的知识结构和学习路径。

全书内容分为两篇：第一篇计算机科学核心知识篇、第二篇程序设计核心知识篇，再加上相应的应用实践环节分别代表计算机科学与程序设计知识训练的3个不同层次，即基础层、能力层和应用层。在基础层，重点介绍计算机科学核心知识及其脉络，这是本篇的主要内容；在能力层，以培养学生的"编程能力"为核心，重点介绍程序设计的共同概念、面向对象和面向过程程序设计思想，并且以一门具体的编程语言为例进行细致讲解（本书采用Python编程语言），并通过一个综合案例把第一篇和第二篇部分的重要知识点进行

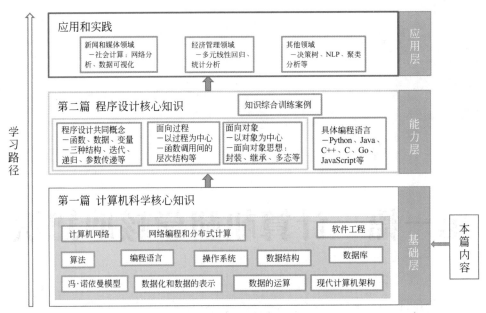

图 1　本书内容分层结构和学习路径

串联和综合训练。最后通过本课程的学习,学生可以针对具体的领域问题,例如新闻和媒体领域、经济和管理领域、人文社科领域等进行应用实践。应用实践的高级应用案例可以放入后续的实验实践教材,本书不再深入描述。

　　本篇中,计算机科学核心知识被分为 9 章来说明,其内容和关系如图 2 所示。

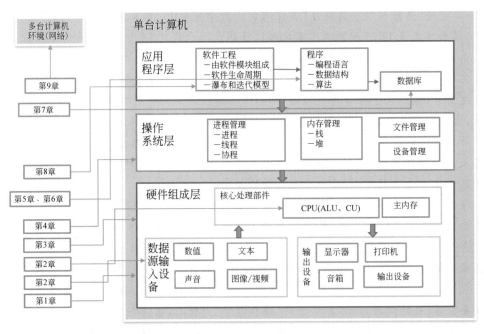

图 2　本篇章节、知识点内容和相互关系图

第 1 章介绍计算机的起源、动机、其可编程的数据处理机模型以及冯·诺依曼计算模型，指出现代计算机的主要工作是对数据进行加工、处理、变换、存储和输出；第 2 章讨论如何"数据化"以及对数据如何"加工、处理和变换"；第 3 章讨论冯·诺依曼计算模型的架构组成，需要深刻理解机器指令的执行过程；第 4 章重点介绍操作系统的核心功能，包括：处理机管理中的进程、线程概念，内存管理功能，文件管理功能和设备管理的思想；第 5 章重点介绍算法和程序设计的基本概念、常用的程序设计模式（面向过程、面向对象和函数式模式）；第 6 章重点介绍数据结构，即如何根据基本数据类型来构建任意结构的复杂数据类型，尤其是常用的线性结构、树结构和图结构；第 7 章针对计算机模型中的"存储"功能进行展开，主要讨论数据"持久化"技术中的数据库技术，尤其是关系数据库，切实掌握"关系"的定义、关系的主要代数运算法则，由此深刻理解 SQL 语句；第 8 章系统性介绍软件工程的两种重要模型，即"瀑布模型"和"增量模型"，分别介绍了软件工程中的"分析、设计、实现和测试"等重要阶段的内涵和方法等，其目的是希望程序员在进行程序设计时具备"系统工程"的思维；前 8 章局限于通过单台计算机完成问题求解，第 9 章把计算机的计算能力推广到网络环境，依赖多台计算机协作完成，即所谓的"分布式计算"，其所依赖的基础是计算机网络，故重点讲解了互联网的 TCP/IP 模型、TCP、UDP 和端口的概念，以及它们如何提供可靠和不可靠的网络服务，针对程序员尤其重点强调了 Socket 编程的理念。

以上章节所包含的知识点是彼此紧密相连的，它们之间的关系如图 2 所示，希望读者通过本篇学习，对计算机的核心知识的内涵、它们之间的联系和脉络有清晰、准确的认知。

本书作者结合自身的经验，提出了一个重要的观点：**计算机编程就是对生活中事情（或活动）的建模，而生活中的事情又是物体之间相互作用的过程体现**。计算机程序通过**函数实现了对事情的建模，通过数据实现对物体的建模**。本质上而言，程序设计就是一种建模的过程，如同数学是对生活中与计算有关的建模，语言和文字是对其他事物的建模一样，**计算机编程可以在数学、语言和文字模型的基础上再做二次建模或者直接建模**。这种思想一直贯穿于整本书的写作过程。

计算机模型和历史

计算机指令是指挥计算机工作的指示和命令,程序就是一系列按一定顺序排列的指令,执行程序的过程就是计算机的工作过程。控制器靠指令指挥计算机工作,人们用指令表达自己的意图,并交给控制器执行。

◆ 1.1 起源和驱动力

为了提高工作效率,人类不断地做着各种努力,发明了各种机器工具,将自己从繁重的劳动中解放出来,计算机的产生源于最基本的数字计算。

计算的起源:假如有个小孩,第一次给他一个糖果,第二次给他两个糖果,然后问他总共有几个糖果,于是他就数手指头,给几个糖果就伸出几个手指头,这就是最早期的计算机。手指为硬件,人脑有自己的一套计算规则,组成一台最简单的计算机。但是随着给的糖果越来越多,手指头不够用了,加上脚指头也不够用了,怎么办呢,可以借助算盘来计算。算盘可以说是相当复杂的一台计算器了,算盘算是硬件,珠算口诀算是软件,通过人发送计算指令,它可以存储、运算,最终计算并展示出结果。

接下来还有更复杂的事情:需要算一下这个月买了多少玩具、家里还剩多少种零食、每天吃几块曲奇才能保证周五还有曲奇可以吃,这时就需要更加复杂的计算工具,在计算的过程中还要存储玩具和零食等信息。当然,生活中我们不仅需要管理小朋友的零食和玩具,还需要这个工具能帮我们快速地处理日常事务,需要有快速的计算能力和存储功能,这种工具被我们称为计算机。

可以说,计算机的始祖是计算工具,计算机是人类不断追求计算速度的产物。

◆ 1.2 图 灵 模 型

如何设计一台机器帮我们完成复杂的计算工作?这台机器需要足够通用,以应对不同的处理状态。

1.2.1 可编程数据处理机

首先我们需要的一个功能强大的计算机器,它能够按我们的要求进行计算,也就是需要能够识别用户的指令,针对用户的指令,根据既定的规则,一步步正确地完成计算。例如"四则运算器",这台机器需要能够具备一定的能力:掌握乘法口诀表和四则运算规则、识别用户的输入、显示计算结果等,并且我们希望计算过程能够自动完成。其数据处理过程如表 1-1 所示。

表 1-1　数据处理过程

功　　能	基　本　能　力
记住运算规则	存储
识别用户输入	输入
规划运算过程	逻辑控制
计算过程实施	运算器
显示计算结果	输出
自动计算	基于某种硬件(如电子元器件)

所以,可以设计一种电子装置,它采用可编程存储器,用于存储运算规则,执行逻辑运算和算术运算,并通过数字或模拟式输入输出不断实现输入和输出,从而实现计算的自动化。

1.2.2　通用图灵机

通用图灵机是能模拟人类所能进行的任何计算过程的机器。首先我们来理解乘法运算的计算过程,如计算 12×34。计算过程中需要有一张草稿纸和一支笔,在纸上记录下某些中间状态(见图 1-1),在计算之前我们已经掌握了乘法运算规则,基于运算规则和输入的数据实现状态间的迁移,当计算完毕后显示最终结果。

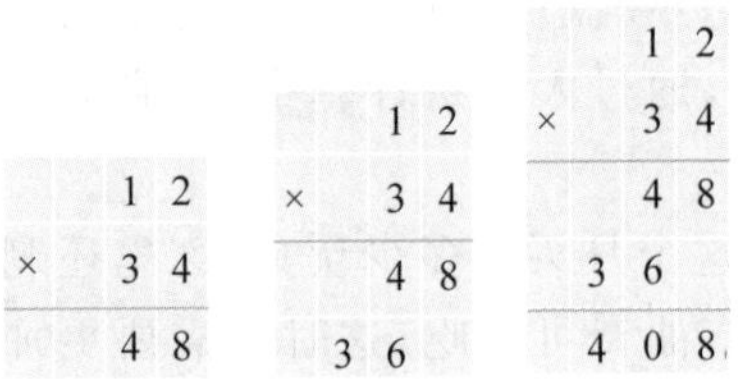

图 1-1　计算 12×34 时的部分中间状态

我们设计的机器要实现通用的计算,就需要能够识别并处理任何数据和任何状态,图灵提出的图灵机就满足我们的需求。

所谓图灵机就是指一个抽象的机器,它有一条无限长的纸带(对应"草稿纸"),纸带分成了一个一个的小方格,每个方格有不同的颜色。有一个机器头(对应"笔")在纸带上移来移去。机器头有一组内部状态,还有一些固定的程序(对应"运算规则")控制读写头。在每个时刻,机器头都要从当前纸带上读入一个方格信息,然后结合自己的内部状态查找程序表,根据程序输出信息到纸带方格上,并转换自己的内部状态,然后进行移动。与图 1-1 中的计算做个类比:纸带好比草稿纸、机器头相当于笔、固定程序就是运算规则。

可将图灵机形式化描述为一个七元组,$\{Q, \Sigma, \Gamma, \delta, q_0, q_{\mathrm{accept}}, q_{\mathrm{reject}}\}$,其中,$Q$、$\Sigma$、$\Gamma$ 都是有限集合,且满足:

(1) Q 是状态集合。

(2) Σ 是输入字母表,其中不包含特殊的空白符□。

（3）Γ 是纸带字母表，其中 $\square\in\Gamma$ 且 $\Sigma\in\Gamma$。

（4）$\delta:Q\times\Gamma\rightarrow Q\times\Gamma\times\{L,R\}$ 是转移函数，其中 L、R 表示读写头是向左移还是向右移。

（5）$q_0\in Q$ 是起始状态。

（6）q_{accept} 是接受状态。

（7）q_{reject} 是拒绝状态，且 $q_{reject}\neq q_{accept}$。

图灵机 $M=(Q,\Sigma,\Gamma,\delta,q_0,q_{accept},q_{reject})$ 将以如下方式运作。

开始的时候将输入符号串从左到右依此填在纸带的第 0 号格子上，其他格子保持空白（即填以空白符）。M 的读写头指向第 0 号格子，M 处于状态 q_0。机器开始运行后，按照转移函数 δ 所描述的规则进行计算。例如，若当前机器的状态为 q，读写头所指的格子中的符号为 x，设 $\delta(q,x)=(q',x',L)$，则机器进入新状态 q'，将读写头所指的格子中的符号改为 x'，然后将读写头向左移动一个格子。若在某一时刻，读写头所指的是第 0 号格子，但根据转移函数它下一步将继续向左移，这时它停在原地不动。换句话说，读写头始终不移出纸带的左边界。若在某个时刻 M 根据转移函数进入了状态 q_{accept}，则它立刻停机并接受输入的字符串；若在某个时刻 M 根据转移函数进入了状态 q_{reject}，则它立刻停机并拒绝输入的字符串。

注意，转移函数 δ 是一个部分函数，换句话说，对于某些 q、x，$\delta(q,x)$ 可能没有定义，如果在运行中遇到下一个操作没有定义的情况，机器将立刻停机。图灵机的理想状态如图 1-2 所示。

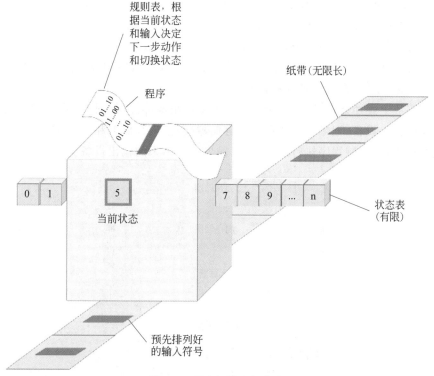

图 1-2 图灵机的理想状态

◆ 1.3 冯·诺依曼模型

图灵机主要解决了数学计算问题,它对不同的问题用不同的转移状态表,只有深入了解了计算机的构造才能用它"编程"。总结起来,图灵机没能将指令存储起来重复使用,指令系统单一且不够完善。

而在现实世界中,人们期望机器能帮人们快速解决更多的复杂数据处理问题,这时,冯·诺依曼提出了冯·诺依曼模型。冯·诺依曼原本是数学家,他参与的"曼哈顿计划"(美国陆军部研制原子弹计划),原子核裂变的各项数据非常繁杂,如果用人工来计算,即便有 1000 个聪慧如冯·诺依曼的人也不可能完成。冯·诺依曼提出了一个新的改进方案来提高计算速度,一是用二进制代替十进制,进一步提高电子元件的运算速度;二是存储程序(stored program),即把程序放在计算机内部的存储器中。存储程序解决了当时计算机内外联系不便的不足。

1.3.1 冯氏架构组成

冯·诺依曼理论的要点是:数字计算机的数制采用二进制;计算机应该按照程序顺序执行——预先编制计算程序,然后由计算机按照人们事前制定的计算顺序来执行数值计算工作。人们把冯·诺依曼的这个理论称为冯·诺依曼体系结构,简称冯氏架构。

根据冯·诺依曼体系结构构成的计算机,必须具有如下功能。

(1)把需要的程序和数据送至计算机中。

(2)必须具有长期记忆程序、数据、中间结果及最终运算结果的能力。

(3)能够完成各种算术、逻辑运算和数据传送等数据加工处理的能力。

(4)能够根据需要控制程序走向,并能根据指令控制机器的各部件协调操作。

(5)能够按照要求将处理结果输出给用户。

为了完成上述功能,计算机必须具备 5 大基本组成部件,如图 1-3 所示,包括:输入数据和程序的输入设备、记忆程序和数据的存储器(包括内存储器和外存储器)、完成数据加工处理的运算器、控制程序执行的控制器、输出处理结果的输出设备。

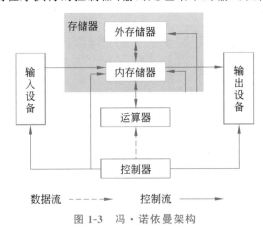

图 1-3　冯·诺依曼架构

1.3.2　存储程序

在冯氏架构中,待处理的指令和数据可以用相同方式一起放在存储器中(也就是存储程序),程序按顺序自动执行。"存储程序"的原理是,将根据特定问题编写的程序存放在计算机存储器中,当需要执行时将程序调入中央处理器(Central Process Unit,CPU)的指令寄存器,按顺序执行。CPU 由运算器、控制器和寄存器及实现它们之间联系的数据、控制及状态的总线构成。如图 1-4 所示,将写好的存储程序通过缓存寄存器或者直接放入指令寄存器,然后被 CPU 一条条执行。

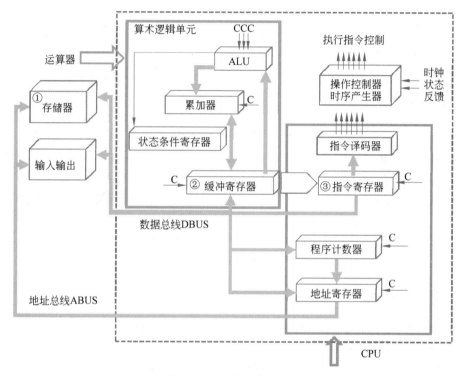

图 1-4　CPU 中的存储程序

这里的程序指的是针对 CPU 的指令编程,所谓指令是一串二进制数,它规定机器做什么操作。指令分为两部分:操作码和操作数。操作码说明要做什么操作,操作数指明要处理的数据的存放地址在什么地方。

简而言之,存储程序是指通过输入设备,把程序载入存储器中临时存储起来;在存储器中,不论是程序还是数据,都是以二进制的形式存储的。

1.3.3　顺序执行

CPU 从存储器或高速缓冲存储器中取出指令,放入指令寄存器,对指令译码,并执行指令。基本上所有 CPU 的运作原理都可分为 4 个阶段:取指令(Fetch)、指令解码(Decode)、指令执行(Execute)和结果写回(Write back)。详细介绍如下。

1. 取指令阶段

取指令阶段是将一条指令从主存中取到指令寄存器的过程。程序计数器 PC（Program Count）中的数值，用来指示当前指令在主存中的位置。当一条指令被取出后，PC 中的数值将根据指令字长度而自动递增。每取一条指令，控制器中的指令计数器就加 1，确定下一条指令的地址，控制器按顺序取得下一条程序指令，解析指令，然后各部件执行指令，如此循环往复持续不断，直到程序结束。

2. 指令解码阶段

控制器对取到的程序指令进行分析和解释，确定指令的含义和具体工作任务，然后产生与该任务对应的控制信息，发送给相应部件。例如，如果任务是做两个数的加法，则发送控制信息指挥运算器从存储器中取出参与运算的两个数，进行加法运算。

3. 执行指令阶段

此阶段的任务是完成指令所规定的各种操作，具体实现指令的功能。控制器根据指令的性质，向计算机各部件发出相应的控制信号，有序地控制各部件完成规定的操作。例如，运算器收到加法控制命令和参与运算的两个数，就执行加法运算，运算产生的结果数据传送到存储器中临时保存起来。在这一阶段，CPU 的不同部分被连接起来，以执行所需的操作。例如，如果要求完成一个加法运算，算术逻辑单元 ALU 将被连接到一组输入和一组输出，输入端提供需要相加的数值，输出端将含有最后的运算结果。根据指令需要，有可能要访问主存，读取操作数，这样就进入了访存取数阶段。

4. 结果写回阶段

作为最后一个阶段，结果写回阶段把执行指令阶段的运行结果数据"写回"到某种存储形式：结果数据经常被写到 CPU 的内部寄存器中，以便被后续的指令快速地存取；在有些情况下，结果数据也可被写入相对较慢、但较廉价且容量较大的主存。许多指令还会改变程序状态字寄存器中标志位的状态，这些标志位标识着不同的操作结果，可被用来影响程序的动作。

◆ 1.4　计算机的发展历史

计算机发展到今天，已经从机械时代发展到电子时代。计算机发展史上的著名人物如下。

（1）艾伦·图灵（Alan Turing）——计算机科学之父。

（2）查尔斯·巴贝奇（Charles Babbage）——通用计算机之父。

（3）约翰·阿坦那索夫（John Vincent Atanasoff）——电子计算机之父。

（4）约翰·冯·诺依曼（John Von Neumann）——现代计算机之父。

1.4.1　机械计算机时代

机械计算机由杠杆、齿轮等机械部件而非电子部件构成。最常见的例子是加法器和机械计数器，它们使用齿轮的转动来增加显示的输出。更复杂的例子可以进行乘法和除法。英国发明家查尔斯·巴贝奇使用机械的方式发明了世界上第一台机械式计算机。为了纪念查尔斯·巴贝奇的突出贡献，计算机界又给他颁发了一个"通用计算机之父"的称号。

机械计算器一般有成千上万个零件，出现故障时维修人员必须将其拆散，更换零件，重新组装，再对整台计算器进行校验，确保正常运行。机械计算机的运行速度相当慢，并且保养极其复杂。

1.4.2　电子计算机诞生

依据冯·诺依曼架构，现在需要一种材料来实现计算机的功能，这种材料能够存储一定的信息、表示稳定的状态、易于实现状态的快速迁移。在阿坦那索夫和贝瑞等人的实验中发现了电子管，使得他们研制了第一台计算机 ABC（Atanasoff-Berry Computer，ABC），共有 300 个电子管，能做加法和减法运算，以鼓状电容器来存储 300 个数字，机器的质量是 320kg，大小像一张桌子那么大，它的运算速度比原来的机械计算器快得多。

电子计算机是利用电子技术和相关原理根据一系列指令来对数据进行处理的机器。电子计算机是由各种电子元件组成，而电子元件只有导通与断开两种不同的物理稳定状态，正好与二进制中的 1 和 0 相对应，从而二进制易于用电子元件来实现。基于逻辑代数，二进制数的运算可用逻辑线路来实现。此外，逻辑电路是一种以二进制为基础、实现数字信号逻辑运算和操作的电路，由于只分高、低电平，具有抗干扰力强、精度和保密性佳等优势。

电的速度很快，虽然电速与电路以及导线的具体结构有关，但最低电速依然远远高于人类的机械运动，在尝到第一台计算机的甜头之后，很快就有了世界上第一台通用计算机 ENIAC（Electronic Numerical Integrator And Computer，电子数字积分计算机）。ENIAC 是图灵完全的电子计算机，能够重新编程，解决各种计算问题，它于 1946 年 2 月 14 日在美国宣告诞生。它包含了 17 468 个真空管，7200 个水晶二极管，70 000 个电阻器，10 000 个电容器，1500 个继电器，6000 多个开关，每秒执行 5000 次加法或 400 次乘法，计算速度是继电器计算机的 1000 倍、手工计算的 20 万倍。

1.4.3　电子计算机的发展

根据计算机采用的物理器件，一般将计算机的发展分为以下 4 个时代：电子管、晶体管、集成电路和大规模、超大规模集成电路。

1. 第一阶段：电子管计算机（1946—1957 年）

第一代基于电子管的计算机采用电子管作为基本逻辑部件，体积大，耗电量大，寿命短，可靠性大，成本高。采用电子射线管作为存储部件，容量很小，后来外存储器使用了磁鼓存储信息,扩充了容量。输入输出装置落后,主要使用穿孔卡片,速度慢,外出使用十分不便。没有系统软件,只能用机器语言和汇编语言编程。

2. 第二阶段：晶体管计算机(1958—1964 年)

第二代基于晶体管的计算机采用晶体管制作基本逻辑部件,体积减小,重量减轻,能耗降低,成本下降,计算机的可靠性和运算速度均得到提高。普遍采用磁芯作为存储器,采用磁盘/磁鼓作为外存储器。开始有了系统软件(监控程序),提出了操作系统的概念,出现了高级语言。

3. 第三阶段：集成电路计算机(1965—1969 年)

第三代计算机采用中小规模集成电路制作各种逻辑部件,从而使计算机体积变小,重量更轻,耗电更省,寿命更长,成本更低,运算速度有了更大的提高。采用半导体存储器作为主存,取代了原来的磁芯存储器,使存储器容量的存取速度有了大幅度提高,增加了系统的处理能力。系统软件有了很大发展,出现了分时操作系统,多用户可以共享计算机软硬件资源。在程序设计方面采用了结构化程序设计,为研制更加复杂的软件提供了技术上的保证。

4. 第四阶段：大规模、超大规模集成电路计算机(1970 年至今)

第四代计算机采用大规模、超大规模集成电路,使计算机体积、重量、成本均大幅度降低,出现了微型计算机。作为主存的半导体存储器,其集成度越来越高,容量越来越大;外存储器除广泛使用软、硬磁盘外,还引进了光盘。各种使用方便的输入输出设备相继出现。软件产业高度发达,各种实用软件层出不穷,极大地方便了户。计算机技术与通信技术相结合,计算机网络把世界紧密地联系在一起。

1.4.4　未来计算机

基于集成电路的计算机短期内还不会退出历史舞台,但一些新的计算机正在跃跃欲试地加紧研究,这些计算机是生物计算机、量子计算机、光计算机、纳米计算机和 DNA 计算机等。

1. 生物计算机

生物计算机是以生物芯片取代在半导体硅片上集成数以万计的晶体管制成的计算机。它的主要原材料是生物工程技术产生的蛋白质分子,并以此作为生物芯片,实现更大规模的高度集成。

2. 量子计算机

量子计算机是一类遵循量子力学规律进行高速数学和逻辑运算、存储及处理量子信息的物理装置。当某个装置处理和计算的是量子信息,运行的是量子算法时,它就是量子计算机。

3. 光子计算机

光子计算机是一种由光信号进行数字运算、逻辑操作、信息存储和处理的新型计算机。它由激光器、光学反射镜、透镜、滤波器等光学元件和设备构成,靠激光束进入反射镜和透镜组成的阵列进行信息处理,以光子代替电子,光运算代替电运算。

1.5　术　语　表

冯·诺依曼架构(Von Neumann architecture):冯·诺依曼于 1946 年提出存储程序原理,把程序本身当作数据来对待,程序和该程序处理的数据用同样的方式存储,计算机硬件由运算器、控制器、存储器、输入设备和输出设备 5 大部分组成。

存储程序(stored program):将根据特定问题编写的程序存放在计算机存储器中。

图灵机(Turing machine):又称图灵计算机。它是指一个抽象的机器,是英国数学家图灵于 1936 年提出的一种抽象的计算模型,即将人们使用纸笔进行数学运算的过程进行抽象,由一个虚拟的机器替代人类进行数学运算。

1.6　练　习

一、填空题

1. 现代计算机采用的电子元器件是_____。

2. 指令分为两部分:操作码和操作数,_____是指计算机程序中所规定的要执行操作的那一部分指令或字段,_____指参加运算的数据及其所在的单元地址。

3. CPU 的运作原理可分为_____、_____、_____和_____ 4 个阶段。

4. 微型机的软盘与硬盘比较,_____的特点是存取速度快及存储容量大。

5. 文字信息处理时,各种文字符号都是以_____的形式存储在计算机中。

二、判断题

1. 计算机的中央处理器简称为 ALU。　　　　　　　　　　　　　　　　　　(　　)

2. 中央处理器和主存储器构成计算机的主体,称为主机。　　　　　　　　(　　)

3. 一个完整的计算机系统应包括硬件系统和软件系统。　　　　　　　　　(　　)

4. 计算机的硬件系统由控制器、显示器、打印机、主机、键盘组成。　　　　(　　)

5. 外存中的数据可以直接进入 CPU 被处理。　　　　　　　　　　　　　　(　　)

三、选择题

1. 冯·诺依曼架构由输入设备、输出设备、ALU、CU 以及(　　　)组成。

　　A. 处理机　　　　　　B. 内存　　　　　　　C. SSD　　　　　　　D. Cache

2. CPU 由运算器、控制器和(　　　)及实现它们之间联系的数据、控制及状态的总线构成。

  A. 程序计数器 B. 累加器   C. 存储器   D. 寄存器

3. 一个完整的计算机系统包括( )。

  A. 主机、键盘、显示器   B. 计算机及其外部设备

  C. 计算机的硬件系统和软件系统 D. 系统软件与应用软件

4. 电子计算机使用二进制的原因中，不正确的是( )。

  A. 易于实现   B. 抗干扰能力强

  C. 保密性佳   D. 按照使用习惯而设计

5. 冯·诺依曼模型的核心思想是( )。

  A. 存储程序，顺序执行   B. 程序和数据分离

  C. 程序和数据统一，乱序执行   D. 和图灵机模型完全一致

四、问答题

1. 什么是计算机系统？

2. 解释冯·诺依曼所提出的“存储程序”概念。

3. 控制器的主要功能是什么？

4. 电子计算机的发展有哪几个阶段？

5. 程序和指令有什么区别？简述指令执行过程。

第2章

数据化和数据的运算

基本概念介绍。

（1）**数据**代表着对某件事物的描述，数据是事实或观察的结果，是对客观事物的逻辑归纳，是用于表示客观事物的未经加工的原始素材。数据可以被记录、分析和重组。

（2）**数据化**是对客观事物或者客观行为的符号化描述。

（3）**数字化**是将数据转换为计算机能处理的二进制码 0 和 1 的过程，目的是使用计算机对数据进行计算，以到达快速处理的目的。

（4）**信息**是有价值的数据，通常是对数据处理加工后的结果。

（5）**信息化**是把数据转换为信息的过程。需要以现代通信、网络、数据库技术为基础，将所研究的数据（对象各要素）汇总至数据库，供特定人群生活、工作、学习、辅助决策等使用，以提高人们各种行为的效率。

◆ 2.1 现实世界和计算机世界

计算机世界就是现实世界的抽象，从客观事物的物理状态到计算机内的数据，要经历现实世界、信息世界、数据世界和计算机世界这几种状态的转换。信息处理的作用是借助计算机对现实世界中的事物进行处理，然后将结果展示出来。

2.1.1 对现实世界的思考

简单来说，在现实世界中，主要包括了人和各种各样的事物。在现实世界中最核心的是人对各种事物的处理，在这个过程中，人需要能够识别各种各样的事物，并对这些事物及其间复杂的关系进行存储，需要有合理的方法对这些事物进行处理。

2.1.2 现实世界和计算机世界的模型映射

计算机存在的价值就在于帮助人们来存储、处理各种事物，所以，人们需要将现实世界中的事物映射到计算机中。也就是说，需要计算机来识别现实世界中的事物并模拟人对事物的处理方式，进行事物处理。图 2-1 是现实世界与计算机世界的对比。

所以在计算机世界中，计算机需要具备与人类似的功能。

图 2-1   现实世界与计算机世界对比

（1）例如，有一定的存储和数据处理能力，也就是要有一定的软硬件。

（2）计算机需要把现实世界中的事物，用计算机可以处理的数据进行表示，这个过程就是数据化的过程。

（3）计算机需要模拟人对事物的处理方法，对数据进行处理，要能够模拟人类的计算、人类对数据处理的方法，也就是计算机需要有算法。

在整个过程中，最核心的部分是数据的处理。首先要做的工作是将现实中的各种事物数据化，也就是把人识别的信息，转换成为机器可以识别的信息。之前说过电子计算机识别的基础数据是二进制数据，所以，首先要做的工作是把现实中人识别的信息转换成为二进制数据，给计算机进行处理。

2.1.3　对数据化的思考

人类智能的演进已经经过漫长的历史进程，人能够处理的信息种类也越来越繁多，所以这个数据化的过程就相对复杂。我们需要把人能够识别的各种各样的信息，都转换成为计算机可识别的数据。俗话说，分类产生价值，分类便于管理，所以，在数据化之前，人们所需要的工作应该是对人识别的信息进行分门别类。

2.1.4　数据类型

人类处理的信息可以简单归结为以下几类：数字、文字、图像、声音、视频。计算机需要能够把这些类型的数据信息转换成为机器可以识别的二进制数据，然后对不同类型的数据实现不同的操作。例如，数字可以进行加减乘除运算，文字能够快速识别并显示，图像能够识别显示并处理等。

2.1.5　比特和位模式存储

计算机的存储能力就好比人类的记忆力，计算机只能够识别二进制信息，也就是 0 和 1，每一个 0 和 1 表示为一比特（由 bit 音译来），是存储在计算机中的最小单位，如二进制数 0100 就是 4 比特。位代表设备的某一状态，这些设备只能处于两种状态之一。例如，开关要么合上要么断开，用 1 表示合上状态，0 表示断开状态。电子开关就表示一个位，也就是一个开关能存储一个位的信息。

为了表示数据的不同类型，应该使用位模式，它是一个 0-1 串，位模式通常指计算机中所有二进制的 0、1 代码所组成的数字串。如果我们需要存储一个由 16 个位组成的位模式，那么需要 16 个电子开关。通常长度为 8 的位模式被称为 1 字节。无论是什么样的数据，在计算机中都是以位模式的形式存储，并不区分具体的数据类型。

◈ 2.2 数 据 化

正如前面所讲,数据化的作用是把人类世界的信息,转换成为计算机世界的数据。为了便于处理,人们将信息分为不同的类型:数字、文本、声音、图像和视频。

2.2.1 数值的数据化

数值型数据也就是数字,是能够进行加减乘除数学运算的数据。人类识别的数据是十进制数据,计算机识别的数据是二进制数,这时就需要进行转换,当计算机需要读取数据时,需要把十进制数据转换成为二进制,然后进行存储处理,当计算机输出时,就把二进制数转换成为人识别的十进制数,展示给人们。日常进制有很多种,如十二进制、十六进制等。不同进制的应用举例如表 2-1 所示。

表 2-1 进制应用举例

进 制	应 用
十进制	现代人类的计算系统
十六进制	IPv6 地址书写、内存查看、古代半斤八两
十二进制	时钟
八进制	内存分配、变量进行移位操作

对于不同的进制,都有基本的表示形式"$\sum$ 和",r 进制数用 r 个基本符号的数制表示:$N = \sum\limits_{i=-m}^{n-1} a_i \times r^i = a_{n-1} \times r^{n-1} + a_{n-2} \times r^{n-2} + \cdots + a_0 \times r^0 + a_{-1} \times r^{-1} + \cdots + a_{-m} \times r^{-m}$,例如十进制数 123.4 可表示为 $1 \times 10^2 + 2 \times 10^1 + 3 \times 10^0 + 4 \times 10^{-1}$。

由于二进制数书写起来长度太长,所以在存储的时候虽然是二进制,但是人们在基于二进制进行书写时往往会用到十六进制或者是八进制,本节除了讲述十进制和二进制之外,还会简单介绍八进制和十六进制以及不同进制之间的转换方法,模拟计算机来进行进制的转换。

1. 数的常用进制表示

1) 十进制系统

人类算数采用十进制,可能跟人类有十根手指有关,简单来说就是逢十进位。十进制数是组成以 10 为基础的数字系统,由 0、1、2、3、4、5、6、7、8、9 十个基本数字组成。十进制数的运算规则非常简单,逢 10 进位,在数值运算中最基本的运算是加法运算,任何一种其他运算都可以间接地转化为加法运算,我们从小就学习的乘法口诀表,其实是为了方便我们快速地计算乘法。

2) 二进制系统

二进制是计算机世界的进制,它的基数为 2,进位规则是"逢二进一"。计算机采用二进制最重要的原因如下。

（1）技术实现简单。计算机是由逻辑电路组成，逻辑电路通常只有两个状态，开关的接通与断开，电平的高与低，这两种状态正好可以用 1 和 0 表示。

（2）适合逻辑运算。逻辑代数是逻辑运算的理论依据，二进制只有两个数码，正好与逻辑代数中的"真"和"假"相吻合。

（3）用二进制表示数据具有抗干扰能力强、可靠性高等优点。因为每位数据只有高低两个状态，当受到一定程度的干扰时，仍能可靠地分辨出它是高还是低。逻辑电路中的与或非门可以实现全加器，基于逻辑门可以实现二进制中的数学运算和逻辑运算。

3）八进制系统

八进制和十六进制都是以 2 的幂为基数的进制系统，2 的 3 次方等于 8，2 的 4 次方等于 16。在八进制系统中，总共有 8 个符号 0、1、2、…、7，单个数位最大值是 7，恰好在二进制系统中，3 个 1 的具体数值也等于 7，也就是说八进制和二进制之间的转换非常简单，一个八进制的位，可以转换成为 3 个二进制的位，反之，3 个二进制位可以转换成为一个八进制位。

4）十六进制系统

十六进制的存在是为了简化人们的书写。相同的道理，十六进制和二进制之间也有很好的对应关系，一个十六进制位可以转换成为 4 个二进制位。

十六进制更简短，因为换算的时候 1 位十六进制数可以对应 4 位二进制数。所以在内存里的显示形式通常是十六进制，例如 C 语言、Python 语言及其他相近的语言使用字首 0x。如 0x403010 就代表一个内存地址，开头的 0 令解析器更易辨认数，而 x 则代表十六进制（就如 O 代表八进制）。

2. 不同进制系统的转换

数据存储于计算机之前需要转换为二进制，在计算机中数据处理的时候需要借助于八进制或十六进制，最终数据显示给普通用户的时候需要转换为十进制，进制与计算机之间的关系如图 2-2 所示。

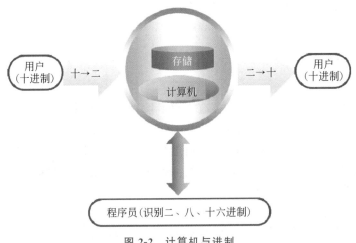

图 2-2　计算机与进制

1）其他进制数转换为十进制数

任何一个进制数转换为十进制数的方法是把其 $\sum$ 和的形式用十进制的加法运算加起来，转换方法如图 2-3 所示。

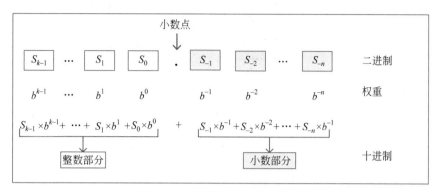

图 2-3　二进制数 $\sum$ 和的表示形式

举例如图 2-4 所示，如二进制数 $110.1\mathrm{B}=2^2+2^1+0+2^{-1}=6.5\mathrm{D}$，十六进制数 $101.1\mathrm{H}=16^2+0+16^0+16^{-1}=257.0625\mathrm{D}$。

解：　$(110.1)_2 = 1\times2^2+1\times2^1+0\times2^0+1\times2^{-1}$
$\qquad\qquad\qquad =4+2+0+0.5=(6.5)_{10}$
例　$(1000101.101)_2=(\quad)_{10}$
解：　$(1000101.101)_2 =2^6+2^4+2^2+2^0+2^{-1}+2^{-3}$
$\qquad\qquad\qquad\qquad =64+4+1+0.5+0.125=69.625$
所以 $(1000101.1011)_2=(69.625)_{10}$

图 2-4　二进制数转换为十进制数

2）十进制数转换为二进制数

十进制数转换为二进制数最直观的方法是：把十进制数写成 $\sum$ 和的形式，根据幂值将对应位置 0 或者置 1，例如 $5.5\mathrm{D}=1\times2^2+0\times2^1+1\times2^0+1\times2^{-1}$，从左往右写出 101.1，注意小数点的位置在 2^0 之后。这种方法很直观，但是找到幂值也是一个复杂的计算过程，因此我们需要一种通用的方法来进制转换。

为了简便起见，我们转换时将小数和整数部分分开，具体原理后续讲解。

（1）十进制整数一定能够精确转换为一个二进制整数。转换规则是"除二取余逆序读数"，举例如图 2-5 所示。

（2）转换规则是"乘二取整，正序读数"，举例如图 2-6 所示。小数部分如果不能写成 2 的幂的和，就没办法精确转换，需要在有限位停下来。

3）八进制数与二进制数之间的转换

八进制数与二进制数的对照表如图 2-7 所示，八进制中的 8 个符号分别对应二进制的相应符号，可以用 $\sum$ 的形式计算得到。每 3 个二进制位可以用一个八进制位表示，所以一个八进制位可以表示为 3 个二进制位。将二进制转换为八进制时要三三分组，小数点左右两边不足 3 位要分别往左往右补 0。将八进制转换为二进制时，一个八进制位转换

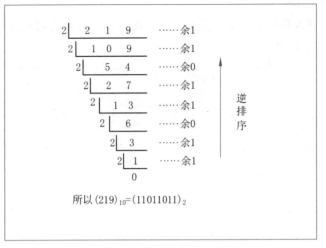

图 2-5　十进制整数转换为二进制数

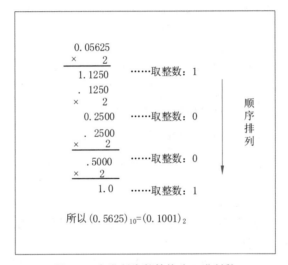

图 2-6　十进制小数转换为二进制数

为 3 个二进制位,左边的 0 不可以省掉,转换举例如图 2-7 所示。

二进制数	八进制数
000	0
001	1
010	2
011	3
100	4
101	5
110	6
111	7

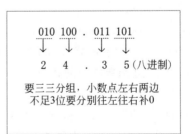

图 2-7　二进制数转换为八进制数

4）十六进制数与二进制数之间的转换

与八进制数到二进制数转换的道理相同，一个十六进制位用 4 个二进制位表示，所以，二进制数转换为十六进制数时，4 个二进制位转换为一个十六进制位，反之亦然。十六进制与二进制的对照表如表 2-2 所示。

表 2-2 二进制与十六进制对照表

十 六 进 制	二 进 制	十 六 进 制	二 进 制
0	0000	8	1000
1	0001	9	1001
2	0010	A	1010
3	0011	B	1011
4	0100	C	1100
5	0101	D	1101
6	0110	E	1110
7	0111	F	1111

举例如表 2-3 所示，如果将二进制数 101011.011101 转换为十六进制数，需要从小数点为起点分别往左右两端进行 4 位 4 位的转换，不足 4 位的需要在两端补零，根据表 2-2 可以得到其对应的十六进制数为 2B.74H。

表 2-3 十六进制与二进制转换举例

二 进 制	二进制（4 位划分）	十 六 进 制
101011	10 1011	2B
·	·	·
011101	0111 01	74

3. 整数的表示

在计算机中，数值类型分为整数型或实数型，整数是没有小数部分的数值型数据，分为有符号类型和无符号类型。无符号整数的存储只需要将数值转换为二进制存储即可；对于有符号的整数，通常取最高位代表正负号，其中 0 代表正数，1 代表负数。如果用一字节来表示一个整数，分别用有符号和无符号两种形式，其表示范围如图 2-8 所示（表示整数的个数都是 256 个）。

对于无符号的运算，几乎不存在什么问题，但是对于有符号数就存在一些问题。

（1）大小比较不太符合逻辑，例如 10000000＜00000000。

（2）在计算机中其实没有用来实现减法的逻辑门，需要将减法运算转换为加法运算。这时就引入了补码来解决这个问题，如图 2-9 所示给出了时钟表盘的例子来阐述引入补码的思路：假设时针只能顺时针走，现在是 10 点，需要指向两个小时之前的时刻？这时

	有符号	无符号
最大值(二进制表示)	01111111	11111111
最大值(十进制表示)	127	255
最小值(二进制表示)	10000000	00000000
最小值(十进制表示)	−128	0

图 2-8　一字节所表示的数的范围

就需要将时钟顺时针拨 10 个格子,10 和 2 之间的关系就是互为补码(10＋2＝12＝0)。由此可得补码的定义:与原码相加等于 0 的那个码。

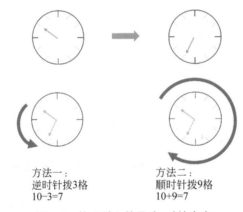

方法一:
逆时针拨3格
10−3=7

方法二:
顺时针拨9格
10+9=7

图 2-9　补码引入的思路(时钟表盘)

　　为了求得某个数的补码,将减法运算转换为加法运算,计算机科学家给出了一种规则(只针对负数):补码＝反码＋1。其中具体定义如下:

　　(1) 反码。将二进制除符号位数按位取反,所得的新二进制数称为原二进制数的反码(取反操作指:1 变 0;0 变 1)。

　　(2) 补码。反码加 1 称为补码。

　　表 2-4 为原码、反码和补码举例。

表 2-4　原码、反码和补码举例

−2	−1
原码: 1000 0010	原码: 1000 0001
反码: 1111 1101	反码: 1111 1110
补码: 1111 1110	补码: 1111 1111
原码＋补码=0(有进位)	

4. 实数的表示

　　实数是带小数点的数,包括整数和尾数两部分,计算机中通常有两种表示方法:定点表示和浮点表示,现在计算机中数据通常用浮点表示,所以有时实数也称为浮点数。

1) 定点表示法

定点表示时,小数点按照约定的形式给出,假定我们用 16 位来表示一个定点数,其中一种小数点右边 3 位,左边 13 位。那么如果试图表示十进制数 3.14159,该系统的实数精度就会丢失,存储为 3.141。假定用一种小数点右边 7 个位,左边 9 个位,在存储大实数的时候实数精度就会溢出,如存储二进制数 1000000 0000.1。

定点表示法的缺点很明显:不能表示很大或者高精度的实数,经常出现很多位为 0 的情况,例如 3.141 时有 12 个整数位为 0,小数位却不够用。所以带有很大的整数部分或很小的小数部分的实数不适合用定点表示法存储。

2) 浮点表示法

一个数字的浮点表示法由 3 部分组成:符号、指数和尾数,其实尾数需要写成只有一位整数位的指数表示形式,常用的存储浮点数 IEEE 标准如图 2-10 所示。余码用来标记偏移位数,单精度时总共 8 位来存储指数,可以表示数据的范围是 $-127\sim128$,加上余码 127 使得保存的数据最小值是全 0,便于后续统一处理。

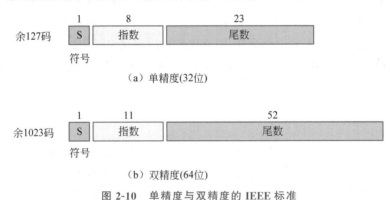

图 2-10　单精度与双精度的 IEEE 标准

这种表示类似科学记数法把 1234 表示成 1.234×10^{3},如表示二进制数 1100.011 时,需要将其形式进行转换:$1100.011(B)=1.10011\times2^{+11}$,其浮点数表示如图 2-11 所示,这里指数部分需要加上余码(余码跟补码记数法很类似,只有一点区别:它的符号位使用 1 表示正数,使用 0 表示负数)。

```
0 10000010 10011000000000000000000（单精度）
0 10000000010 10011000000000000000000000000000000000000000000000000（双精度）
```

图 2-11　二进制数 1100.011 的浮点数表示

2.2.2　文本的数据化

文字是人类信息传递的最主要载体,计算机需要将文字(也就是文本信息)转换为二进制信息,才能被计算机处理。

1. 符号的编码

符号的编码是信息从一种形式或格式转换为二进制码的过程。世界上有五千多种语言,每种语言又由很多不同的符号构成,究竟需要多长的位串才能够存储如此多的语言符号呢?假设现在有 256 个符号需要存储,我们如果把一个符号对应为一个无符号整数的话,其实用 8 个位就可以表示 256 个符号,每个符号对应一种编码形式,也就是 8 个 0 和 1 的组合。如果有 n 个符号需要表示,其实我们只需要 $\log_2 n$ 个位就可以表示了,如果 $n=4$,需要 2 个位可以表示 4 种形式:00、01、10、11。

计算机需要能够表示不同类别的自然语言,但是它需要有一种最基本的符号表示系统,就好比我们每个人都有母语一样,计算机最基本的符号系统是英文字符系统。计算机最常见的符号编码系统分别是 ASCII 码和 Unicode 编码。

2. 英文和 ASCII 编码

ASCII(American Standard Code for Information Interchange,美国信息互换标准代码)是基于拉丁字母的一套计算机编码系统,它主要用于显示现代英语和其他西欧语言。标准 ASCII 码使用 7 位表示一个符号,即该代码可以定义 $2^7=128$ 种不同的符号。如今 ASCII 是 Unicode 的一部分,它是现今最通用的单字节编码系统。ASCII 码对照表见 2.6 节。

3. 其他语言文本和 Unicode 编码

Unicode(统一码、万国码、单一码)是计算机科学领域里的一项业界标准,包括字符集、编码方案等。Unicode 是为了解决传统的字符编码方案的局限而产生的,它为每种语言中的每个字符设定了统一并且唯一的二进制编码,以满足跨语言、跨平台进行文本转换、处理的要求。这种代码使用 32 位并能表示最大达 2^{32} 个符号,代码的不同部分被分配用于表示来自世界上不同语言的符号,其中还有些部分被用于表示图形和特殊符号。Unicode 本质上是一套标准,而 UTF-32、UTF-16、UTF-8 是 Unicode 的不同实现方式,UTF-32 用 32 位来表示一个符号,UTF-16 就是双字节编码。Unicode 通常用两字节表示一个字符,原有的英文编码从单字节变成双字节,只需要把高字节全部填为 0 就可以。

2.2.3 音频的数据化

声音其实是一种能量波,是在具有弹性的媒质中传播的一种机械波。声音作为波的一种,频率和振幅就成了描述波的重要属性,频率的大小与我们通常所说的音高对应,而振幅影响声音的大小。要想存声音,就需要存储声波的波形信息,声音播放时需要音乐合成器负责将数字音频波形数据或 MIDI 消息合成为声音。波形是模拟信号,如图 2-12 所示,需要对其进行采样、量化,才能实现编码。

音频数字化过程中需要考虑的问题是:究竟每隔多长时间采集一个点(采样频率)、每个采集样本值表示为一个什么样的数(量化),如何将采集来的数表示为二进制位?

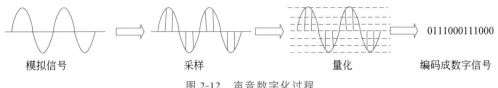

模拟信号　　　　　　　　　采样　　　　　　　　　量化　　　　　编码成数字信号

图 2-12　声音数字化过程

1. 采样

存储声波波形时,我们不可能记录一段间隔的音频信号的所有值,只能选择记录其中的一些,待播放时尽可能地还原原声波信息。采样意味着人们在模拟信号上选择数量有限的点来度量它们的值并记录下来。图 2-12 显示了从这样的信号上选择若干个样本,我们可以记录这些值来表现模拟信号,这些选择有限的波形上的点的过程叫作采样。

2. 量化

量化指的是将样本转换为一个整数的过程,通常用四舍五入的方法将每一个采样值归并到某一个临近的整数,也就是对模拟音频信号的幅度轴进行数字化,它决定了模拟信号数字化以后的动态范围。不同的采样频率和量化深度所得到的波形效果如图 2-13 所示,可见,量化位数越多、采样频率越大,得到的波形信息越光滑。

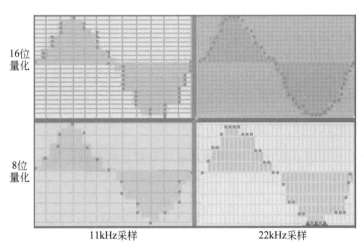

16位量化

8位量化

11kHz采样　　　　　　　　　22kHz采样

图 2-13　不同参数的采样效果

3. 编码

编码是将量化的样本值需要被编成二进制信息的过程。每个二进制数对应一个量化电平,然后把它们排列,得到由二值脉冲串组成的数字信息流。用这样方式组成的二值脉冲的频率等于采样频率与量化比特数的乘积,称为数字信号的数码率,如图 2-14 所示。采样频率越高,量化比特数越大,数码率就越高,所需要的传输带宽就越宽。

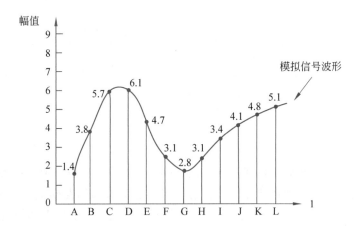

采样点	A	B	C	D	E	F	G	H	I	J	K	L
采样值	1.4	3.8	5.7	6.1	4.7	3.1	2.8	3.1	3.4	4.1	4.7	5.1
量化值	1	4	6	6	5	3	3	3	3	4	5	5
编码	001	100	110	110	101	011	011	011	011	100	101	101

图 2-14   采样量化编号示例

4. 音频编码标准

当今音频编码的主流标准是 MP3(MPEG Layer 3 的简写)。该标准是用于视频压缩方法的 MPEG(动态图像专家组)标准的一个修改版。它采用每秒 44 100 个样本以及每样本 16 位。结果信号达到 705 600 b/s 的位率,再用去掉那些人耳无法识别的信息的压缩方法进行压缩,这是一种有损压缩法。

2.2.4 图像和视频的数据化

图像是客观对象的一种表示,是所有具有视觉效果的画面。视频通常是连续的画面加上声音所形成的一种混合载体。

1. 位图和矢量图

数字化图像分为两种类型,即位图和矢量图。位图也称为点阵图,它是由许许多多的点组成的,这些点被称为像素。位图图像可以表现丰富的多彩变化并产生逼真的效果,很容易在不同软件之间交换使用,但它在保存图像时需要记录每一个像素的色彩信息,所以占用的存储空间较大,在进行旋转或缩放时会产生锯齿。

矢量图通过数学的向量方式来进行计算,使用这种方式记录的文件所占用的存储空间很小,由于它与分辨率无关,所以在进行旋转、缩放等操作时,可以保持对象光滑无锯齿,对比如图 2-15 所示。

2. 位图数据化表示

位图又叫作点阵图,是一个个很小的颜色小方块组合在一起的图片,一个小方块代表

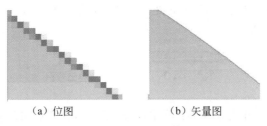

（a）位图　　　　　　　（b）矢量图

图 2-15　位图与矢量图

1px（像素）。相机拍的照片、在计算机上看到的图片、用 QQ 截图工具截图保存的图片、手机和计算机上的图标都是位图。位图的性能指标主要包括分辨率、颜色深度。

分辨率指图像中存储的信息量，是每英寸图像内有多少个像素点，单位面积的像素点越多，图像就越逼真。

色彩深度表示存储 1 像素的颜色所用的位数，色彩深度越高，可用的颜色就越多。色彩深度是用"n 位颜色"来说明的。单色位图就是黑白图，用一位表示颜色值，要么为 0 要么为 1，24 位位图可以表示的颜色范围是 2^{24} 个。24 位真彩色表示颜色时，每个三原色（RGB）都表示为 8 位。因为该技术中 8 位模式可以表示 0～255 的一个数，任何一种颜色都可以由这 3 种颜色混合得到。图片文件常见的存储格式如图 2-16 所示。

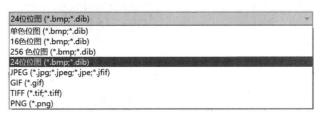

图 2-16　位图常见的存储格式

3. 图像和视频

视频是图像（称为帧）在时间上的表示。一部电影就是一系列的帧一张接一张地播放而形成运动的图像。换言之，视频是随空间（单个图像）和时间（一系列图像）变化的信息表现。所以，如果知道如何将一幅图像存储在计算机中，我们就知道如何存储视频；每一幅图像或帧转化成一系列位模式并存储。这些图像组合起来就可表示视频。需要注意现在视频通常是被压缩存储的。

4. 视频编码标准

如果分辨率为 640×480 像素，采样深度为 3，采样频率为 30，录制一分钟视频所需空间大小为 640×480×3×30×60＝＝1 658 880 000B，所以需要对视频进行压缩才便于存储和传播。常用的视频压缩标准，按照国际通用的分类，一种是 MPEG-1 标准，为 352×288 像素，我国根据这个标准制定的视频压缩格式就是 VCD 格式；另一种是 MPEG-2 标准，为 720×576 像素，我国根据这个标准制定的视频压缩格式就是 DVD 格式。其他的如 HDV 等是高清压缩格式,目前正处于发展阶段。再就是一些压缩比更高的,如 MPEG-4、RM、WMV 等。

◈ 2.3　数据的运算

数据上的运算可以分为 3 大类:算术运算、移位运算和逻辑运算。

2.3.1　逻辑运算

基本的逻辑运算有 3 种:与、或、非。其他运算都是由这 3 种运算构成的复合运算,如异或、同或等。

1. 一位逻辑运算

一位逻辑运算是针对一个二进制位进行的运算,最基本的原子计算与($\times$)、或($+$)、非($-$),计算规则如图 2-17 所示。

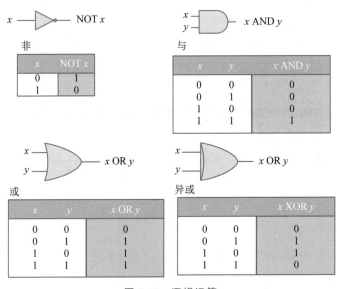

图 2-17　逻辑运算

NOT 非运算符是一元操作符,它只有一个输入,输出位是输入位的相反,如果输入是 0,则输出为 1;如果输入为 1,则输出为 0。AND 与运算中,只有两个全为 1 时结果才为 1,否则为 0,加法器的进位操作可以用与门实现。OR 或运算只要有一个为 1,结果就为 1。XOR 异或运算,可以用与或非原子运算实现,表示为 $x \oplus y = (\neg x \land y) \lor x \land \neg y)$,当输入两个数不等时结果为 1,否则为 0,通常用在加法器中的求和运算。

2. 位模式上的逻辑运算

位模式上的逻辑运算是指输入的符号不止一位,执行的操作是对相对应的位分布执行逻辑运算。图 2-18 举例给出了 8 位输入时的计算情况。

```
NOT  0  0  1  0  0  0  0  1
     1  1  0  1  1  1  1  0


AND  0  0  1  0  0  0  0  1
     0  0  1  1  1  0  1  0
     0  0  1  0  0  0  0  0


OR   0  0  1  0  0  0  0  1
     0  0  1  1  1  0  1  0
     0  0  1  1  1  0  1  1


XOR  0  0  1  0  0  0  0  1
     0  0  1  1  1  0  1  0
     0  0  0  1  1  0  1  1
```

图 2-18　8 位的位模式逻辑运算举例

2.3.2　移位运算

移位运算移动模式中的位,改变位的位置,它们能向左或向右移动位。移位运算能极大提高计算效率,例如 132/2 的除法操作,计算过程很复杂,如果用移位,直接向右移动一位即可。

逻辑移位是指逻辑左移和逻辑右移,移出的空位都用 0 来补,而算术移位运算需要用符号位填充。

1. 逻辑移位运算

逻辑移位运算应用于不带符号位的数的模式。原因是这些移位运算可能会改变数的符号,此符号是由模式中最左位定义的,逻辑移位中移出的空位都用 0 来补。

逻辑移位:逻辑右移运算把每一位向右移动一个位置。在 n 位模式中,最右位丢失,最左位填 0,逻辑左移运算把每一位向左移动一个位置。在 n 位模式中,最左位丢失,最右位填 0。

循环移位:循环移位运算(旋转运算)对位进行移位,但没有位被丢弃或增加。循环右移(或右旋转)把每一位向右移动一个位置,最右位被回环,成为最左位。循环左移(或左旋转)把每一位向左移动一个位置,最左位被回环,成为最右位。

2. 算术移位运算

算术右移被用来对整数除以 2;而算术左移被用来对整数乘以 2。算术移位分为有符号和无符号两种(请注意数据是以补码格式存储的)。

(1) 对于无符号型值,算术移位等同于逻辑移位。

(2) 对于有符号型值,算术左移等同于逻辑左移,算术右移补的是符号位,正数补 0,负数补 1。

这些运算不应该改变符号位(最左)。算术右移保留符号位,但同时也把它复制放入相邻的右边的位中,因此符号被保存。如图 2-19 中右移 1 位时,第 6 位上放入符号位 1。

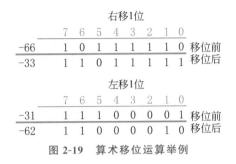

图 2-19　算术移位运算举例

2.3.3　算术运算

算术运算包括加、减、乘、除等。在计算机中,最基本的运算是加法运算,其他所有运算都可通过加法运算来实现,例如减法运算相当于加负数,乘法相当于执行多次加法,除法相当于多次减法。

1. 整数的算术运算

整数通常是以二进制补码形式存储,减法运算相当于加上负数,使用逻辑异或 XOR 进行求和运算、逻辑与 AND 实现求进位,加减法使用相同的规则进行。二进制的加法就像十进制中的加法一样:对应位上的两个数相加,如果有进位,就需要加上进位。

如图 2-20 所示,不论是加负数还是正数,都是相同的计算方式。如果需要减去某个数,需要把这个数当作负数求其补码(不考虑符号位),然后进行加法运算。

加正数								
-66		1	0	1	1	1	1	1	0
58 +		0	0	1	1	1	0	1	0
-8 =		1	1	1	1	1	0	0	0
		1	0	0	0	0	1	0	0

加负数								
66		0	1	0	0	0	0	1	0
-58 +		1	1	0	0	0	1	1	0
8		0	0	0	0	1	0	0	0

减负数(再对负数求补码)								
33		0	0	1	0	0	0	0	1
-58 -		1	1	0	0	0	1	1	0
33		0	0	1	0	0	0	0	1
58 +		0	0	1	1	1	0	1	0
91		0	1	0	1	1	0	1	1

图 2-20　算术加法运算举例

2. 实数的算术运算

由于现在的实数大多是以浮点的形式存储,这里只讨论浮点格式数据的加法运算。浮点数相加的步骤如下。

(1) 变换指数为最大的指数加 1,使得两个数的指数相等。

(2) 将尾数按照整数的加法运算相加。

(3) 如果尾数不符合规范化表示,需要进位左右移位以便于存储。

举例 6.375+2.5=8.875 的计算过程,首先将其转换为二进制数 110.011+10.1,用 32 位单精度表示如表 2-5 所示,第 1 位为符号位,接下来加粗的 8 位是指数位,后面部分是尾数。第一步需要将两个数的指数转换为 3,如表 2-5 所示。

表 2-5　浮点数举例

二 进 制 数	浮 点 表 示	备 注
110.011	＝0 **10000001** 10011000000000000000000	规范化表示,指数为 2
0.110011×2^3	＝0 **10000010** 11001100000000000000000	统一指数为 3
10.1	＝0 **10000001** 01000000000000000000000	规范化表示,指数为 1
0.0101×2^3	＝0 **10000010** 01010000000000000000000	统一指数为 3

　　然后将尾数(尾数是纯小数位部分)相加:$0.010100+0.110011=1.000111$,得到的结果是 1.000111×2^3,也就是 1000.111,转换为十进制数是 8.875。

　　对于实数相减,只需要尾数执行相减操作,依照整数加减法运算规则,将减法变成加负数,其他计算规则不变。

◇ 2.4　术　语　表

　　比特(bit)：信息量单位,二进制数的一位所包含的信息量就是一比特。

　　数据类型(datatype)：程序中对数据的分类。包括一个值的集合以及定义在这个值集上的一组操作。

　　图形(figure)：指在一个二维空间中可以用轮廓划分出若干的空间形状,图形是空间的一部分,不具有空间的延展性,它是局限的可识别的形状。

　　图像(image)：人类视觉的基础,是自然景物的客观反映,是人类认识世界和人类本身的重要源泉。

　　视频(video)：指将一系列静态影像以电信号的方式加以捕捉、记录、处理、存储、传送与重现的各种技术。

　　动画(animation)：一种综合艺术,它是集合了绘画、电影、数字媒体、摄影、音乐、文学等众多艺术门类于一身的艺术表现形式。

　　循环移位运算(circular shift operation)：一种把从二进制字一端移出的位插入字的另一端的位移运算。

　　无符号整数(unsigned integer)：一种没有符号的整数,它的值的范围为 0 到正无穷大。

　　二元操作(binary operation)：需要两个输入操作数的操作。

◇ 2.5　练　　习

一、填空题

1.计算机中数据的存储是以_____为基本单位的。

2.二进制与八进制和十六进制之间有着相似转换,一个八进制位可以转换成为_____个二进制位,一个十六进制位可以转换成为_____个二进制位。

3. 一个数字的浮点表示法由两部分组成：_____和_____。

4. 用 8 位表示一个数，能表示的无符号数的范围为_____，有符号数的范围为_____。

5. 数据上的运算可以分为 3 大类：算术运算、_____和逻辑运算。

二、判断题

1. 数值、字符、声音、图像都可以作为数据进行处理。　　　　　　　　（　　）

2. 二进制数$(111)_2$对应八进制数为$(7)_8$，对应十进制数为$(7)_{10}$，对应十六进制数为$(7)_{16}$。　　　　　　　　　　　　　　　　　　　　　　　　　　　　（　　）

3. 在计算机中，一字节由 8 位二进制数码组成，一字由 8 个字节组成。　　（　　）

4. 一个运算表达式中包含有逻辑运算、关系运算和算术运算，综合型表达式的运算的优先级是关系运算＞逻辑运算＞算术运算。　　　　　　　　　　　（　　）

5. 有"进位"时，一定有"溢出"。　　　　　　　　　　　　　　　　　（　　）

三、选择题

1. 十进制数 173 可表示为二进制数（　　）。

　　A. 10110101　　　　B. 10101101　　　　C. 11000101　　　　D. 10100101

2. 一字节的二进制位数是（　　）。

　　A. 2　　　　　　　B. 4　　　　　　　C. 8　　　　　　　D. 16

3. 源码 10000010 的反码为（　　）。

　　A. 11111010　　　　B. 11111110　　　　C. 11111101　　　　D. 11111001

4. 如果一个运算表达式中包含有逻辑运算、关系运算和算术运算，并且其中未用圆括号规定这些运算的先后顺序，那么这样的综合型表达式的运算顺序是（　　）。

　　A. 逻辑运算＞算术运算＞关系运算　　　B. 关系运算＞逻辑运算＞算术运算

　　C. 算术运算＞逻辑运算＞关系运算　　　D. 算术运算＞关系运算＞逻辑运算

5. 一台微机的内存储器容量是 640KB，这里的 1KB 为（　　）。

　　A. 1024 字节　　　　　　　　　　　　B. 1024 个二进制单位

　　C. 1000 字节　　　　　　　　　　　　D. 1000 个二进制单位

6. 十进制表示的算式(8－3)在二进制补码加法器上运算时的形式为（　　）。

　　A. 1000－1011　　　　　　　　　　　B. 1000＋1101

　　C. 0011＋1101　　　　　　　　　　　D. 1000－0011

7. 假定 int 类型变量占用两字节，其有定义"int x[10]＝{0,2,4};"，则数组 x 在内存中所占字节数是（　　）。

　　A. 3　　　　　　　B. 6　　　　　　　C. 10　　　　　　　D. 20

8. 下列表达式中结果为"计算机等级考试"的表达式为（　　）。

　　A. "计算机"|"等级考试"　　　　　　　B. "计算机"&"等级考试"

　　C. "计算机"and"等级考试"　　　　　　D. "计算机"＋"等级考试"

9. 十进制数(－123)的原码表示为（　　）。

　　A. 11111011　　　　　　B. 10000100　　　　　　C. 1000010　　　　　　D. 01111011

10. 执行二进制数算术加运算 10101010＋00101010,其结果是(　　　)。

　　A. 11010100　　　　　　B. 11010010　　　　　　C. 10101010　　　　　　D. 00101010

四、问答题

1. 展示十进制与二进制、八进制及十六进制之间的转换。

2. 算术运算和逻辑运算有什么区别?

3. 移位运算都包括哪些? 具体内容是什么?

4. 求 10000000 的原码、反码和补码。

5. 请求出二进制 1100.011 浮点表示法的结果。

◆ 2.6　附　　录

ASCII 编码表如表 2-6 所示。

表 2-6　ASCII 编码表

$b_3 b_2 b_1 b_0$ 位	$b_7 b_6 b_5 b_4$ 位							
	0000	0001	0010	0011	0100	0101	0110	0111
0000	NUL	DLE	SP	0	@	P	`	p
0001	SOH	DC1	!	1	A	Q	a	q
0010	STX	DC2	"	2	B	R	b	r
0011	ETX	DC3	#	3	C	S	c	s
0100	EOT	DC4	$	4	D	T	d	t
0101	ENQ	NAK	%	5	E	U	e	u
0110	ACK	SYN	&	6	F	V	f	v
0111	BEL	ETB	'	7	G	W	g	w
1000	BS	CAN	(	8	H	X	h	x
1001	HT	EM	)	9	I	Y	i	y
1010	LF	SUB	*	:	J	Z	j	z
1011	VT	ESC	+	;	K	[	k	{
1100	FF	FS	,	<	L	\	l		
1101	CR	GS	-	=	M	]	m	}
1110	SO	RS	.	>	N	^	n	~
1111	SI	US	/	?	O	_	o	DEL

第
3
章

程序的运行与硬件

计算机硬件是看得见、摸得着的物理部件或电子设备。计算机程序，是指为了得到某种结果而可以由计算机等具有信息处理能力的装置执行的代码或者指令序列。计算机指令序列可以用二进制代码表示，二进制可以转换为电子信号，所以软硬件的结合可以实现程序的运行，也就是人们逻辑设计的执行。

◇ 3.1 程序与硬件

计算机的工作过程其实是计算机硬件根据程序的指令对数据的处理过程，将输入数据经过加工得到处理结果。

3.1.1 程序与指令

程序由一条一条指令组成，指令按顺序存放在内存连续单元。任何计算机

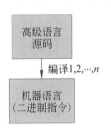

图 3-1 一个程序翻译为 n 条指令

程序最终可翻译为一组计算机能识别和执行的指令，运行于电子计算机上，满足人们某种需求。根据冯·诺依曼架构，程序和数据都是以相同的方式存储在计算机中，最终存储的是 0-1 代码。与第 2 章介绍不同类型的数据文件不同的是，可执行程序只能包含一条条的有序的二进制代码指令（Machine Instructions），这些指令必须满足非常严格的指令规范，任何高级程序设计语言代码都需转换为机器语言才能被 CPU 执行，如图 3-1 所示。

机器指令是 CPU 能直接识别并执行的指令，它的表现形式是二进制编码。机器指令通常由操作码和操作数两部分组成，操作码指出该指令所要完成的操作，即指令的功能，操作数指出参与运算的对象，以及运算结果所存放的位置等。CPU 识别相应的指令后，解析成控制信号映射到集成的硬件开关，操控相应的硬件完成指令的执行。一个指令周期是指 CPU 取出并执行一条指令的时间。

3.1.2 硬件工作流程分析

计算机程序的作用是对指定的数据进行处理得到结果并展示给用户，数据

通常以文件的形式存储在永久存储设备上。在程序运行过程中也可以接收用户输入的数据并处理,程序运行结果也可以在输出设备等终端上展示给用户。

依据冯·诺依曼架构,如图 3-2 所示,可得出以下结论。

(1) 无论是输入设备还是输出设备,都需要经过 CPU 处理先调入内存,然后再放入外存。

(2) CPU 只从主存储器上读取数据或者指令信息,所有的指令信息都从 CPU 中的控制器发出。

(3) 主存储器和 CPU 是程序的核心,计算速度由运算器决定,计算机的管理效率由控制器掌控。

(4) 主存储器与 CPU 之间数据的读写速度影响 CPU 的运行。

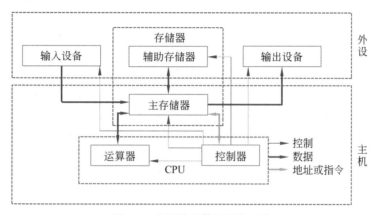

图 3-2　主要的计算机硬件系统

◆ 3.2　计算机硬件系统

冯·诺依曼模型指出计算机包括运算器、控制器、存储器和输入输出设备,其中运算器和控制器集成为 CPU,存储器分为主存储器(也叫内存)和辅助存储器(也叫外存)。硬件主要分为主机和外设(外围设备)两大部分,具体如图 3-3 所示。

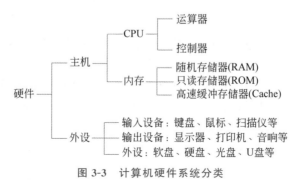

图 3-3　计算机硬件系统分类

3.2.1 中央处理单元

中央处理单元用于数据的运算,包括算术逻辑单元(ALU)、控制单元和存储单元3部分,如图 3-4 所示。

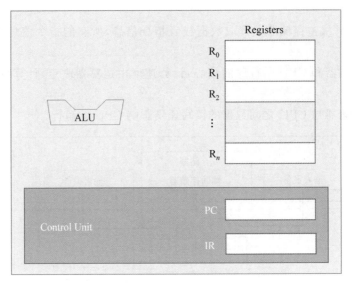

图 3-4　CPU 的构成

1. 算术逻辑单元

算术逻辑单元是 CPU 的核心部分,用于完成所有的计算工作,主要包括逻辑运算、移位运算和算术运算,其中移位运算又分为算术移位和逻辑移位,具体运算规则第 2 章已经讲过。这些运算把输入数据作为二进制位模式,运算的结果也是二进制位模式。

ALU 是由很多门电路组成的集成电路,是 CPU 的执行部件,进行的全部操作都是由控制单元发出的控制信号来指挥的。ALU 的操作由控制器决定,数据来自存储器,处理后的结果数据通常送回存储器中。

2. 控制单元

控制单元是整个 CPU 的指挥控制中心,包括指令译码器 ID(Instruction Decoder)和操作控制器 OC(Operation Controller)等部件,对协调整个计算机有序工作极为重要。它根据用户预先编好的可执行程序,依次从存储器中取出各条指令,放在指令寄存器中,通过指令译码确定应该进行什么操作,然后通过操作控制器,按确定的时序,向相应的部件发出微操作控制信号。操作控制器中主要包括节拍脉冲发生器、控制矩阵、时钟脉冲发生器、复位电路和启停电路等控制逻辑,CPU 和内存直接的关系如图 3-5 所示。

3. 存储单元

CPU 中的存储单元包括缓存(Cache)和寄存器(Register),是 CPU 中暂时存放数据

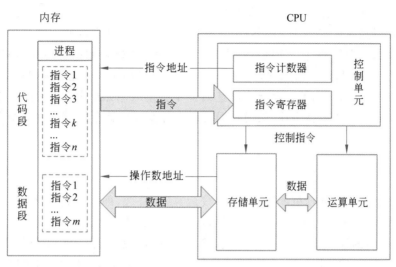

图 3-5　CPU 和内存

的地方,暂时保存着待处理的数据或者中间结果。

　　寄存器是用来存放临时数据的高速独立的存储单元,主要包括指令寄存器 IR (Instruction Register)、程序计数器 PC(Program Counter)和数据寄存器。CPU 访问寄存器所用的时间要比访问内存的时间短,采用寄存器,可以减少 CPU 访问内存的次数,从而提高 CPU 的工作速度。但因为受到芯片面积和集成度所限,寄存器组的容量不可能很大。寄存器组可分为专用寄存器和通用寄存器。专用寄存器的作用是固定的,分别寄存相应的数据。而通用寄存器用途广泛并可由程序员规定其用途,通用寄存器的数目因微处理器而异。

　　缓存是集成到 CPU 封装内完全和 CPU 独立的器件,是存在于主存与 CPU 之间的一级存储器,由静态存储芯片(SRAM)组成,容量比较小但速度比主存快得多。Cache 中保存着 CPU 刚用过或循环使用的一部分数据,当 CPU 再次使用该部分数据时可从 Cache 中直接调用,这样就减少了 CPU 的等待时间,提高了系统的效率。双总线 CPU 中部件之间的计算关系如图 3-6 所示。

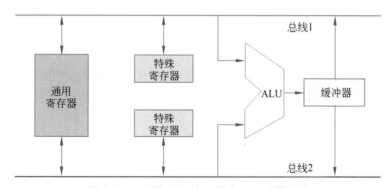

图 3-6　双总线 CPU 中部件之间的计算关系

高速缓存就是根据程序的局部性原理,可以在主存和 CPU 通用寄存器之间设置一个高速的容量相对比较小的存储器,把正在执行的指令地址附近的一部分指令或者数据从主存调入这个存储器,供 CPU 在一段时间内使用,这样就能相对地提高 CPU 的运算速度。CPU 运行时,PC 寄存器指向谁就去执行谁,然后 CPU 会先去找映射表,如果发现高速缓存中有这个地址,那么就会去高速缓冲中去读取。如果 PC 所指向的地址在高速缓存中找不到了会去内存中找,然后根据特定的替换策略就会将内存中的指令或者数据复制到内存中。

4. CPU 字长

处理机字长是指处理机能同时处理(或运算)的位数,即同时处理多少位(bit)数据。例如 Intel Pentium 4 处理器字长为 32 位,它能同时处理 32 位的数据,也即它的数据总线为 32 位。以前的处理器比如 8086,则为 16 位处理器,现在新兴的 64 位处理器,它的数据吞吐能力更强,即能同时对 64 位数据进行运算。处理器的字长越大,说明它的运算能力越强。

3.2.2 主存储器

存储器是用来存储程序和数据的部件,对于计算机来说,有了存储器,才有记忆功能,才能保证正常工作。CPU 和存储器之间的关系如图 3-7 所示。存储器的种类很多,按其用途可分为主存储器和辅助存储器,主存储器又称内存储器。辅助储存器(也叫辅存、外存)是指除计算机内存及 CPU 缓存以外的存储器,此类存储器一般断电后仍然能保存数据,常见的外存储器有硬盘、U 盘等。

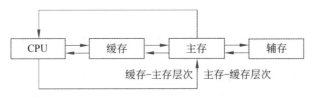

图 3-7　CPU 与存储器之间的关系

1. 地址空间

内存通过总线和 CPU 相连,CPU 需要寻址来对存储器进行读写,必须给各个存储设备划分地址空间。每个存储器都有一个地址段,也就是一段地址。CPU 在进行内存操作时,必须先知道存储器的地址段。所有在存储器中标识的独立的地址单元的总数称为地址空间。

地址空间分为物理地址空间和逻辑地址空间。物理地址空间和硬件直接对应,如内存条代表的主存,硬盘代表的磁盘,都是物理内存,其管理由硬件完成。逻辑地址空间是运行的程序看到的地址空间,是一维的线性的地址空间。逻辑地址空间依赖物理地址空间而存在。

计算机中存储器的容量是以字节为基本单位的,一个内存地址代表一字节(8B)的存储空间,内存地址用无符号二进制整数定义,通常以十六进制的形式显示,如 0x60fef0。N 根地址总线能访问 2^N 个存储单元。于是,32 位地址总线可以访问 2^{32} 个存储单元,即 4GB,直接寻址能力的内存地址为 0～0xffffffff,注意这里的 4GB 是以 Byte 为单位的。

处理器的寻址范围,则要看处理器的地址总线的位数,与机器字长没有关系。地址总线大部分是 32 位,是否可以支持 8GB 的内存呢? 当然可以,这时需要基于 MMU 把逻辑地址空间映射到实际地址空间即可。

MMU 是 Memory Management Unit 的缩写,中文名是内存管理单元,它是中央处理器(CPU)中用来管理虚拟存储器、物理存储器的控制线路,同时也负责虚拟地址映射为物理地址,以及提供硬件机制的内存访问授权。

2. 存储器分类

主存分随机存取寄存器(RAM)和只读存储器(ROM),一般 RAM 用于内存(断电时将丢失其存储内容),ROM 用于 BIOS 之类(断电数据不丢失)。RAM 表示的是读写存储器,我们常说的内存主要是指 RAM,可对其中的任一存储单元进行读或写操作,计算机关闭电源后其内的信息将不再保存,再次开机需要重新装入。ROM 表示的是只读存储器,即: 它只能读出信息,不能写入信息,计算机关闭电源后其内的信息仍旧保存,一般用它存储固定的系统软件和字库等,存储器的逻辑连接如图 3-8 所示。

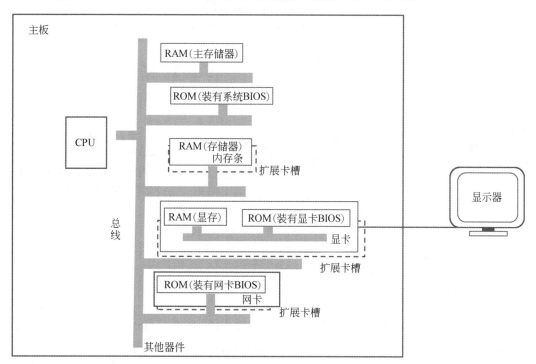

图 3-8 存储器的逻辑连接

RAM 包括 DRAM(动态 RAM)和 SRAM(静态 RAM)、MRAM 等。SRAM 不需要刷新电路就能够保存数据,所以具有静止存取数据的作用。而 DRAM 则需要不停地刷新电路,否则内部的数据将会消失。而且不停刷新电路的功耗是很高的,在 PC 待机时消耗的电量有很大一部分都来自于对内存的刷新。SRAM 存储一位需要花 6 个晶体管,而 DRAM 只需要花一个电容和一个晶体管。Cache 追求的是速度所以选择 SRAM,而内存则追求容量所以选择能够在相同空间中存放更多内容并且造价相对低廉的 DRAM。

3. 存储器的层次结构

计算机用户需要许多存储器,尤其是速度快且价格低廉的存储器,但这种要求并不总能得到满足。存取速度快的存储器通常都不便宜。因此,需要寻找一种折中的办法。解决的办法是采用存储器的层次结构。该层次结构图如图 3-9 所示。

(1)当对速度要求很苛刻时可以使用少量高速存储器。CPU 中的寄存器就是这种存储器。

(2)用适量的中速存储器来存储经常需要访问的数据。例如下面将要讨论的高速缓冲存储器就属于这一类。

(3)用大量的低速存储器存储那些不经常访问的数据。主存就属于这一类。

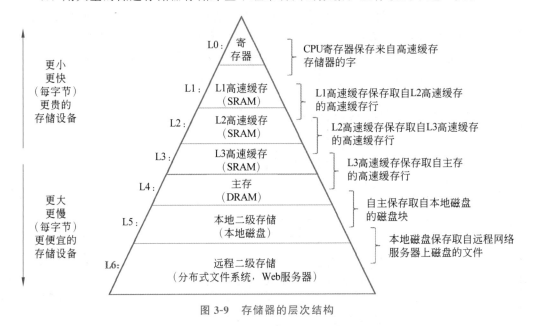

图 3-9　存储器的层次结构

3.2.3　辅助存储器

辅助储存器(也叫外存)是指除计算机内存及 CPU 缓存以外的存储器,此类存储器一般断电后仍然能保存数据。常见的外存储器有硬盘、光盘、U 盘等。

(1)硬盘是一种涂有磁性物质的金属圆盘,通常由若干硬盘片组成盘片组。与软盘不同,硬盘存储器通常与磁盘驱动器封装在一起,不能移动,由于一个硬盘往往有几个读写磁头,因此在使用的过程应注意防止剧烈震动。目前的硬盘容量一般是 500GB、1TB、8TB。现在微机上所配置的硬盘一般在 500GB 以上。

（2）光盘(Compact Disc,CD)是利用金属盘片表面凹凸不平的特征,通过光的反射强度来记录和识别二进制的 0、1 信息。光盘一般直径为 5.25in,分为只读(Read-Only)、一次写入(WriteOnce)和可擦式(Erasable)等几种。只读式光盘(CD-ROM)是用得最广泛的一种,其容量一般为 650MB。

3.2.4　输入输出设备

常用的输入输出设备有键盘、鼠标器、显示器、显示适配器、打印机等。

1. 输入设备

常见的输入类设备有键盘、鼠标、触摸屏、游戏摇杆、传感器、扫描仪等。键盘是最基本、最常用的输入设备,用户通过键盘可以将程序、数据、控制命令等输入计算机。鼠标用于快速的光标定位。微型计算机的显示系统由显示器和显示适配器组成。触摸屏是一种定位输入设备,用户可以直接用手指向计算机输入坐标信息,屏幕上的触觉反馈系统可根据预先编程的程式驱动各种连接装置,可用以取代机械式的按钮面板,输入比较灵活。

2. 输出设备

常见的输出设备有显示器、打印机、绘图仪、影像输出系统、语音输出系统、磁记录设备等。显示器是最基本、最常用的输出设备,计算机将程序、数据、控制命令等展示给用户。打印机是一种用于产生永久性记录的输出设备。

◆ 3.3　硬件子系统的互连

3.3.1　存储器与 CPU 的连接

内存中的数据都是有地址的,地址从零开始编号,这些编号可以被看作内存单元的地址,有了这些地址,CPU 指令才知道取得的数据是自己想要的。在 CPU 内部,可以用基址寄存器和变址寄存器来为内存单元设置内存地址。CPU 读取数据,就像是找人,首先要知道住在哪一栋楼,再确定户室,这种地址值寻值的方式确保了获取的内存中数据的正确性,这是十分重要的。

CPU 是通过什么来与内存交互的呢? 计算机是靠电信号控制的,因此能处理和传输的也都是电信号,电信号是靠导线传输的。在计算机中连接各个 IC 的导线,统称为总线。而总线根据用途又分为数据总线、控制总线、地址总线。概念如下。

（1）数据总线由多根线组成,每根线上每次传送 1 位数据,线的数量取决于该字的大小。如果计算机的字是 32 位,那么需要 32 根线的数据总线以便同一时刻能同时传送 32 位的字。

（2）地址总线允许访问存储器中的某个字,地址总线的线数取决于存储空间的大小。如果存储器容量为 2^n 个字,那地址总线一次需要传送 n 位的地址数据,需要 n 根线。

（3）控制总线负责在 CPU 和内存之间传送信息。如果计算机有 2^m 条控制命令,那么控制总线就需要有 m 根。

3.3.2　设备的连接

I/O 设备是机电、磁性或光学设备,而 CPU 和内存是电子设备,前者的操作速度慢很多,需要有中介来处理这种差异。I/O 设备通过一种被称为输入输出控制器或接口的器件连接到总线上的。输入输出控制器有以下 3 种。

(1) SCSI,小型计算机系统接口,8、16、32 线的并行接口。菊花链连接,两端必须有终结器,且设备必须有唯一的地址。

(2) 火线,IEEE 标准 1394 规定的串行接口,俗称火线,是高速串行接口。可在一条菊花链或树形连接上连接最多 63 个设备,不需要 SCSI 控制器中那样的终结器。

(3) USB(通用串行总线),串行控制器。多个设备可以被连接到一个 USB 控制器上,这个控制器也称为根集线器。设备可以不需要关闭计算机很容易地被移除或连接到树中,这称为热交换。当集线器被从系统中移除时,与此集线器相连的所有设备和其他集线器也被移除。通过 USB 的数据是以包的形式传输的,每个包含有地址部分(设备标识)、控制部分、要被传送到其他设备的数据部分。所有设备都将接收到相同的包,但只有具有数据包中所定义的地址的那些设备将接受它。

3.3.3　输入输出设备的寻址

独立寻址,用来读写内存的指令与用来读写输入输出的指令是完全不同的。有专门的指令完成对输入输出设备的测试、控制以及读写操作。每个输入输出设备有自己的地址。

存储器映射寻址,CPU 将输入输出控制器中的每一个寄存器都看作是内存中的某个存储字。换言之,CPU 没有单独的指令来表示是从内存或者从输入输出设备传送数据。

◆ 3.4　程序的执行

程序的运行主要分为以下步骤。

(1) 用户打开程序,系统把程序代码段和数据段送入计算机的内存。

(2) 控制器从存储器中取指令、分析执行和执行指令,如此重复操作,直至执行完程序中的全部指令,完成程序的执行。

(3) 把程序运行结果输出。

3.4.1　内存空间分配

进程对这些内存的管理方式因内存的用途不一而不尽相同:有些内存是事先静态分配和统一回收的;有些却是按照需要动态分配和回收的。对于任何一个普通的进程来说,都会涉及 5 种内存分段:代码段、数据段、静态段、栈和堆,程序加载时虚拟地址空间如表 3-1 所示。

表 3-1　程序加载时虚拟地址空间

名　　称	概　　念
代码段	程序代码主体、函数主体等。注意为二进制格式
数据段	存放初始化之后的全局变量和静态变量
静态段	存放未初始化的全局变量和静态变量
栈（Stack）	由编译器自动分配、翻译。存放函数的参数值和局部变量值。操作方式类似于数据结构中的栈
堆（Heap）	由程序员分配、释放。如果程序员不释放，程序结束时有可能由操作系统释放。请注意它和数据结构中的堆是两回事，操作方式类似于链表

1. 代码段

代码段是程序代码段，通常存放程序执行代码的一块内存区域。这部分区域的大小在程序运行前便已经确认，并且内存区域属于只读区域。在代码段中，存放着一些只读的常数变量，例如字符串常量。

2. 数据段

数据段属于静态内存分配，所有有初值的全局变量和用 static 修饰的静态变量、常量数据都在数据段中。

3. 静态段

静态段通常是指用来存放程序中未初始化的全局变量的一块内存区域。

4. 栈（Stack）

栈保存函数的局部变量、参数、返回值，但不包括 static 声明的静态变量。此外，栈是一种后进先出（Last In First Out，LIFO）的数据结构，这就意味着最后放到栈上面的数据，将会位于栈的顶端，会被第一个移走。栈的运行效率比堆快得多，但是它存储的信息量远不如堆，并且在函数调用完毕后，系统会清除栈上保存的局部变量、函数的调用信息，就像我们在书中看到的，"某一个变量的生存期已到，Life is over"。栈还有一个重要的特征，就是它的地址空间是向着"地址减小"的方向增长。

通过上述介绍，我们知道，栈上面保存的数据越多，最早入栈的元素的地址就会越低。

5. 堆（Heap）

堆保存函数内部动态分配内存，是另外一种用来保存程序信息的数据结构，更准确地说是保存程序的动态变量。堆是先进先出（First In First Out，FIFO）数据结构。它只允许在堆的一端插入数据，在另一端移走数据。堆的地址空间"向上增加"，即当堆上保存的数据越多，堆的地址就越高。这一点恰恰与栈相反。

3.4.2　装载

在程序运行之前,操作系统会进行程序的装载,也就是创建一个进程(进程是程序的一次运行活动)。当计算机要同时执行多个进程时,必须保证这些程序用到的内存总量要小于实际的物理内存,也便于各个进程的内存空间使用不受各自干扰。人们提出了虚拟地址空间的概念,就是增加一个中间层,利用一种间接的地址访问方法访问物理内存。按照这种方法,程序中访问的内存地址不再是实际的物理内存地址,而是一个虚拟地址,然后由操作系统将这个虚拟地址映射到适当的物理内存地址上。这样,只要操作系统处理好虚拟地址到物理内存地址的映射,就可以保证不同的程序最终访问的内存地址位于不同的区域,没有重叠,达到内存地址空间隔离的效果。

在程序装载时,每个进程都有自己的一套虚拟地址、页表等结构。但是装载器不会把代码装载到物理内存中,而是用一个页表把代码在硬盘上的位置记录下来,只有在真正运行时才会加载到内存里面。最后,装载器会找到程序的入口地址,执行时,从入口地址开始读第一条指令。进程的虚拟地址空间如图 3-10 所示,请注意堆和栈的增长方向是不一致的。

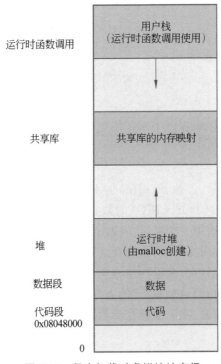

图 3-10　程序加载时虚拟地址空间

3.4.3　运行

程序运行时根据虚拟内存表,由地址变换机构依据当时分配给该程序的实地址空间把程序的一部分调入物理内存空间中。每次访存时,首先判断该虚拟地址所对应的部分是否在内存中。如果是,则进行地址转换并用实地址访问内存;否则,按照某种算法将辅存中的部分程序调度进内存,再按同样的方法访问主存。由此可见,每个程序的虚地址空间可以远大于实地址空间,也可以远小于实地址空间。图 3-11 中给出了程序运行时,内外存之间的数据调用关系,根据数据载入情况及时修改虚拟内存分配表。

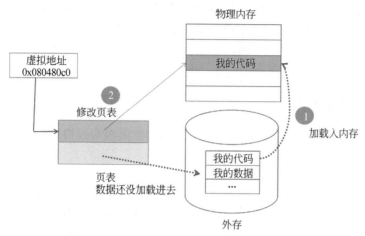

图 3-11　程序运行时虚拟内存和内外存的关系

多任务的操作系统通常需要同时运行多个程序,也就是执行多个进程,各个进程轮流使用 CPU 的时间片。当轮到某个进程执行时,就从装载器返回的入口点开始执行,CPU 从程序入口处取出指令执行。CPU 会不断地读数据、写数据,时间片到了,就把进程挂起来,也就是说进程其实不是独占 CPU 的,只是因为进程切换得非常快,从用户的角度来看,以为程序在同时执行一样。

3.4.4　结束

程序运行结束前,需要根据程序的指令把最终结果放入指定的外存区域或者展示在某些输出设备中,通常这部分功能需要由程序员来实现。如果运行结果需要放入外存,其流程与载入时相反。

最后进程结束后,其所有内存都将被释放,包括堆上的内存,所有逻辑内存全部消失。不管用户程序在运行过程中分配了多少空间,在进程结束时,其虚拟地址空间就会被直接销毁,操作系统只需要在进程结束时,让内存管理模块把分页文件中与此进程相关的记录全部删除,标记为“可用空间”,就可以使所有申请的内存一次性地回收。但是,有些内存系统是回收不了的,例如,运行于内核级的驱动造成的内存错误等。

◆ 3.5　简单计算机举例

为了解释计算机的体系结构,还有它们的指令处理,我们引入一台简单(非真实的)计算机,包括 3 个组成部分:CPU、存储器和输入输出子系统。

3.5.1 简单计算机架构

硬件构成如下。

(1) 中央处理器。CPU 本身被分成 3 部分：数据寄存器、算术逻辑单元和控制单元。

(2) 存储器。主存有 256 个 16 位的存储单元，主存中既有数据又有程序指令。前 32 个存储单元(00～1FH)被专用于程序指令，后 32 个内存单元(20H～3FH)被用来存储数据。

(3) 输入输出设备。输入输出设备包括键盘和监视器，假定它们就像 16 位的寄存器，它们的地址分别为(FE)16 和(FF)16，作为内存单元与 CPU 进行交互。

3.5.2 指令和指令集

该简单计算机中指令长度为 16，每条计算机指令由两部分构成：操作码(Opcode)和操作数(Operand)，结构如图 3-12 所示。

图 3-12 指令构成

操作码指明了在操作数上执行的操作类型。每条指令由 16 位组成，被分成 4 个 4 位的域。最左边的域含有操作码，其他 3 个域含有操作数或操作数的地址，指令格式如表 3-2 所示。虽然该简单计算机有 16 条指令集合的能力，但我们只使用这些指令中的 14 条。

表 3-2 指令格式与指令集

指 令	代码	操作数			动 作
	d_1	d_2	d_3	d_4	
HALT	0				停止程序的执行
LOAD	1	R_D	M_S		$R_D \leftarrow M_s$
STORE	2	M_D	R_S		$M_D \leftarrow R_s$
ADDI	3	R_D	R_{S1}	R_{S2}	$R_D \leftarrow R_{S1} + R_{S2}$
ADDF	4	R_D	R_{S1}	R_{S2}	$R_D \leftarrow R_{S1} + R_{S2}$
MOVE	5	R_D	R_S		$R_D \leftarrow R_s$
NOT	6	R_D	R_S		$R_D \leftarrow NOT\ R_s$
AND	7	R_D	R_{S1}	R_{S2}	$R_D \leftarrow R_{S1}\ AND\ R_{S2}$
OR	8	R_D	R_{S1}	R_{S2}	$R_D \leftarrow R_{S1}\ OR\ R_{S2}$
XOR	9	R_D	R_{S1}	R_{S2}	$R_D \leftarrow R_{S1}\ XOR\ R_{S2}$
INC	A	R			$R \leftarrow R+1$
DEC	B	R			$R \leftarrow R-1$

续表

指　　令	代码	操作数			动　　作
	d_1	d_2	d_3	d_4	
ROTATE	C	R	n	0 或 1	对 R 中内容循环移 n 位
JUMP	D	R	n		如果 $R_0 \neq R$,那么 PC＝n,否则继续

3.5.3　一个程序例子的分析

计算两个数相加,本机展示简单计算机如何进行整数 A 和 B 的相加,$C＝A＋B$,最后输出 C。

1. 问题分析

假设把 A、B 存放在内存 20H 和 21H 中,需要将其调入寄存器 R_0 和 R_1 寄存器中,结果 C 存放在 R_2,再存入内存 22H 中。完成这个简单加法的简单程序需要 5 条指令,如下。

(1) 把内存 M_{20} 的内容装入寄存器 R_0。

(2) 把内存 M_{21} 的内容装入寄存器 R1。

(3) 相加 R_0 和 R_1 的内容,结果放入 R_2。

(4) 把 R_2 的内容存入 M_{22}。

(5) 停机。

在简单计算机的语言中,这 5 条指令被译码为如表 3-3 所示。

表 3-3　$A＋B$ 程序对应的 5 条指令代码

代　　码	解　　释		
$(1020)_{16}$	1:LOAD	0:R_0	20:M_{20}	
$(1121)_{16}$	1:LOAD	1:R_1	21:M_{21}	
$(3201)_{16}$	3:ADDI	2:R_2	0:R_0	1:R_1
$(2222)_{16}$	2:STORE	22:M_{22}		2:R_2
$(0000)_{16}$	0:HALT			

2. 程序存储

程序和数据以相同的方式存储在内存中,需要把程序和数据存储在内存中,可以从内存单元 00H～04H 中存储 5 行程序,数据存储在 20H 和 21H 中,结果放在 22H 中。

3.5.4　指令周期分解

计算机每条指令使用一个指令周期。如果有 5 条指令的小程序,那么需要 5 个指令周期。每个周期通常由 3 个步骤组成:取指令、译码、执行。现在假定需要相加 123＋

45＝168。这些数据在内存中用十六进制表示为 007BH、002DH 和 00A8H。

1. 周期 1

PC 指向程序的第一条指令,它在内存单元 00H 中,把内存 20H 中数据 007BH 放入寄存器 R_0 中,执行过程如图 3-13 所示。

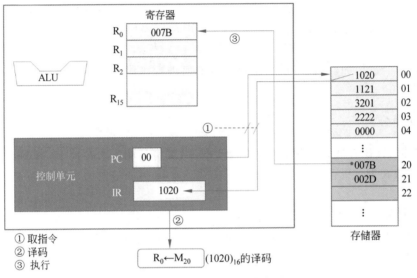

图 3-13　将 007BH 放入寄存器

2. 周期 2

PC 指向程序的第二条指令,它在内存单元 01H 中,把内存 21H 中数据 002DH 放入寄存器 R_{01} 中,执行过程如图 3-14 所示。

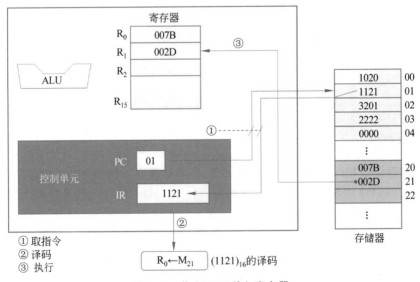

图 3-14　将 002DH 放入寄存器

3. 周期 3

PC 指向程序的第三条指令,执行 ADD 操作将寄存器 R_0 和 R_1 中的数据相加,结果放入寄存器 R_2 中,执行过程如图 3-15 所示。

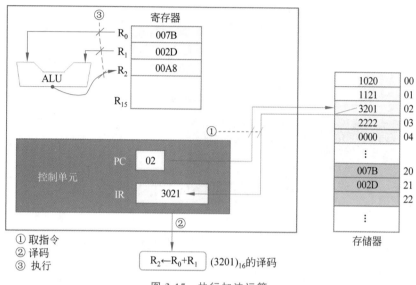

图 3-15　执行加法运算

4. 周期 4

PC 指向程序的第四条指令,将寄存器 R_2 中的数据放入内 22H 中,执行过程如图 3-16 所示。

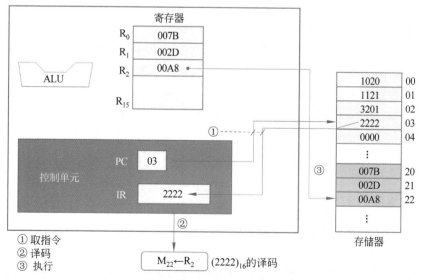

图 3-16　把计算结果放入存储器

5. 周期 5

PC 指向程序的第五条指令，程序停止，执行过程如图 3-17 所示。

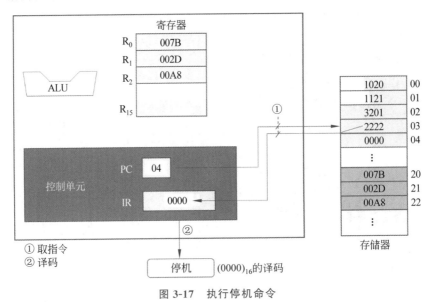

图 3-17　执行停机命令

◆ 3.6　术　语　表

机器指令（**instruction**）：通常由操作码和操作数两部分组成，表现形式是二进制编码。

主存储器（**main memory**），简称主存：是计算机硬件的一个重要部件，其作用是存放指令和数据，并能由中央处理器直接随机存取。

中央处理单元（**Central Processing Unit，CPU**）：计算机中包含的用于解释指令的控制部件，在个人计算机中则是指一个包含控制单元和算术逻辑单元的微处理器。

地址空间（**address space**）：地址的范围。

地址总线（**address bus**）：系统总线中用于地址传输的部分。

◆ 3.7　练　习

一、填空题

1. _____ 作为计算机系统的运算和控制核心，是信息处理、程序运行的最终执行单元。

2. 算术逻辑单元是 CPU 的核心部分，用于完成所有的计算工作，主要包括 _____ 和 _____。

3. 寄存器(Register)是用来存放临时数据的高速独立的存储单元,主要包括_____、_____和_____。

4. _____是指 CPU 不能直接访问的存储器,此类存储器一般断电后仍然能保存数据。常见的外存储器有硬盘、软盘、光盘、U 盘等。

二、判断题

1. 主存储器是用来存储常要用到的程序或数据。　　　　　　　　　(　　)

2. 计算机内数据可以采用二进制、八进制或十六进制形式表示。　　(　　)

3. 运算器是完成算术和逻辑操作的核心处理部件,通常称为 CPU。　(　　)

4. 控制器能理解、翻译、执行所有的指令。　　　　　　　　　　　(　　)

5. 操作码提供的是操作控制信息,指明计算机应执行什么性质的操作。　(　　)

三、选择题

1. 中央处理单元用于数据的运算,包括(　　)、控制器和寄存器 3 部分。
   A. 逻辑单元　　　　B. 算术逻辑单元　　　C. 移位单元　　　　D. 算术单元

2. 以下存储设备中数据存取速度从快到慢的顺序是(　　)。
   A. 软盘、硬盘、内存、光盘　　　　　　　B. 软盘、硬盘、光盘、内存
   C. 内存、硬盘、光盘、软盘　　　　　　　D. 光盘、软盘、内存、硬盘

3. 通常所说的主机主要包括(　　)。
   A. CPU　　　　　　　　　　　　　　　B. CPU 和内存
   C. CPU、内存与外存　　　　　　　　　D. CPU、内存与硬盘

4. 操作系统中,被调度和分派资源的基本单位,并可独立执行的实体是(　　)。
   A. 线程　　　　　　B. 程序　　　　　　C. 进程　　　　　　D. 指令

5. 主存有 256 个 16 位的存储单元,主存中既有数据又有程序指令。前(　　)个存储单元($00\sim3F_{16}$)被专用于程序指令,后 62 个内存单元($40\sim FD_{16}$)被用来存储数据。
   A. 61　　　　　　　B. 62　　　　　　　C. 63　　　　　　　D. 64

6. 任何程序都必须加载到(　　)中才能被 CPU 执行。
   A. 磁盘　　　　　　B. 硬盘　　　　　　C. 内存　　　　　　D. 外存

7. 内存分配的主要任务是为(　　)分配内存空间。
   A. 数据结构　　　　B. 地址　　　　　　C. 存储器　　　　　D. 每道程序

8. 下面(　　)不是 CPU 的组成部分。
   A. 控制器　　　　　B. 运算器　　　　　C. 寄存器　　　　　D. RAM

9. 下列设备中,属于输出设备的是(　　)。
   A. 显示器　　　　　B. 键盘　　　　　　C. 鼠标　　　　　　D. 手写板

10. 在描述信息传输中 bps 表示的是(　　)。
    A. 每秒传输的字节数　　　　　　　　B. 每秒传输的指令数
    C. 每秒传输的字数　　　　　　　　　D. 每秒传输的位数

11. CPU 每执行一个(　　)就完成了一步运算或判断。

    A. 语句   B. 段落   C. 软件   D. 指令

12. 在运行一个程序时,系统先把程序的指令装入到(　　)中,然后再执行。

    A. CPU   B. ROM   C. CD ROM   D. RAM

四、问答题

1. 描述冯·诺依曼架构的结论。

2. 程序和指令是什么?

3. 什么是缓存,它有什么作用?

4. 简述各种存储设备的特点,并对比。

5. 描述两个数相加在计算机中的运算过程。

第4章

操 作 系 统

操作系统(Operating System,OS)是管理计算机硬件与软件资源的计算机程序。操作系统需要处理如管理与配置内存、决定系统资源供需的优先次序、控制输入设备与输出设备、操作网络与管理文件系统等基本事务。操作系统也提供一个让用户与系统交互的操作界面。

◆ 4.1 操作系统的定义

现代计算机系统由硬件和软件两部分组成。在第3章中,我们详细介绍了基于冯·诺依曼架构的现代计算机的组成。一台典型的计算机在硬件上至少包含一个CPU、一定空间的内存(例如8GB)、数目不等的I/O设备;在软件上由各式各样的程序构成,其数目、执行过程、软件需求各不相同。一个现实的问题,这些程序如何有效、方便地利用计算机硬件资源来完成各自的业务需求?例如,CPU只有一个,程序有数十个甚至数百个,如何合理使用CPU的计算能力使得这些程序的执行符合用户的预期? 这些问题就是操作系统要面临和解决的问题。

4.1.1 定义

操作系统是迄今为止最复杂的软件之一,例如常用的 Windows 10、Linux操作系统等,实际的源代码量高达数千万行,一般由数百甚至数千个顶级程序员花费数年开发完成。一般认为,操作系统是计算机硬件和"用户"(人或者上层程序)之间的中间层,它使得"用户"可以更方便、更有效地实现对计算机硬件和软件资源的利用和访问。给用户带来的主要益处有以下两个。

(1)高效地利用硬件资源,从而提升用户的工作效率。

(2)更便捷地利用计算机的软硬件资源,即降低用户使用这些资源的门槛和难度。

任何现代操作系统均需要很好地解决如下问题。

(1)提供良好的机制使得上层程序或者程序集被高效地运行,充分利用CPU和内存执行程序的能力。

(2)作为通用管理程序管理着计算机系统中每个部件的活动,确保系统中的软硬件资源被合理有效地利用,并且当出现冲突时及时处理。

(3) 计算机的主要功能是"处理和存储"数据,上述(1)和(2)主要关于"处理"方面的工作,操作系统另外一个重要的工作是需要提供一种通用、统一、高效的机制,实现数据的访问和持久化的存储。

(4) 操作系统还需要为用户提供一种方便的接口。

上述问题均是操作系统需要解决的核心问题。在现代计算机的使用过程中,操作系统是必不可缺的系统软件,我们将从计算机的启动过程来引出操作系统的核心功能。

4.1.2 系统启动

操作系统的主要目标是为上层用户(程序或者人,主要为程序)提供有效支持。在提供支持功能之前,它需要先被运行起来,这称为"系统启动",系统启动的过程就是操作系统被加载的过程。

假设你购买了一台预装好 Windows 10 操作系统的笔记本计算机,按下开机按钮时,计算机开始启动。当计算机一旦被加电,CPU 的程序计数器(PC 寄存器)被设为一段自举小程序(Bootsrap 程序)的第一条指令,开始执行自举程序中的指令。这段自举程序通常被保存在板载的 ROM 存储器中(也可以用 Flash 存储器保存),是 BIOS(Basic Input Output System)程序的重要组成部分。这段自举程序的职责就是把操作系统(例如 Windows 10)用于启动计算机的核心程序部分从外部存储器(例如机械硬盘、SSD 盘、光盘等)装载到 RAM 内存,这部分程序通常被称为操作系统的内核程序(Kernel)。当装载操作系统 Kernel 完成后,CPU 的 PC 寄存器被设置为 RAM 中 Kernel 程序的第一条指令,操作系统就被正式启动了。

◆ 4.2 分类和常用操作系统

操作系统从 20 世纪电子计算机诞生以来,一直是计算机科学的关键研究领域,其发展和演化经历了很长一段时间,并且还在不断地改进。

4.2.1 主要分类

随着计算机软硬件技术在材料、工业、方法上的不断进步,以及通信和互联网技术的高速发展,现代操作系统大多在功能实现上趋于"同质化",也离不开"网络环境",主要分类如下。

1. 批处理操作系统

批处理操作系统是 20 世纪早期的操作系统。其理念是把每个运行的程序当作一个作业(Job),每个用户把自行编制的程序作为一个 Job 提交给操作系统,批处理操作系统会根据作业的顺序从一个作业转移到另外一个作业。如果当前作业运行成功,则输出结果数据,否则报错并转入到下一道程序。现在,批处理操作系统在一些非常简单的应用系统中还在工作,此外,在很多现在的操作系统中还保留了"批处理"这种作业执行模式。

2. 分时操作系统

分时操作系统在现代操作系统中依然占有举足轻重的地位,例如,现在流行的 Windows 10、macOS、Linux 等操作系统本质上还是分时操作系统。为高效利用 CPU 等计算资源,分时操作系统引入了"多道程序"的概念。其核心思想是把多道程序装载到内存,然后通过"时间片轮转"等手段来共享 CPU 的执行时间,使得这些程序轮流使用 CPU (例如 20ms 轮流一次)。由于 CPU 执行指令的速度非常快,基本上每个用户程序都能够得到及时响应,从而使得每个用户有种整个系统都在为自己单独服务的"错觉"。UNIX 是最伟大的分时操作系统的典范,它提出了一个现代操作系统历史上具有划时代意义的概念——进程。在后面的章节中,会对进程进行更详细的介绍。

3. 实时操作系统

实时操作系统和分时操作系统在很多方面类似,它们间的显著不同是:实时操作系统必须在特定的时间段内完成特定的任务,否则可能造成灾难性的后果。例如,运行在飞机上的很多控制程序。实时操作系统通常被应用于实时应用当中,例如交通、医疗、军事、航空航天、工业控制、汽车控制系统等。而且,实时操作系统和其上层应用软件经常作为固件嵌入计算机硬件中,这类系统常被称为"嵌入式系统"。常见的实时操作系统有很多,例如 VxWorks、RT-Linux、μClinux 等。其实,在现代操作系统中,分时操作系统和实时操作系统的分界不是那么明显,很多实时操作系统是由分时操作系统增加实时调度机制改造而成的,例如 RT-Linux、μClinux、嵌入式 Windows 操作系统等。此外,大部分现代分时操作系统具备一定的实时调度功能,这些在 Windows 10、Linux 中均有体现。

4. 并行操作系统

并行系统是指在一个计算机中安装了多个 CPU,这在现代计算机系统中非常常见,小到普通的多 CPU 多核的微机、PC 服务器,大到类似天河Ⅱ号这样的超级计算机。这些 CPU 之间通过高速内部总线连接在一起,每个 CPU 可以处理一个程序或者一个程序的一部分,这意味着很多计算任务可以被真实的"并行"处理,而不再是单 CPU 单核情况下的串行处理。能支持这类并行计算机架构的操作系统被称为并行操作系统。当前,大部分并行操作系统还是源于分时操作系统,例如 Linux、Windows Server 等均可以被认为是并行操作系统。

5. 分布式操作系统

随着网络化,尤其是互联网的发展,使得"计算"可以被延展到整个网络中的计算机节点,这是一个被充分研究的领域,叫作"分布式计算"。很好支持"分布式计算"的操作系统就是分布式操作系统,其所需要管辖和协调的资源包括了诸多的计算资源、存储资源和网络资源。与并行操作系统一样,现代分布式操作系统通常是在主流分时操作系统中植入"网络和分布式处理"功能之后得以体现的,例如 Linux 操作系统、Windows 操作系统、

macOS 操作系统甚至 iOS、Android 等都可以被认为是分布式操作系统。

4.2.2 常见操作系统

1. 类 UNIX 操作系统

UNIX 操作系统是 1969 年由 AT&T 贝尔实验室的 Thomson 和 Ritchie 研发出来的。自其推出以来，经历了很多版本的演化，直到今天依然具有顽强的生命力，已然成为操作系统界的伟大丰碑。其诸多开创性的光辉思想依然照耀着现代操作系统的发展之路。UNIX 是一个典型的多用户分时操作系统，具有可移植、多进程、基于抽象"文件"概念的设备无关性等特性。其设计理念非常简洁优美，操作系统内核由几百个"简单、功能单一"的函数构成，这些函数可以组合起来完成任何复杂的处理任务，所以其灵活性和可扩展性非常好。在结构上，主要包含内核、命令解释器（shell），一组标准工具（例如著名的文本编辑器 vi、emacs 等）和其他应用程序。

基于 UNIX 的设计理念和部分的开放源码，出现了大量类似 UNIX 的操作系统，例如 AT & T 的 System V、FreeBSD、HP-UX，IBM 的 AIX，SUN 的 Solaris，以及现在流行的 macOS X、各类 Linux 发行版本等。

特别要说明下 Linux。1991 年，芬兰学生 Linus Torvalds 根据类 UNIX 系统 Minix 编写并发布了 Linux 操作系统内核，其后在 Richard Stallman 的建议下以 GNU 通用公共许可证发布，成为自由软件 UNIX 变种。如今，各类 Linux 发行版本在桌面和服务器市场均大放异彩，例如，面向桌面的 Ubuntu Desktop 版本，面向服务器的 RedHat、CentOS 等，尤其在服务器市场，Linux 的市场占有率处于绝对领先地位。

2. Windows 操作系统

Microsoft Windows 操作系统是微软公司在给 IBM 设计 IBM-DOS 操作系统的基础上发展而来的图形化操作系统。在 20 世纪 80 年代后期，微软公司开始开发替代 MS-DOS（微软脱离 IBM-DOS 之后的操作系统版本）的新的图形化单用户操作系统，即 Windows 操作系统。Windows 操作系统主要提供图形化的人机交互接口，便于桌面用户方便、简易地操控计算机，其核心概念就是"窗口"（Window）。从此，拉开了 Windows 操作系统的演进之路，在桌面版本上，其发展历经了 Windows 3.1、Windows 95、Windows Me、Windows 98、Windows XP、Windows Vista、Windows 7 直至 Windows 10 等。服务器版本也从较早的 Windows NT，经历了 Windows Server 2000、Windows Server 2003、Window Server 2008、Windows Server 2016 等不同版本。

3. iOS 和 Android

进入 21 世纪以来，随着通信技术、移动通信网络和互联网等的飞速发展，以及移动终端的小型化，很快，移动终端用户远远超过桌面用户，出现了众多面向移动终端的操作系统，如早期的 PalmOS、Symbian、Windows Phone 等，现在占主导地位的是苹果公司的 iOS 和 Google 公司的 Android 操作系统。

iOS 被看成 iPhone 版本的 macOS X，OS X 的内核 Darwin 是类 UNIX 操作系统核心，所以，iOS 可以被认为是移动版的类 UNIX 操作系统。

◈ 4.3 操作系统内核组成

操作系统的主要工作是对计算机的主要资源，如 CPU、内存、输入输出设备等计算、存储和设备资源提供有效的管理机制，使得上层用户（指应用程序和计算机操作人员）可以高效、便利地利用计算机开展工作。此外，计算机的另外一个核心功能是提供对数据的持久化存储。这些内容是操作系统必须支持的核心功能，通常组成了操作系统内核的组成部分，被称为进程管理、内存管理、文件管理和设备管理。操作系统核心功能组成如图 4-1 所示。

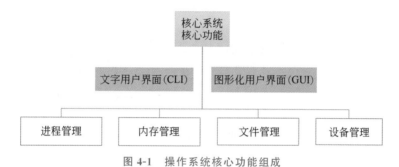

图 4-1 操作系统核心功能组成

4.3.1 进程管理

操作系统中最重要的资源是 CPU 资源，主要实现算术运算、逻辑运算等关键功能，高效利用 CPU 的计算能力是操作系统内核设计最关键的问题之一。进程管理就是现代操作系统高效使用 CPU 等计算资源的最重要的技术。在介绍进程管理之前，先介绍几个重要术语，即程序、进程和线程；接下来再重点介绍进程管理的核心组件——进程调度器。

1. 程序、进程和线程

1）程序（program）

程序指由程序员编制的指令的集合，一般存储在如普通机械硬盘、固态硬盘、光盘等外部存储器中。例如，微信安装到硬盘上的可执行程序对应的各种文件。

2）进程（process）

进程指一个程序被加载到内存，正在运行，但尚未结束。换而言之，进程是一个驻留在内存中正在运行的程序。例如，当双击 Windows 10 桌面上的微信图标，Windows 操作系统的装载器（loader 程序）将为微信程序在内存中配置各种相关资源，即其对应的执行环境，然后把微信程序镜像装载到内存，并启动使其执行，这时硬盘上的微信程序转化为内存中正在执行的"进程"。

3）线程（thread）

从进程定义可知，进程可以被分成两部分：执行环境等相关资源、可执行的指令集合。较早的操作系统，如 UNIX 等只支持进程概念，后面一些操作系统例如 Windows，为了进一步有效使用 CPU，以满足进程内部的不同执行子过程间的并发能力，把进程的执行部分分割为更小的执行线索，这些执行线索被称为线程（thread）。如今，线程已经成为现代操作系统任务调度的一个标志性的概念，例如，Linux、macOS X、iOS 等都提供了线程管理机制。简而言之，进程是正在进行中的程序，线程是进程的执行部分，可以用一个简单等式来描述这种关系：**进程＝公共数据资源＋线程集**，图 4-2 展示了这种概念。

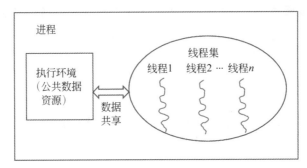

图 4-2　进程和线程

2. 进程调度器

为有效利用 CPU，现代操作系统都支持多进程/多线程的并发执行，操作系统中负责进程或线程调度的部件称为进程调度器或者任务调度器，即"schedule 程序"。其作用是有效地调度多道程序，使之达到"并发"（concurrency）调度的目的。在前面讲述计算机架构的章节中可知，一个只有一套 ALU 和 CU 的 CPU（单核 CPU），同一时刻只能执行一条指令，所以，单核 CPU 在一个时刻不可能同时执行两道程序，即不具备"并行计算"（parallel computing）的能力。现实中，我们使用一台计算机，可以"同时"运行几道甚至几十道程序，例如"同时"听歌、玩游戏、Word 文字处理、浏览新闻等。根据上述说明，单核 CPU 是没有办法"同时"执行多道程序的，但是在感觉上，我们的确"同时"使用计算机做多件事情。这是如何达到的呢？先给出直接的答案。

我们对任务"同时"的理解是秒级的，而计算指令的执行是纳秒级的，只要进程调度造成程序执行的响应满足用户的时间要求即可以体现用户级的"同时"性。

现代操作系统在进程调度时采用的是基于时间片轮转的"分时调度"策略。即把 CPU 执行指令的过程按照时间片轮询的方式对多个任务进行"交替执行"，示意图如图 4-3 所示。

一般而言，现代操作系统以一定的时间为单位（例如 20ms），轮流使用 CPU 执行不同的进程。例如，图 4-3 中，如果时间片轮询的单位为 20ms，那么进程 1、进程 2，一直到进程 n 以 20ms 为轮询单位，交替执行。即第 1 个 20ms 给进程 1 执行指令，第 2 个 20ms 给

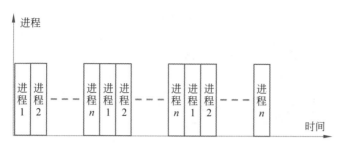

图 4-3　"时间片轮转"的分时调度策略

进程 2 执行指令,第 n 个 20ms 给进程 n 执行指令;第 $n+1$ 个 20ms 给进程 1 执行指令,第 $n+2$ 个 20ms 给进程 2 执行指令,第 $2n$ 个 20ms 给进程 n 执行指令;以此类推。

接下来再来考虑一个实际案例。例如,考虑两道程序:**音乐播放程序**、**Word 文字处理程序**。音乐播放过程可以被分解为,音乐数据传输、数据缓存、音乐播放 3 个阶段,其中音乐数据传输指 CPU 把一段音乐数据(假如是 1min 音乐数据)传输到声卡(假设需要 1ms),数据缓存即声卡把 CPU 传输过来的数据缓存在声卡内部的缓存器中(假设需要 1ms),音乐播放指声卡播放电路把缓存器中的音乐数据实时连续播放(1min)。Word 文字处理程序可以设想为一个等待用户输入字符的循环程序,可以被分解为:等待接收用户字符输入(从键盘缓冲区读取 1 个字符,假设为 1ms)、保存输入字符数据(假设为 1ms)、输出字符到显示器(假设为 1ms)。上述两道程序真正需要使用 CPU 的只有音乐播放程序中的"音乐数据传输"、**Word 文字处理**中的所有过程。

根据上述策略来分析这两道程序的并发执行过程,以及它如何做到用户体验的"同时性":假定进程调度器的时间片轮转周期为 20ms,则其在第 1 个时间片花费了 1ms 就把 1min 的音乐数据传送给声卡(这个时候声卡会连续播放音乐,其可以在 1min 以内不需要新的音乐数据),然后选择执行 Word 程序;Word 程序一旦感知键盘敲击,CPU 迅速把键盘扫描码数据读出、保存并显示到显示器,总共花费 3ms;由于人们敲击键盘的速度至少是以秒为间隔,那么只要没有敲击键盘动作,CPU 完全可以在 Word 程序时间片用完时去处理音乐程序的数据传送;一般而言,只要进程不太多,CPU 有足够的时间在音乐播放器把当前缓冲区的音乐数据播放完毕之前,把新的音乐数据填充过来,以保证人们感觉上的"连续播放"的认知。

3. 进程调度状态

现代操作系统,进程调度器经常会将一个进程从一种状态转换到另外一种状态,一般而言有 3 种典型状态:就绪、执行和等待状态,如图 4-4 所示。

(1) **就绪状态**:指进程具备所有执行条件,只是在时间上还没有轮到该进程。

(2) **运行状态**:指该进程是操作系统正在运行的进程。

(3) **等待状态**:指该进程需要等待某个事件发生,否则无法运行。

当一个进程具备所有除"时间片"之外的条件时,它被加入进程管理中的"就绪队列"进行排队,即进入"就绪状态";当时间片轮到该进程时,进程调度器从就绪队列中把该任

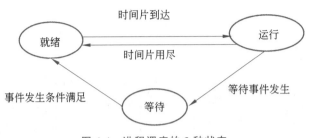

图 4-4   进程调度的 3 种状态

务调出,执行该任务,并设置其为"运行状态";在运行过程中,当该进程需要某个外部事件发生,例如等待键盘输入,而此事件还没有发生,则把该进程转入到等待队列,设置其状态为"等待状态";一旦所等待的事件发生,则通过中断程序引发进程调度程序把该进程从等待队列调出到就绪队列(可能还有其他进程正在就绪队列中排队),设置其状态为"就绪状态"。

4.3.2   内存管理

内存管理是现代操作系统的另外一个核心功能,其作用是如何高效地为多道"并发"执行的程序提供内存分配、管理和释放等机制。根据冯·诺依曼体系计算机"存储程序,顺序执行"的程序执行理念,任何程序在执行前,其指令和数据必须先被装载到内存。根据程序被装载到内存中的数目,操作系统的内存管理通常可以分为单道程序和多道程序,当实际的物理内存不够时,又需要虚拟内存技术进行内存扩展,以支持程序运行。

1. 单道程序的内存管理

单道程序的内存管理出现在比较早的操作系统中,例如 20 多年前的 MS-DOS。在单道程序中,内存除了装载操作系统之外,只支持装载一道程序。当这道程序被执行完毕之后,它将被全部移出内存,继续装载下一道程序并运行。单道程序的内存模型如图 4-5 所示。

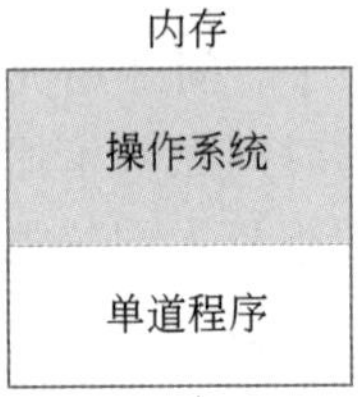

内存

| 操作系统 |
| 单道程序 |

图 4-5   单道程序的
内存模型

单道程序在执行时需要注意的地方如下。

(1)如果当前需要装载和运行的程序大小超过可用的内存,则装载失败,程序无法被执行。

(2)当一个程序正在运行时,其他程序无法运行。不幸的是,假如这道程序以 I/O 操作为主,绝大部分时间是处于等待外部设备的输入和输出,真正使用 CPU 的时间很少,也就是说 CPU 大部分时间都处于空闲,CPU 也没办法为其他程序提供服务。所以,在这种情况下,CPU 和内存的使用效率非常低。为了缓解上述问题,出现了多道程序。

2. 多道程序的内存管理

多道程序是指操作系统支持把多道程序装载到内存当中,在进程调度器的控制下"并发"执行多道程序,多道程序的内存模型如图 4-6 所示。

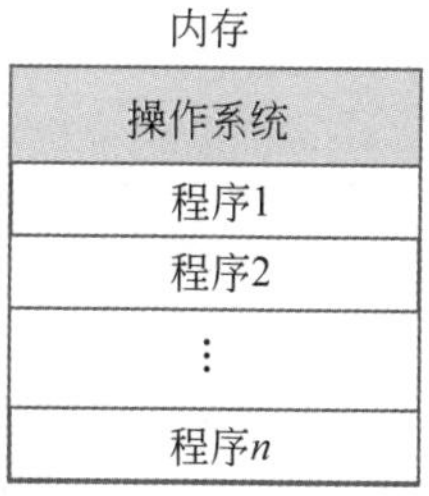

多道程序的内存管理,从 20 世纪 60 年代被提出来以后,经过了多年的改进,出现了分区调度、分页调度、请求分页调度、请求分段调度、请求分页和分段调度等多种策略。简单来说,可以被划分为两类:非交换式多道程序和交换式多道程序。所谓非交换式多道程序是指程序在执行前被装载到内存,执行过程中一直常驻内存,不会被交换到外部存储器的情况发生,这种模式其实就是单道程序的简单扩展。只是支持多道程序的"交替"执行罢了,单道程序存在的"装载失败"问题一样会发生。而交换式多道程序则把程序分割成更小单位的"段"和"页",根据当前内存的实际空闲情况,一次装载程序少量的段或者页进行执行,一旦所需要访问的指令或数据不在内存中,则发生"缺段"或者"缺页"异常,引发"换段"和"换页"操作,即把内存中的段或页和外部存储器中的段和页的数据进行交换。

内存

操作系统
程序1
程序2
⋮
程序*n*

图 4-6 多道程序的
内存模型

3. 虚拟内存

在交换式多道程序的内存管理中,意味着程序的一部分内容驻留在内存,另一部分则放置在外部存储器(例如硬盘、SSD 等)。假如实际的物理内存是 1000MB,运行 20 道程序,每道程序大小为 200MB,总共需要 4000MB 的内存空间。在交换式多道程序模式下,这 20 道程序在"段或页交换"的机制下,可以顺利执行,实际上相当于系统只有 1000MB 的物理内存,而另外 3000MB 的内存为虚拟内存。当前,几乎所有的主流操作系统,例如 Windows、Linux 等都支持虚拟内存。

图 4-7 为 Windows 10 操作系统下虚拟内存的设置窗口。特别需要注意的地方是:当程序执行过程中发生了"请求换段或者换页"操作时,需要把硬盘上的段或者页换入内存,此时执行速度会大幅下降,因为硬盘的读写速度远远小于内存(差几个数量级)。因此,为了提升执行效率,一般的举措是:①增大物理内存配置;②提升外部存储器速度,例如把普通硬盘换成高速的 SSD 固态硬盘。

4.3.3 文件管理

操作系统的另外一大职能是实现对数据的"有效持久化存储"。计算机中的内存数据,一旦断电,所有数据就会消失,无法实现数据的"持久化"。普通硬盘、SSD 固态硬盘、光盘等媒介是常见的"持久化"存储材料。为有效地对这些数据进行组织和存储,现代操作系统通过"文件管理"的核心组件来实现。

在 UNIX 操作系统时代,就提出了抽象的"文件"和"文件系统"的概念。文件是指具有符号名(文件名)的一组相关元素的有序序列,是一段程序或数据的集合,例如我们常见以 doc、ppt、exe、c、java 作为扩展名命名的文件。文件系统是操作系统统一管理信息资源的软件组件,管理文件的存储、检索、更新,提供安全可靠的共享和保护手段,并且方便用户使用。文件系统包含文件管理程序(文件与目录的集合)和所管理的全部文件,是用户与外存的接口,系统软件为用户提供统一方法(以数据记录的逻辑单位),访问存储在物理

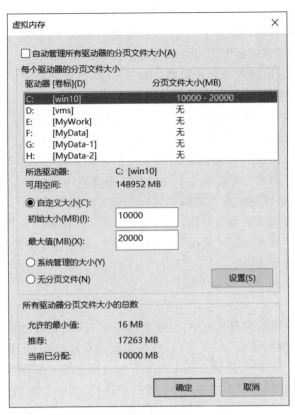

图 4-7　Windows 10 下虚拟内存设置

介质上的信息。Windows 下的 FAT32、NTFS，Linux 下的 ext3、ext4 等都是文件系统的代表。

文件管理的一般功能如下。

（1）控制文件的读写访问权限。UNIX、Windows、Linux 等操作系统都可以对文件针对不同的用户和进程设置相应的读、写、执行等权限，允许或者禁止这些用户、进程对文件数据的相应访问操作。

（2）管理文件的创建、修改和删除。给操作用户提供创建、修改和删除文件的能力。

（3）修改文件名称。给操作用户提供修改文件名称的能力。

（4）提供一系列系统调用给上层应用程序使用。现代操作系统为上层应用程序提供了系列系统调用以支持丰富的文件操作，常见的有：open（打开文件）、read（读文件）、write（写文件）、close（关闭文件）等。对程序而言，一般就是使用这些系统调用即可。

4.3.4　设备管理

计算机的外围设备种类繁多，以操作系统的观点来看，设备使用特性、数据传输速率、数据的传输单位、设备共享属性等都是重要的性能指标。可以按照不同角度对它们进行分类。

（1）按设备的使用特性分类，可把设备分为两类。第一类是存储设备，也称为外存后备存储器、辅助存储器,是计算机系统用于存储信息的主要设备,该设备速度慢、容量大、价格便宜。第二类是输入输出设备,可分为输入设备、输出设备和交互式设备,如键盘、鼠标、扫描仪、打印机、显示器等。

(2) 按传输速率分类,可将 I/O 设备分为 3 类。第一类是低速设备,其传输速率仅为每秒几字节至几百字节的设备,如键盘、鼠标等。第二类是中速设备,其传输速率为每秒数千字节至十万字节的设备,如行式打印机、激光打印机等。第三类是高速设备,其传输速率在数十兆千字节至数百吉字节的设备,如磁带机、磁盘机、光盘机等。

(3) 按信息交换的单位分类,可把 I/O 设备分为两类。第一类为块设备,这类设备用于存储信息,信息以数据块为单位,如磁盘,每个盘块 512B～4KB,传输速率较高,通常每秒几兆位;另一特征是可寻址,即对它可随机地读写任一块,磁盘设备的 I/O 常采用 DMA 方式。第二类是字符设备,用于数据的输入和输出,其基本单位是字符,属于无结构类型,如打印机等,其传输速率较低,通常为几字节至数千字节;另一特征是不可寻址,即输入输出时不能指定数据的输入源地址及输出的目标地址,此外,常采用中断驱动方式。

(4) 按设备的共享属性分类,可以分为三类。独占设备,在一段时间内只允许一个用户(进程)访问的设备,即临界资源。共享设备,在一段时间内允许多个进程同时访问的设备,当然,每一时刻仍然只允许一个进程访问,如磁盘(可寻址和可随机访问)。虚拟设备,通过虚拟技术将一台设备变换为若干台逻辑设备,供若干个用户(进程)同时使用。

操作系统的设备管理功能主要体现在"设备处理程序"(又称为"驱动程序")的机制设计上,它是 I/O 系统的高层与设备控制器之间的通信程序,其主要任务是接收上层软件发来的抽象 I/O 要求,如 read 或 write 命令,再把它转换为具体要求后,发送给设备控制器,启动设备去执行;反之,它也将由设备控制器发来的信号传送给上层软件。由于驱动程序与硬件密切相关,故通常应为每一类设备配置一种驱动程序。

设备驱动程序的主要功能如下。

(1) 接收与设备无关的软件发来的命令和参数(例如文件的 read 或者 write 命令),并将命令中的抽象要求转换为与设备相关的低层操作序列。

(2) 检查用户 I/O 请求的合法性,了解 I/O 设备的工作状态,传递与 I/O 设备操作有关的参数,设置设备的工作方式。

(3) 发出 I/O 命令,如果设备空闲,便立即启动 I/O 设备,完成指定的 I/O 操作;如果设备忙碌,则将请求者的请求块挂在设备队列上等待。

(4) 及时响应由设备控制器发来的中断请求,并根据其中断类型,调用相应的中断处理程序进行处理。

设备驱动程序的处理过程如下。

(1) 将请求抽象要求转换为具体要求。

(2) 检查 I/O 请求的合法性。

(3) 读出和检查设备的状态。

(4) 传送必要的参数(磁盘在读写前,要传递参数至控制器的寄存器中)。

(5) 启动 I/O 设备。

4.3.5 用户界面

根据前面操作系统的定义,除了高效利用硬件资源以外的另外一项重要功能是"方便用户操作"。每个操作系统都通过用户界面(User Interface)接收用户的输入并向操作系统解释和执行这些请求。用户界面一般分为两种:一种是命令行解释程序界面(Command Line Interface,CLI),例如类 UNIX 操作系统下的各类 shell 程序(例如bash);另一种是图形化用户界面(Graphic User Interface,GUI),例如 Windows 的桌面图形化接口等。图 4-8 为 Linux 发行版本 CentOS7 bash CLI 用户界面,图 4-9 为Windows 10 下图形化用户界面。

```
1 MyHPC-CentOS7

[llx@localhost ~]$ dir
byte-of-python-chinese-edition.pdf    rjsupplicant         Ruijie_Supplicant(Linux)\ (1).zip
my-workspace                          rjsupplicant.bak
[llx@localhost ~]$ ls
byte-of-python-chinese-edition.pdf    rjsupplicant         Ruijie_Supplicant(Linux) (1).zip
my-workspace                          rjsupplicant.bak
[llx@localhost ~]$
```

图 4-8　CentOS7 bash CLI 用户界面

图 4-9　Windows 10 下图形化用户界面

◆ 4.4 术 语 表

进程(process):进程是一个具有一定独立功能的程序关于某个数据集合的一次运行活动。它是操作系统动态执行的基本单元,在传统的操作系统中,进程既是基本的分配单元,也是基本的执行单元。

线程(thread):在现代操作系统中,通常一个进程中可以包含若干个线程(至少包含一个),是处理机管理的基本调度和执行单位。

调度(schedule):在计算机中是分配工作所需资源的方法。资源可以指虚拟的计算资源,如线程、进程或数据流;也可以指硬件资源,如处理器、网络连接或扩展卡。调度操作是指操作系统从进程队列或作业队列中选择一个进程或作业运行。

程序(program):一组定义了计算内容的指令。

内核(kernel):是操作系统的核心概念,提供操作系统的最基本的功能,它负责管理系统的进程、内存、设备驱动程序、文件和网络系统,决定着系统的性能和稳定性。

文件(file):在计算机中,文件是具有符号名的、在逻辑上具有完整意义的一组相关信息项的有序序列。

虚拟内存(virtual memory):是计算机系统内存管理的一种技术。它使得应用程序认为它拥有连续的可用的内存(一个连续完整的地址空间),而实际上,它通常是被分割成多个物理内存碎片,还有部分暂时存储在外部磁盘存储器上,在需要时进行数据交换。

分时(time sharing):把处理机的运行时间分为很短的时间片,按时间片轮流把处理机分给各联机作业使用。

用户界面(user interface):是介于用户与计算机系统之间交互沟通的相关软件,目的在使得用户能够方便有效率地去操作系统以达成双向交互,完成所希望的工作。用户界面定义广泛,包含了命令方式人机交互(CLI)与图形用户接口(GUI)。

◆ 4.5　练　　习

一、填空题

1. 操作系统的基本功能是进程管理、_____管理、_____管理和_____管理。
2. 冯·诺依曼架构的 5 大部件为 ALU、CPU、内存_____和_____。
3. 操作系统的基本特性包括_____、共享、_____、异步。
4. 操作系统的内存管理通常可以分为单道程序和_____。
5. 进程的调度有两种方式,分别为不可剥夺方式和_____方式。
6. 基本的文件操作包括创建文件、_____、读文件、_____文件和截断文件。
7. 操作系统中引起中断发生的事件称为_____。

二、判断题

1. 早期的批处理系统中,用户可以用交互方式使用计算机。　　　　　　(　　)
2. 原语是指不可分割的操作。　　　　　　(　　)
3. 计算机中如果没有进程处于运行状态,说明就绪队列和等待队列为空。　　(　　)
4. 当一个进程从等待状态变成就绪状态,就说明一定有一个进程从就绪状态变成运行状态。　　　　　　(　　)

5. 当条件满足时,进程可以从阻塞状态转变为就绪状态。   (   )

6. 一个任务必须全部装入内存才可以执行。   (   )

三、选择题

1. 冯·诺依曼架构由输入设备、输出设备、ALU、CPU以及(   )组成。
   A. 处理机   B. 内存   C. SSD   D. Cache

2. 操作系统是一种(   )。
   A. 系统软件   B. 应用软件   C. 通用软件   D. 互联网软件

3. (   )是单任务系统。
   A. Windows   B. Linux   C. MS-DOS   D. iOS

4. 进程的基本状态不包括(   )。
   A. 就绪状态   B. 结束状态   C. 执行状态   D. 阻塞状态

5. 下列进程状态转换中,不正确的是(   )。
   A. 等待→运行   B. 运行→就绪   C. 等待→就绪   D. 运行→等待

6. 文件代表操作系统中的(   )。
   A. 可执行程序   B. 硬件资源   C. 软件资源   D. 存储单位

7. 假设处理器有32位地址,则它的虚拟地址空间为(   )。
   A. 100GB   B. 32GB   C. 64GB   D. 4GB

8. 实时操作系统追求的目标是(   )。
   A. 高并发   B. 快速响应   C. 稳定运行   D. 充分利用内存

9. 在单处理器系统中,处于运行状态的进程(   )。
   A. 只有一个   B. 只有执行完毕才会被撤出
   C. 可能有多个   D. 充分利用内存

10. 两个进程争夺同一个资源(   )。
   A. 不会死锁   B. 一定死锁
   C. 不一定会死锁   D. 以上说法都不对

四、问答题

1. 什么是计算机系统?

2. 列举操作系统的主要功能。

3. 简述进程与线程的区别。

4. 为什么要引入用户级线程?

5. 描述DMA的工作流程。

6. 文件管理包含哪些功能?它们的主要任务是什么?

第 5 章　算法和程序设计语言

算法是指解题方案的准确而完整的描述,程序是算法的代码实现,程序可以用不同的程序设计语言实现。同样编写一个功能的程序,使用不同的算法可以让程序的体积、效率差很多。所以算法是编程的精华所在。

◇ 5.1　算　　法

5.1.1　算法定义和特征

算法是指解题方案的准确而完整的描述,是解决问题的逻辑步骤;是一系列解决问题的清晰指令,算法代表着用系统的方法描述解决问题的策略机制。也就是说,能够对一定规范的输入,在有限时间内获得所要求的输出。算法的基本特征如下。

(1) 输入:算法具有 0 个或多个输入(有些情况下不需要输入)。

(2) 输出:算法至少有一个或多个输出。

(3) 有穷性:算法在有限的步骤之后会自动结束而不会无限循环,并且每一个步骤可以在可接受的时间内完成。

(4) 确定性:算法中的每一步都有确定的含义,不会出现二义性,即算法对于特定的输入有特定的输出。

(5) 可行性:算法的每一步都是可行的,也就是说每一步都能够通过已经实现的基本运算来完成。

算法复杂度是指算法在编写成可执行程序后,运行时所需要的资源,资源包括时间资源和内存资源。

5.1.2　3 种结构

纵观人们的行为,人们处理事情的过程是"有选择的重复做",例如"去食堂吃饭"这件事情可以分为以下 4 步,如图 5-1 所示,简单分析如下。

(1) 4 个步骤的顺序不可能错乱,否则就是人的逻辑出问题了。——顺序

(2) 一定要有所选择,否则见啥吃啥也是不合适的。——选择

(3) 重复吃饭动作,去食堂吃一次饭只吃一口很明显效率太低。——循环

吃饭(算法实现过程)
(1) 走进食堂。 (2) 选择自己喜欢吃的并且买得起的菜,例如番茄炒鸡蛋、红烧肉。 (3) 交费,18 元。 (4) 坐下来一口一口地吃,一直到吃饱或者吃完。

图 5-1 "去食堂吃饭"分步解析

所以,通过分析"去食堂吃饭"这个行为会发现,里面包括 3 种逻辑行为:顺序、选择和循环。算法是人们对于事情处理的计算机化过程描述,其实是人们行为的计算机映射,所以算法设计也是包含 3 种控制结构:顺序、选择和循环。

1. 顺序结构

顺序结构是指问题解决步骤之间的顺序关系对应的流程结构,如果前面行为的结果是后面行为的输入,这样的顺序就不能错乱。例如"去食堂吃饭"时,没有选菜先交费,很明显逻辑上有问题。并不是所有行为的顺序都要严格规定,对于没有逻辑关联的,行为顺序就没有太大关系。例如选菜时"先选择番茄炒鸡蛋还是红烧肉",之间并没有太大关系。

所以在设计算法时,如果前后步骤之间有明显的逻辑关系,就要求必须按照严格的顺序来设计,这就是顺序结构。例如,在计算输出某个数 A 的平方的时候,先对 A 进行赋值,再进行计算:"A=78;print(A * A)",如果写成"print(A * A);A=78",就不能完成我们预期的操作。

2. 选择结构

选择结构用于判断给定的条件,根据判断的结果来执行某些行为,即根据判断的结果来控制程序的流程。例如在"去食堂吃饭"时,有钱才可以买菜,不喜欢吃的菜买回来也是苦恼。大多数的计算过程离不开判断(也就是选择),例如求两个数 A 和 B 的最小值:IF(A>B,A,B),这就是一个典型的选择结构。

3. 循环结构

计算机最擅长的事情是重复执行某些操作,但是必须能够停机,也就是需要设定重复执行的条件。例如"去食堂吃饭"中,要一口一口重复地吃,当吃完或者吃饱就不要再吃了。所以,循环结构是指在程序中需要反复执行某个功能而设置的一种程序结构。它由循环体中的条件,判断继续执行某个功能还是退出循环。例如求 10 个数(存在数组 A[10]中)中的最小值 Min 的语句如下。

```
for(int i = 1,Min= A[0]; i < 10; i ++){if(A[i]>Min) Min = A[i]; }
```

这是典型的循环结构,终止条件是 i>=10,所做的操作是重复的比较。

5.1.3　算法的表示

算法的常用表示方法有如下 3 种:自然语言、伪代码和流程图。本节用 3 种表示形式来描述算法：求数组 A[10]的最小值，结果放入 MinA 中。

1. 自然语言

自然语言就是人们日常用的语言，这种表示方式通俗易懂，下面通过实例具体介绍。用自然语言求数组中的最小值，描述如图 5-2 所示。

序号	求数组 A[10]的最小值 MinA（自然语言描述）
1	MinA 赋值数组中的第一个数；定义一个循环变量 i=1
2	从第二个数开始，分别比较 MinA 与 A[i]，如果 MinA>A[i]，就将这个数赋值给 MinA，即 MinA= A[i]
3	输出 MinA

图 5-2　求数组中的最小值——自然语言表示

2. 伪代码

伪代码是自然语言和类编程语言组成的混合结构。它比自然语言更精确，描述算法很简洁；同时也可以很容易转换成计算机程序。图 5-3 是求数组中最小值的伪代码。伪代码避开不同程序语言的语法差别，如 Pascal 语言使用":="作为赋值，使用"="作为比较；又如 C/C++ 的赋值使用"="，而判断相等的比较则是用"=="。

序号	求数组 A[10]的最小值 MinA（伪代码描述）
1	MinA←A[0]; i←1
2	for i←1 to 9 do if MinA>A[i] MinA←A[i]
3	Print MinA

图 5-3　求数组中的最小值——伪代码表示

伪代码没有统一的标准，可以自己定义，也可以采用与程序设计语言类似的形式，最终目的是让不同语言的人都看得懂。

3. 流程图

流程图是一种传统的算法表示法，它用一些图框来代表各种不同性质的操作，用流程线来指示算法的执行方向。由于它直观形象、易于理解，所以应用广泛，特别是在语言发展的早期阶段，只有通过流程图才能简明地表述算法。图 5-4 给出了求数组 A 中最小值 MinA 的算法流程图。

5.1.4　基本算法

有一些算法在计算机科学中应用非常广泛，人们称之为"基本"算法，例如排序的时候经常用到求最值。

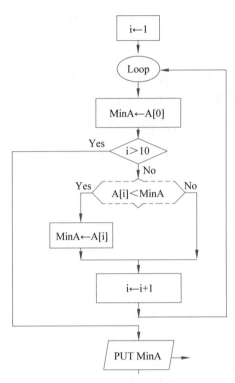

图 5-4　求数组 A 中最小值 MinA 的算法流程图

1. 求最值

求最值指的是从一组数中找出最大的值或者最小的值,通常的做法是拿当前的最值与数组中的数逐个进行比较,初始最值一般默认为这组数中的第一个元素,或者取极值。5.1.3 节给出了求一组数中最小值的方法,MinA 用于记录到当前元素位置的最小值,MinA 的初始值是数组中的第一个元素。举例:假设存放 10 个两位数的数组 A＝{92,67,52,56,11,85,15,39,55,82},求 MinA 的过程如图 5-5 所示。

i	a[i]	MinA＝92	MinA＞A[i]?
1	67	67	Yes
2	52	52	Yes
3	56	52	No
4	11	11	Yes
5	85	11	No
6	15	11	No
7	39	11	No
8	55	11	No
9	82	11	No

图 5-5　求数组最小值过程解析

这里 MinA 的初始值赋值为 A[0],如果已知数组中的数是两位数,则也可以将 A[0]的初始值赋值为 100(比最大的两位数大)。

求最大值的方法与最小值类似,只是每次找到相对大的数值。

2. 查找

数据存储的目的是为了读取,读取时就需要在已经存储的诸多数据中找出满足条件的数据,需要设计查找算法。查找在计算机科学中应用非常广泛,是一种在列表中确定目标所在位置的算法,即给定一个值,并在包含该值的列表中找到第一个元素的位置。

如果数据在列表中是无序存储的,为防止漏掉某个数据,只能一个一个地进行比较查找,通常使用"顺序查找"来实现。顺序查找可以在任何列表中查找,只是效率相对比较低。如果列表是有序的,就可以设计算法在查找时跳过某些元素的对比,例如"折半查找"就是对数级的缩小查找范围。常见的有序数列查找算法有:折半查找(也叫二分查找)、斐波那契查找、差值查找等。

1）顺序查找

顺序查找的原理很简单,就是遍历整个列表,逐个将记录的关键字与给定值比较,若某个记录的关键字和给定值相等,则查找成功,找到所查的记录。如果直到最后一个记录,其关键字和给定值比较都不相等,则表中没有所查的记录,查找失败。顺序查找伪代码如图 5-6 所示。

步骤	顺序查找 key 值(伪代码描述)
1	st←0; en←9; ikey←0
2	for i←st to en do 　if key=A[i] ikey←i
3	Print ikey

图 5-6　顺序查找伪代码

2）折半查找

折半查找的基本思想是:将原始数据分为等份的两部分,比较关键字与中间值的大小,如果关键字小于中间值,说明关键字落在左半部分,将查找范围缩小为左半部分,继续折半查找;如果关键字大于中间值,说明关键字落在右半部分,将查找范围缩小为右半部分,继续折半查找。通过关键字与中间值的对比,不断缩小查找范围,最终查找数据。原理图如图 5-7 所示。折半查找伪代码如图 5-8 所示。

编号	0	1	2	3	4	5	6	7	8	9
数据	11	15	39	52	55	56	67	82	85	92
第1轮					↑					
第2轮		↑								
第3轮	↑									

图 5-7　折半查找过程(查找 11)

步骤	折半查找 key 值（伪代码描述）
1	ikey←0;high←9;low←0
2	while low<high do mid←(low+high)/2 if key=A[mid] return mid else if key>A[mid] low←mid+1 else if key<A[mid] high←mid-1
3	return -1

图 5-8　折半查找伪代码

3）斐波那契查找

斐波那契查找的原理与折半查找类似，只是 middle 的取值是黄金分割点而不是最中间的位置。在斐波那契数列找一个等于或略大于待查找表长度的数 $f(k)$，待查找表长度扩展为 $f(k)-1$（如果原来数组长度不够 $f(k)-1$，则需要扩展，扩展时候用原待查找表最后一项填充），$mid=low+f(k-1)-1$，以 mid 为划分点，将待查找表划分为左边、右边。

斐波那契数列：1、1、2、3、5、8、13。

10 个元素的有序序列：11,15,39,52,55,56,67,82,85,92。

斐波那契查找的算法思路如图 5-9 所示。斐波那契查找过程如图 5-10 所示。

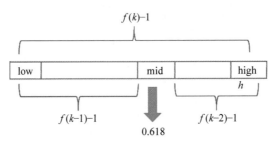

图 5-9　斐波那契查找的算法思路

斐波那契数列	1	1	2	3	5	8	13						
编号	0	1	2	3	4	5	6	7	8	9	10	11	12	13
数据	11	15	39	52	55	56	67	82	85	92				
第1轮	low							↑						
第2轮	low				↑									
第3轮	low		↑											
第4轮	low	↑												

图 5-10　斐波那契查找过程（查找 11）

3. 排序

计算机科学中的一个最普遍应用是排序，即根据数据的值对它们进行排列。人们的周围充满了数据，如果这些数据都是无序的，可能会花很长时间去查找一条简单信息。想象一下,在一个没有排序的电话本中查找某人的电话号码是多么困难的一件事。本节将介绍常见的排序算法:选择排序、冒泡排序。

1) 选择排序

选择排序的工作原理是每一次从待排序的数据元素中选出最小(或最大)的一个元素,存放在序列的起始位置,直到全部待排序的数据元素排完。对序列 A 进行从小到大排序,A={92,67,52,56,11,85,15,39,55,82},每次选择最大的放在最右边,然后对剩余的部分继续找最大值放在右边,如图 5-11 所示,黄色部分(见彩插)是每次找到的最大值,绿色部分(见彩插)是剩余未排序序列中的最大值。如果有 10 个元素,需要进行 9 轮排序,确定后面 9 个元素的位置,最后一个元素就是最小值。

选择并交换	92	67	52	56	11	85	15	39	55	82
第1趟	82	67	52	56	11	85	15	39	55	92
第2趟	82	67	52	56	11	55	15	39	85	
第3趟	39	67	52	56	11	55	15	82		
第4趟	39	15	52	56	11	55	67			
第5趟	39	15	52	55	11	56				
第6趟	39	15	52	11	55					
第7趟	39	15	11	52						
第8趟	11	15	39							
第9趟	11	15								

图 5-11　选择排序过程

图 5-11 中算法过程的伪代码如图 5-12 所示。

步骤	对 A 选择排序(伪代码描述)
1	st←0; en←9; imax←0

2	for i←en to st do
	　imax =i
	for j←st to i do
	　　if A[imax]>A[i] imax←j
	A[imax]<-> A[i]

图 5-12　选择排序伪代码

2) 冒泡排序

冒泡排序的基本思想是:两两比较相邻记录的关键字,如果反序则交换,直到没有反序的记录为止。每轮确定一个最大元素或者最小元素的位置。

对序列 A 进行从小到大排序,A={92,67,52,56,11,85,15,39,55,82},以升序冒泡为例:每趟排序过程中通过两两比较相邻元素,将小的数字放到前面,大的数字放到后面。图 5-13 给出了第一趟冒泡排序的两两比较过程,从左边开始比较,保证两两升序,第一趟可以找出最大值,放在最右边。比较的过程就好像水里的有小气泡一样,小气泡一点点地向右浮动,在浮动的过程中气泡越来越大,比较结束时气泡最大。

对于冒泡排序,如果有 10 个元素,最多进行 9 趟冒泡过程,在冒泡过程中,如果没有发生元素交换,则序列已经有序,无序再进行比较。图 5-13 中冒泡排序的伪代码实现如

图 5-13   冒泡排序过程

图 5-14 所示。

步骤	对 A 冒泡排序（伪代码描述）
1	st←0; en←9; imax←0

2	for i←en to st do
	for j←st to i-1 do
	    if A[j]>A[j+1] A[j]<->A[j+1]

图 5-14   冒泡排序伪代码

5.1.5   子程序

在程序设计时，通常把常用的功能设计成一个代码段，用一个名字进行命名，使用的时候直接拿名字来用即可，这样的代码段称为子程序（有时也叫子过程、子函数）。子程序可以简化代码，实现代码重用。子程序是一个概括性的术语，任何高级程序所调用的程序，都被称为子程序。它经常被使用在汇编语言层级上。子程序的主体（body）是一个代码区块，当它被调用时就会进入运行。

主程序在执行过程中如果需要某一子程序，通过调用指令来调用该子程序，子程序执行完后又返回到主程序，继续执行后面的程序段。

5.1.6   迭代和递归

通常，有两种途径用于编写解决问题的算法：一种使用迭代，另一种使用递归。递归是算法自我调用的过程。这里用最容易理解的 $n!$ 求解方法来对比迭代和递归算法。

1. 迭代

迭代是函数内某段代码实现循环执行，利用变量的原值推出新值的方式称为迭代。迭代大部分时候需要人为地对问题进行剖析，分析问题的规律所在，将问题转变为一次次的迭代来逼近答案。$n!$ 的迭代法实现如图 5-15 所示。

步骤	$n!$迭代法实现（伪代码描述）
1	re←1
2	for i←2 to n do 　　re←re * i

图 5-15　$n!$的迭代法实现

2. 递归

递归简单来说就是自己调用自己。递归算法解决问题的特点如下。

（1）在使用递归策略时，必须有一个明确的递归结束条件，称为递归出口。

（2）在递归调用的过程当中系统为每一层的返回点、局部量等开辟了栈来存储。递归次数过多容易造成栈溢出等。$n!$的递归法实现如图 5-16 所示。

步骤	$n!$递归法实现（伪代码描述）
1	n=10

2	int jc(n){
	if n=1 return 1
	else return jc(n-1) * n
	}

3	Print jc(n)

图 5-16　$n!$的递归法实现

3. 迭代与递归对比

递归实际上不断地深层调用函数，直到函数有返回时才会逐层返回。因此，递归涉及运行时的堆栈开销（参数必须压入堆栈保存，直到该层函数调用返回为止），所以有可能导致堆栈溢出的错误；但是递归编程所体现的思想正是人们追求简洁、将问题交给计算机，以及将大问题分解为相同小问题从而解决大问题的动机。

迭代大部分时候需要人为地对问题进行剖析，将问题转变为一次次的迭代来逼近答案。迭代不像递归一样对堆栈有一定的要求，另外一旦问题剖析完毕，就可以很容易地通过循环加以实现。迭代的效率高，但却不太容易理解，当遇到数据结构的设计时，如图、表、二叉树、网格等问题时，使用就比较困难，而使用递归就能省掉人工思考解法的过程，只需要不断地将问题分解直到返回就可以了。

总之，递归算法从思想上更加贴近人们处理问题的思路，而且所处的思想层级算是高层，而迭代则更加偏向于底层，所以从执行效率上来讲，底层（迭代）往往比高层（递归）来得高，但高层（递归）却能提供更加抽象的服务，更加的简洁。

表 5-1 为递归和迭代的对比。

表 5-1 递归和迭代的对比

名称	优　点	缺　点
递归	用有限的循环语句实现无限集合； 代码易读； 大问题转化成小问题，减少了代码量	递归不断调用函数，浪费空间 容易造成堆栈溢出
迭代	效率高，运行时间只随循环的增加而增加；无额外开销	代码难理解； 代码不如递归代码简洁； 编写复杂问题时，代码逻辑不易想出

◆ 5.2　程序设计语言

　　程序设计语言是用于书写计算机程序的语言，种类非常得多，总的来说可以分成机器语言、汇编语言、高级语言三大类。计算机每做的一次动作、一个步骤，都是按照已经用计算机语言编好的程序来执行的，程序是计算机要执行的指令的集合，而程序全部都是用我们所掌握的语言来编写的。所以人们要控制计算机一定要通过计算机语言向计算机发出命令。

5.2.1　演化和分类

　　机器语言由 0-1 代码构成，程序员需要记住每一个指令对应的 0-1 代码，编写机器语言非常困难。为了减少程序员的难度采用助记符来标记某个语言的指令，也就是后来出现的汇编语言。汇编语言依然有一个缺陷，就是语言与机器的指令系统耦合性很强，即汇编语言和机器语言完全依赖于硬件的指令系统，可移植性很差，所以才有了后来的高级程序设计语言，高级程序设计语言与硬件无关。与高级语言相对应的是低级语言，通常机器语言和汇编语言被称为低级语言。

　　图 5-17 为三类程序设计语言的关系。

抽象语言

抽象层次最低，由0-1
序列表示的机器码

汇编语言

抽象层次较高，对应机器
的CPU指令集，英文缩写的
助记符号代码

高级语言

抽象层次更高，
便于记忆和表示的
英文代码

图 5-17　三类程序设计语言的关系

1. 机器语言

　　机器语言是机器可以直接识别的语言，也就是 CPU 可以执行的二进制代码。在计算机发展的早期，唯一的程序设计语言是机器语言，每台计算机有其自己的机器语言。机器语言的特点是执行速度快,不需要经过任何转换就可以直接被 CPU 识别并执行。但是缺点也很明显,首先,机器语言书写非常困难,通常一条机器语言指令有 32 或者 16 个 0 和 1 序列组成,如果不小心写错后果很严重,错误也很难被发现,程序员需要记住上百条的 0-1 指令代码;其次,机器语言依赖于特定的硬件,不便于移植,也就是说,如果机器指令系统不同,代码就需要重新编写。

例如,机器指令 00000001 1101000 的作用是将两个寄存器中的数据相加。

2. 汇编语言

机器语言编写非常困难,程序员需要记住某一型号机器的指令系统中的常用指令才能进行重新编写。为了便于程序员编程,可用带符号或助记符的指令和地址代替二进制码,也就是使用助记符代替机器码。这样借助助记符的语言后来就被称为汇编语言。尽管可读性大有提高,但汇编语言的移植性依然很差。尽管汇编语言大大提高了编程效率,但仍然需要程序员在所使用的硬件上花费大部分精力。用符号语言编程也很枯燥,因为每条机器指令都必须单独编码。

例如,汇编指令 add %edx %eax 的作用是将两个寄存器中的数据相加。

3. 高级语言

高级语言可被移植到许多不同的计算机,使程序员能够将精力集中在应用程序上,而不是计算机结构的复杂性上。高级语言旨在使程序员摆脱汇编语言烦琐的细节。高级语言同汇编语言有一个共性:它们必须被转化为机器语言,这个转化过程称为解释或编译。

例如,高级语言将两个数相加可以写成 a+b,相对简洁易懂。

4. 举例(不同语言对比)

编写简单的程序求两个数相加,其高级程序设计语言代码如下,非常清晰易懂。定义 3 个整型变量 a、b、c,a 和 b 是两个被加数,分别为 10 和 20,相加的结果存入 c 中。

高级程序设计语言 C 语言编写的程序如下,对应的汇编语言和机器语言代码如图 5-18 所示。

```
int a,b,c;
a=10;
b=20;
c=a+b;
```

5.2.2　编译和解释

由于汇编语言依赖于硬件体系,且助记符量大难记,于是人们又发明了更加易用的高级语言。在这种语言下,其语法和结构更类似汉字或者普通英文,且由于远离对硬件的直接操作,使得一般人经过学习之后都可以编程。高级语言通常按其基本类型、代系、实现方式、应用范围等分类。

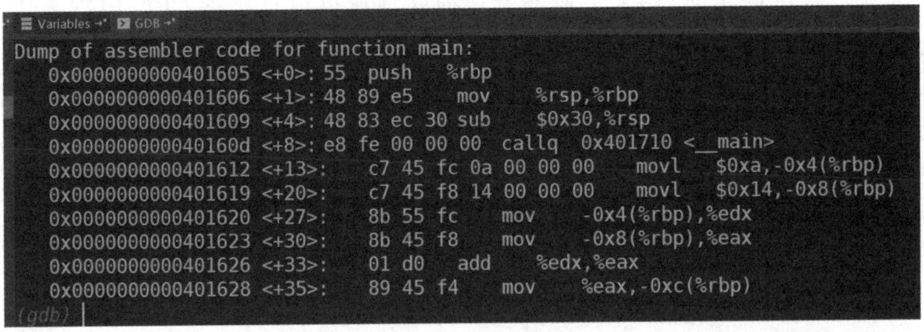

图 5-18　加法运算对应的机器语言和汇编语言

高级语言是以人类的日常语言为基础的一种编程语言,使用一般人易于接受的文字来表示(例如汉字、不规则英文或其他外语),从而使程序编写员编写更容易,并有较高的可读性,以方便对计算机认知较浅的人亦可以大概明白其内容。由于早期计算机业的发展主要在美国,因此一般的高级语言都是以英语为蓝本。20 世纪 80 年代,日本、中国都曾尝试开发用各自地方语言编写高级语言,当中主要都是改编 BASIC 或专用于数据库数据访问的语言。

而解释器则是只在执行程序时,才一条一条地解释成机器语言给计算机来执行,所以运行速度不如编译后的程序运行得快。

1. 编译

编译型:运行前先由编译器将高级语言代码编译为对应机器的 CPU 汇编指令集,再由汇编器汇编为目标机器码,生成可执行文件,最后运行生成的可执行的二进制文件。最典型的代表语言为 C/C++ ,一般生成的可执行文件为.exe 文件,这样运行时计算机可以直接以机器语言来运行此程序,速度很快。

2. 解释

解释型:在运行时由翻译器将高级语言代码翻译成易于执行的中间代码,并由解释器(例如浏览器、虚拟机)逐一将该中间代码解释成机器码并执行(可看作是将编译、运行合二为一了)。最典型的代表语言为 JavaScript、Python、Ruby 和 Perl 等。

5.2.3　程序设计模式

程序是对数据进行了处理,根据处理的方式不同分为面向过程、面向对象和函数式编程 3 种。在面向过程的编程模式中,各个数据之间没有太强的依赖关系。在面向对象的过程中,关联度较强的数据是封装在一起的,并且基于封装在一起的数据,会设计一些常用的操作,这样相互关联的数据和相关操作封装成为一个对象。在函数式编程中,所有的函数都当成一个变量来进行处理。

1. 面向过程模式

面向过程就是分析出解决问题所需要的步骤,然后用函数把这些步骤一步一步实现,使用时一个一个依次调用就可以了。例如要做饭,就先要买菜、炒菜、切菜、煎炒、煮饭等,关于做饭的操作每一步都需要一个具体的过程来实现。总结来说就是,面向过程是一种基础的方法,它考虑的是实际的实现。一般情况下,面向过程是自顶向下逐步求精的过程。

面向过程编程是以过程为中心的编程思想,分析出解决问题的步骤,然后一步一步实现,数据和对数据的操作是分离的。如图 5-19 所示,在面向过程编程中,数据的操作和数据运算之间没有很强的耦合度。

数据 — 数据定义、赋值

操作 — 数据运算

图 5-19 面向过程编程

2. 面向对象模式

面向对象是把构成问题事物分解成各个对象,建立对象的目的不是为了完成一个步骤,而是为了描叙某个事物在整个解决问题的步骤中的行为。

面向对象程序设计可以看作一种在程序中包含各种独立而又互相调用的对象的思想,这与传统的思想刚好相反。传统的程序设计主张将程序看作一系列函数的集合,或者直接就是一系列对计算机下达的指令。面向对象程序设计中的每一个对象都应该能够接收数据、处理数据并将数据传达给其他对象。因此,它们都可以被看作一个小型的"机器",即对象。目前已经被证实的是,面向对象程序设计推广了程序的灵活性和可维护性,并且在大型项目设计中广为应用。此外,支持者声称面向对象程序设计要比以往的做法更加便于学习,因为它能够让人们更简单地设计并维护程序,使得程序更加便于分析、设计、理解。同时它也是易拓展的,由于继承、封装、多态的特性,自然设计出高内聚、低耦合的系统结构,使得系统更灵活、更容易扩展,而且成本较低。

面向对象编程是将事物对象化,通过对象通信来解决问题。面向对象编程,数据和对数据的操作是绑定在一起的。面向对象的 3 大基本特征如下。

(1)封装:把客观事物封装成抽象的类,隐藏属性和方法的实现细节,仅对外公开接口。封装可以隐藏实现细节,使得代码模块化。

(2)继承:子类可以使用父类的所有功能,并且对这些功能进行扩展。继承的过程,就是从一般到特殊的过程。继承可以扩展已存在的类。它们的目的都是为了代码重用。

(3)多态:接口的多种不同的实现方式即为多态。同一操作作用于不同的对象,产生不同的执行结果。在运行时,通过指向基类的指针或引用来调用派生类中的虚函数来实现多态。而多态则是为了实现另一个目的——接口重用。

面向对象的代码更加支持重用,能降低软件开发和维护的成本,提高软件的质量。如图 5-20 所示,把紧密关联的数据放在一起,定义基于这些数据的操作,相关联的数据和操作封装在一起成为一个对象。

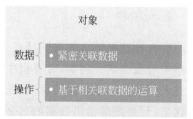

对象

数据 — 紧密关联数据

操作 — 基于相关联数据的运算

图 5-20 面向对象编程

3. 函数式模式

函数式编程以函数作为单元来处理各个业务逻辑,函数既可以当作参数传来传去,也可以作为返回值,可以把函数理解为一个值到另一个值的映射关系。有人也认为函数式编程属于"结构化编程"的一种,主要思想是把运算过程尽量写成一系列嵌套的函数调用。

由于函数式编程方式更适合于数据处理,随着存储器容量升高、计算机处理能力大幅提高,它的优势更加明显,最近支持函数式编程的语言也逐渐流行。例如 Python、Scale 等因它们对函数式编程的支持而被人们重视,从被遗忘的角落重新拾起。函数式编程因为其特点更适用于统计分析数据、科学计算、大数据处理等方面工作,当然并不限于这些,在 Web 开发、服务器脚本等其他方面也很不错,而面向对象编程更适合于开发和处理业务性强、功能模块完备的大型业务系统。

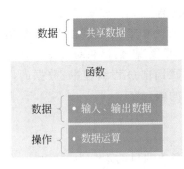

图 5-21　函数式编程

如图 5-21 所示,函数式编程中,函数被当作一个数据来处理,它可以接收输出数据,可以对共享区域的数据进行修改。

4. 三类程序设计模式对比

面向过程模式:根据业务逻辑从上到下写代码,使用场合包括单片机、嵌入式开发等。

面向对象模式:将数据与函数绑定在一起,进行封装,这样能够更快速地开发程序,减少了重复代码的重写过程。

函数式模式:将某功能代码封装到函数中,日后便无须重复编写,仅调用函数即可,函数式模式更加注重的是执行结果而非执行的过程。

5.2.4　编程的共同概念

这里的编程指的是高级程序设计语言的编写,由于程序员不能获取内存地址直接进行数据处理,我们需要将内存进行命名,也就是使用标识符代替内存地址。前面讲过不同类型的数据有不同的操作,所以要基于不同的数据类型来进行数据处理。程序设计语言是对算法的实现,也就是算法的 3 种控制结构需要用程序控制结构来表示。为了便于代码的重用,通常会编制代码段用于实现特定功能,也就是普通意义上的函数。

不管使用任何程序设计语言,在编程时都需要考虑以上问题,也就是标识符、数据类型、语句和函数。

1. 标识符

所有计算机语言的共同特点之一就是都具有标识符,即对象的名称。标识符允许给程序中对象命名。例如,计算机中每一个数据都存储在一个唯一的地址中。如果没有标识符来符号化代表数据的位置,就不得不去了解并直接使用数据的地址来操纵它们。取而代之,只要简单给出数据的名字就可以让编译器去跟踪数据实际存放的物理地址。

2. 数据类型

数据类型在数据结构中的定义是一组性质相同的值的集合以及定义在这个值集合上的一组操作的总称。变量是用来存储值的所在处,它们有名字和数据类型。变量的数据类型决定了如何将代表这些值的位存储到计算机的内存中。在声明变量时也可指定它的数据类型。所有变量都具有数据类型,以决定能够存储哪种数据。

常见的 8 种基本数据类型是 byte、short、int、long、float、double、boolean、char。

复合类型是一种数据类型,它可以由原始类型和其他的复合类型构成。常见的包括类(class)、接口(interface)、数组(array)等。

3. 语句

语句是对算法的 3 种控制结构的实现,当然不同的程序设计语言还有不同的特殊语句,如 goto、continue 等。

顺序语句的前后关系要符合一定的逻辑关系。例如两个数 A、B 交换,假设 A＝10,B＝20。两个数交换的伪代码如下。

```
tmp←A
A←B
B←tmp
```

选择语句和循环语句与前面算法部分所讲的内容完全相同,只是不同的程序设计语言语法上稍有差别。

4. 函数

函数是一段具有特定功能的、可重复使用的语句组。函数是一种功能的抽象,一般函数表达特定的功能。简单来说,函数是带名字的代码块,用于完成具体的工作。要执行函数定义的特定任务,可以调用该函数。需要在程序中多次执行同一项任务时,无须重复编写完成该任务的代码,而只需要调用执行该任务的函数,运行其中的代码。通过使用函数,程序的编写、阅读、测试和修复都将很容易。函数有两个重要作用:降低编程难度和代码复用。

在程序运行过程中,需要理解参数传递,实际参数就会将参数值传递给相应的形式参数,然后在函数中实现对数据处理和返回的过程,方法有按值传递参数、按地址传递参数和按数组传递参数。

函数在运行期间创建的局部变量、函数参数、返回数据、返回地址都存放在栈区,而栈区又是程序地址空间的一块区域。

◆ 5.3 术 语 表

算法(algorithm):用计算机解决问题的逻辑步骤。

递归(recursive):就是在运行的过程中调用自己。

迭代(iteration)：利用逐次逼近法的处理方法。每一次逼近都以前面的为基础,并使得收敛于所要求的解。

控制语句(control statement)：一种在源程序中改变控制顺序流的语句。

循环语句(loops tatement)：使程序重复执行其他一些语句的语句。

汇编程序(assembler)：将源程序转变成可执行对象代码的系统软件,传统上和汇编语言程序相关。

编译器(compiler)：一种将源程序转变为可执行代码的系统软件,通常与高层语言相关联。

◆ 5.4 练 习

一、填空题

1. 程序设计语言中的 3 种结构包括_____、_____和_____。

2. 在描述算法时,可以使用不同的形式,其中_____是自然语言和类编程语言组成的混合结构。它比自然语言更精确,描述算法很简洁。

3. 一个算法具有 5 个特性：_____、确定性、可行性、有零个或多个输入、有一个或多个输出。

4. _____在计算机科学中是指一种通过重复将问题分解为同类的子问题而解决问题的方法。

5. 算法的 3 种基本控制结构是：顺序、_____和循环。

二、选择题

1. 对于长度为 9 的顺序存储的有序表,若采用折半查找,在等概率情况下的平均查找长度为(   )。

    A. 20/9   B. 25/9   C. 18/9   D. 22/9

2. 对于顺序存储的有序表(5,12,20,26,37,42,46,50,64),若采用折半查找,则查找元素 26 的比较次数为(   )。

    A. 2   B. 3   C. 4   D. 5

3. 在对 n 个元素进行冒泡排序的过程中,最好情况下的时间复杂度为(   )。

    A. $O(1)$ B. $O(n)$ C. $O(n^2)$ D. $O(\log_2 n)$

4. 设一组初始记录关键字序列(5,2,6,3,8),利用冒泡排序进行升序排序,且排序中从后往前进行比较,则第一趟冒泡排序的结果为(   )。

    A. 2,5,3,6,8   B. 2,5,6,3,8

    C. 2,3,5,6,8   D. 2,3,6,5,8

5. 一个算法应该是(   )。

    A. 程序   B. 问题求解步骤的描述

    C. 要满足 5 个基本特性   D. A 和 C

6. 下面关于算法说法错误的是(　　)。

　A. 算法最终必须由计算机程序实现

　B. 为解决某问题的算法同为该问题编写的程序含义是相同的

　C. 算法的可行性是指指令不能有二义性

　D. 以上几个都是错误的

三、问答题

1. 什么是算法？它的基本特征包括哪些？

2. 查找方法和排序方法分别包括哪些，每个方法都具有什么特点？

3. 迭代与递归的联系与区别是什么？

4. 编程的共同概念是什么？

四、编程题

1. 编制 Python 程序，实现迭代和递归的实例。

2. 给出数组 lis＝[15,22,3,78,9,1,89,2]，使用折半查找法找出其最大值和最小值。

3. 输入序列 A＝{8,984,6,5,86,3,10,101,5}，使用冒泡排序法对序列 A 进行从小到大排序。

4. 举例演示折半插入排序算法。

5. 回文是指正读反读均相同的字符序列，如 abba 和 abdba 均是回文，但 good 不是回文。试画出算法流程图判定给定的字符向量是否为回文。（提示：将一半字符入栈）

◆ 5.5　附　　录

伪代码常用关键字含义如表 5-2 所示。

表 5-2　伪代码常用关键字含义

伪　代　码	含　　义	C/C++ 语言
缩进	程序块	{}
//	行注释	//
←	赋值	=
=	比较运算——等于	==
≠	比较运算——不等于	!=
≤	比较运算——小于或等于	<=
≥	比较运算——大于或等于	>=
for i←1 to n do	for 循环	for(i=1;i<=n;i++){}
for i←n downto 1 do	for 循环	for(i=n;i>=1;i--){}

续表

伪 代 码	含 义	C/C++语言
while i＜n do	while 循环	while(i＜n){}
do while i＜n	do-while 循环	do{} while(i＜n)
repeat until i＜n	repeat 循环	do{} while(i＜n)
if i＜n else	if-else 语句	if(i＜n){} else {}
return	函数返回值	return
A[0..n−1]	数组定义	int A[n−1]
A[i]	引用数组	A[i]
SubFun()	函数调用	SubFun()

第6章

数 据 结 构

数据结构是计算机存储、组织数据的方式。数据结构是指相互之间存在一种或多种特定关系的数据元素的集合。通常情况下，精心选择的数据结构可以带来更高的运行或者存储效率，数据结构往往同高效的检索算法和索引技术有关。

◇ 6.1 抽象数据类型

在高级程序设计语言中，为了有效地组织数据、规范数据的使用、提高程序的可读性、方便程序员编程，引入了整型、实型、字符型等基本数据类型。不同的高级语言会定义不同的基本数据类型，编程时只需知道如何使用这些类型的变量（如何声明、能执行哪些运算等），而不必了解变量的内部数据表示形式和操作的具体实现。然而当表示复杂数据对象时，仅使用几种基本数据类型显然是不够的，就需要构造复合数据类型，也就是抽象数据类型。

6.1.1 抽象数据类型定义

数据结构(Data Structure)是指相互之间存在一种或多种特定关系的数据元素的集合。数据结构是组织并存储数据以便能够有效使用的一种专门格式，它用来反映一个数据的内部构成，即一个数据由哪些成分数据构成，以什么方式构成，呈什么结构。数据结构可以理解为构造数据类型。

抽象数据类型(Abstract Data Type, ADT)是描述数据结构的一种理论工具。所谓抽象数据类型是指这样一种数据类型，它不再单纯是一组值的集合，还包括作用在值集上的关联关系和值集上的操作，即在构造数据类型的基础上增加了对数据的操作。

数据结构与抽象数据类型：
(1) "数据结构"定义为一个二元组(D,S)，即两个集合，D 是数据元素的集合，S 是数据元素之间一个或多个关系的集合。
(2) 抽象数据类型可表示为三元组：(D,S,P)，其中 D 是数据对象，S 是 D 上的关系集，P 是对 D 的基本操作集。

抽象数据类型可定义为：一个数学模型（数据结构）以及定义在该模型上的一组操作，抽象数据类型可以使我们更容易描述现实世界。

抽象数据类型通常描述为如下形式。

```
ADT 抽象数据类型名{
数据对象:<数据对象的定义>
数据关系:<数据关系的定义>
基本操作:<基本操作的定义>
}ADT 抽象数据类型名
```

抽象数据类型一方面使得使用它的人可以只关心它的逻辑特征，不需要了解它的实现方式。另一方面可以使我们更容易描述现实世界，使得我们可以在更高的层面上来考虑问题。例如可以使用树来描述行政区划，使用图来描述通信网络，用线性表描述学生成绩表，用树或图描述遗传关系等。

抽象数据类型的表示细节及操作的实现细节对外是不可见的，程序员只要知道如何使用即可。之所以说它是抽象的，是因为外部只知道它做什么，而不知道它如何做，更不知道数据的内部表示细节。即使改变数据的表示和操作的实现，也不会影响程序的其他部分，使用它的程序员只需关心它的逻辑特征，不需要了解它的实现和存储方式。抽象数据类型可达到更好的信息隐藏效果，因为它使程序不依赖于数据结构的具体实现方法，只要提供相同的操作，换用其他方法实现时，程序不需要修改，这个特征对于系统的维护很有利。

6.1.2　抽象数据类型模型

如果把抽象数据类型 ADT 当作是一个模型来考虑，ADT 包括两部分：操作和数据结构，如图 6-1 所示。应用程序只能通过外部操作接口使用数据类型。内部操作是抽象数据类型内部用户使用的。数据结构（如数组、队列、二叉树等）在抽象数据类型里面，被

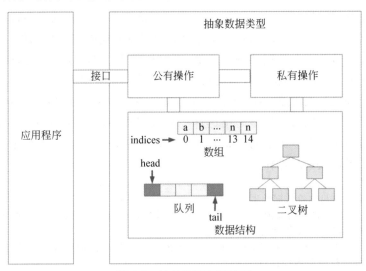

图 6-1　抽象数据类型模型

内部和外部操作使用。内部操作和外部接口应该独立于外部应用,具体实现依赖于给定的数据结构,当我们讨论具体抽象数据类型时,将举例分析。

6.1.3 数据结构类型

数据结构指的是数据之间的相互关系,包括逻辑结构和物理结构(也叫存储结构)。

1. 数据结构的逻辑结构

数据结构的逻辑结构指数据元素之间的逻辑关系和逻辑运算,主要分两类:线性结构和非线性结构。如图 6-2 所示,常用的线性结构有集合、线性表、栈、队列,常见的非线性结构包括树、图和多维数组。数据运算是指基于逻辑结构的计算,并不是具体的编码实现。

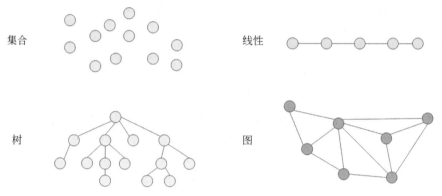

图 6-2　数据逻辑结构分类

2. 数据结构的物理结构

数据结构在计算机中的表示(又称映像)称为数据的物理结构,或称存储结构,数据结构的分类如图 6-3 所示。数据的存储结构可采用顺序存储或链式存储。存储结构是数据的逻辑结构用计算机语言的实现,常见的存储结构有顺序存储、链式存储、索引存储,以及散列存储。其中,散列所形成的存储结构叫散列表(又叫哈希表),因此哈希表也是一种存储结构。

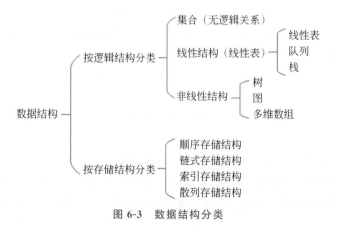

图 6-3　数据结构分类

例如队列这种抽象数据类型,是一种逻辑结构,只能在队头删除元素,在队尾添加元素,队列逻辑结构对应的顺序存储结构为顺序队列,对应的链式存储结构为链队列。

6.2 线 性 结 构

线性结构作为最常用的数据结构,其特点是数据元素之间存在一对一的线性关系。数据结构中的线性结构可分为线性表、栈和队列。对于这 3 种结构,有两种存储方式:顺序存储和链式存储,有两种主要操作:插入和删除。不同线性结构的插入和删除操作的方式不同,而且不同存储方式在插入和删除的效率上也有所不同。

本节主要介绍线性表,具体内容如图 6-4 所示,队列(队尾添加、队首删除)和栈(只能在栈顶增删)是操作受限的线性表,数组和字符串是常用的线性表。本节只在线性表部分给出具体的定义和实现。

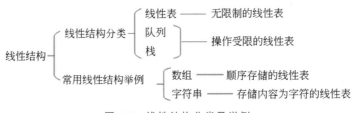

图 6-4 线性结构分类及举例

6.2.1 线性表

线性表中的元素之间是一对一的关系。线性表的实现可以是顺序表或者线性链表。

1. 定义

在数据元素的非空有限集中,线性结构的特点如下。

(1)存在唯一的一个被称作"第一个"的数据元素和唯一的一个被称作"最后一个"的数据元素。

(2)除第一个数据元素之外,集合中的每个数据元素均只有一个前驱;除最后一个数据元素之外,集合中的每一个数据元素均只有一个后继。

(3)线性表简单来说就是数据元素的非空有限序列,其特点是可以从表中的任何位置进行插入和删除操作。

2. 存储方式

线性表通常采用两种方法存储:顺序表和链表,如图 6-5 所示,顺序存储的线性表也叫顺序表,链式存储的线性表叫链表。

顺序表是在计算机内存中以数组的形式保存的线性表,是指用一组地址连续的存储单元依次存储数据元素的线性结构。链表是一种物理存储单元上非连续、非顺序的存储结构,数据元素的逻辑顺序是通过链表中的指针链接次序实现的。顺序表和链表的对比

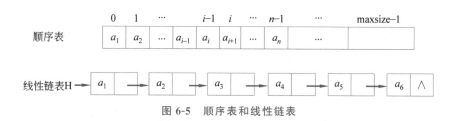

图 6-5　顺序表和线性链表

如表 6-1 所示。链表由一系列结点(链表中每一个元素称为结点)组成,结点可以在运行时动态生成。每个结点包括两个部分:一个是存储数据元素的数据域,另一个是存储下一个结点地址的指针域。相比于线性表顺序结构,操作复杂。

表 6-1　顺序表和链表的对比

	顺　序　表	链　表
空间分配	要占用连续的存储空间,存储分配只能预先进行。分配过大,会导致空间浪费;分配过小,会造成数据溢出	不用事先估计存储空间的大小,可以方便地进行扩充
存储	n 个表项的逻辑顺序与其存储的物理顺序一致,即第 i 个表项存储于第 i 个物理位置($1<i<n$)	逻辑顺序与存储顺序无关
访问	随机的访问任一数据,存储速度快	链表必须是顺序访问,不能随机访问
存储密度	不需要为表示结点间的逻辑关系而增加额外的存储空间,存储利用率提高	存储密度较低,需要存储结点之间的前后关系信息
增、删操作	需要大量移动数据元素,效率非常低	可以方便地删除和插入,不需要移动任何元素

3. 抽象数据类型表示

线性表作为一种典型的数据结构类型,其抽象数据类型表示如表 6-2 所示,数据对象可以是任一类型,数据之间前后有序,其基本操作包括初始化、加工型、引用型和销毁操作。

表 6-2　线性表的抽象数据类型定义

```
ADT List {
数据对象:D={a|aᵢ∈ElemSet,i=1,2,…,n,n≥0}
数据关系:R1={<a_{i-1},aᵢ>|,∈D,i=2,3,…,n}
基本操作:
{结构初始化}
InitList(&L):构造一个空的线性表 L。
{加工型操作}
ListInsert(LinkList * L,int i,int e):指定位置插入元素。
ClearList(&L):将 L 重置为空表。
SetElem(&L,i,&e):L 中第 i 个元素赋值为 e。
ListDelete(&L,i,):删除 L 的第 i 个元素。
{引用型操作}
PrintList(L):顺序输出元素。
```

续表

ListEmpty(L):若 L 为空表,则返回 TRUE,否则返回 FALSE。
ListLength(L):返回 L 中的元素个数。
PriorElem(L,cur_e,&pre_e):返回 pre_e 的前驱。
NextElem(L,cur_e,&next_e):返回 next_e 的后继。
GetElem(L,i,&e):返回 L 中第 i 个元素的值 e。
LocateElem(L,e,compare()):返回 L 中第 1 个与 e 满足关系 compare()的元素的位序。
{销毁结构}
DestroyList(&L):销毁线性表。
}

---

4. C 语言实现

抽象数据类型可以用任何语言实现,如图 6-6 和图 6-7 用 C 语言分别实现顺序表和链表的部分操作。

```c
typedef struct{
    int * elem;
    int len;
    int maxlen;
}mysqList;
int InitList(mysqList * l){
    l->len=0;
    l->maxlen=10;
    l->elem=(int *)malloc(sizeof(int) * 10);
    return 0;
}
int ListInsert(mysqList * l,int index,int ele){
int i=0;
for(i=l->len;i<index;i--){
    * (l->elem+i+1) = * (l->elem+i);
}
* (l->elem+index)=ele;
    l->len= l->len+1;
}
int PrintList(mysqList l){
int * tmp,i;
for(i=0;i<l.len;i++){
    tmp=l.elem++;
    printf("%d ", * tmp);
}
}
```

图 6-6　顺序实现的线性表

```
typedef struct LNode
{
int data;
struct LNode * next;
}LNode, * LinkList;
int InitList(LinkList * L)
{
( * L)=(LinkList)malloc(sizeof(LNode));
if(( * L)==NULL)
exit(-2);
( * L)->next=NULL;
return 0;
}
int ListInsert(LinkList * L,int i,int e)
{
int j=0;
LinkList p= * L,s;
while(p && (j<i-1))
{
    p=p->next;
    j++;
}
if(!p ||(j>i-1))
return-1;
    s=(LinkList)malloc(sizeof(LNode));
    s->data=e;
    s->next=p->next;
    p->next=s;
return 0;
}
int PrintList(LinkList L)
{
LinkList p=L;
int i=0;
for(p=L; p->next !=NULL; p=p->next)
{
printf("%d ",p->next->data);
}
return 0;
}
```

图 6-7　线性链表的实现

6.2.2　队列

队列是只允许在一端插入数据,在另一端删除数据的特殊线性表;进行插入操作的一端称为队尾(入队列),进行删除操作的一端称为队头(出队列);队列具有先进先出(First Input First Output,FIFO)的特性,出队、入队如图 6-8 所示。如果字母 A、B、C 顺序入队，其出队顺序只能是 ABC。

图 6-8　队列的操作

队列的常见操作是入队 enQueue 和出队 deQueue。

1. 顺序队列与循环队列

通常队列采用顺序存储，为了避免大量元素移动，在出入队列操作时只修改队首和队尾的指针。假设队列 MaxSize 为 n，即只有 n 个存储空间，如果出队两个元素之后，队列效果如图 6-9 所示，此时入队已经没有位置了，但是队首还有空间可以利用，就是所谓的"假溢出"，为了避免这种情况，可以将队首和队尾连接，形成循环队列。

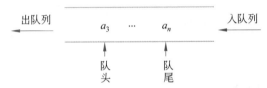

图 6-9　出队 a_1 和 a_2 之后的队列——假溢出

循环队列的首尾相接，当队头指针 front 和队尾指针 rear 进到 MaxSize-1 后，再前进一个位置就自动到 0。这可以利用除法取余运算（％）来实现，如图 6-10 所示。

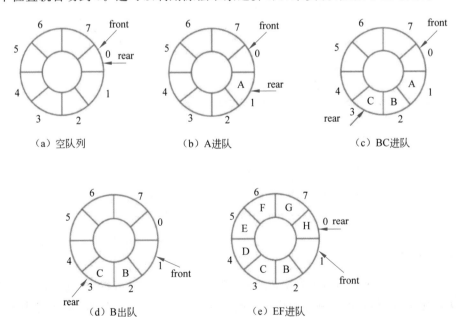

图 6-10　循环队列

（1）队头指针进 1：front ＝ （front ＋ 1）％ MaxSize；

（2）队尾指针进 1：rear ＝ （rear ＋ 1）％ MaxSize。

2. 应用举例

队列是最常用的数据处理结构之一。事实上，在所有的操作系统以及网络中都有队列的身影，在其他技术领域更是数不胜数。例如，队列应用于在线电子商务应用程序中处理用户需求、任务和指令。在计算机系统中，需要用队列来完成对作业或对系统设备（如打印池）的处理。

6.2.3　栈

栈是一种操作受限的线性列表，该类列表的添加和删除操作只能在一端实现，称为"栈顶"。栈中元素的修改是按后进先出（Last In First Out，LIFO）的原则进行的，所以又称后进先出的线性表，栈的基本操作如图 6-11 所示。

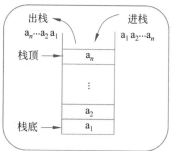

1. 典型操作

栈的基本操作有入栈和出栈。

2. 应用举例

静态变量和局部变量是以压栈、出栈的方式分配内存的，系统会在一个代码段中分配和回收局部变量，实

图 6-11　栈的基本操作

际上每个代码段、函数都是一个或多个嵌套的栈，我们不需要手动管理栈区内存。

静态栈其实就是一个记录最后一个元素位置的数组，动态栈其实就是一个头插法创建的链表。图 6-12 给出了建栈、入栈、出栈操作之后，栈中的数据情况。

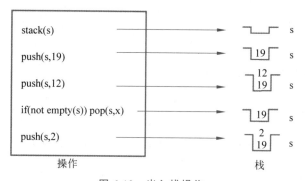

图 6-12　出入栈操作

6.2.4　字符串

串（string）是由零个或多个字符组成的有限序列，又叫字符串，字符串用于处理文本信息。由于现实世界中的信息通常是通过字符进行表示的，字符处理在程序设计过程中

非常重要,所以单独把字符串作为一个典型数据结构来进行介绍。字符串 s 一般记为 s＝"$a_1a_2\cdots a_n$"($n \geq 0$),其中,s 是串的名称,用双引号括起来的字符序列是串的值,注意单引号不属于串的内容。a_i($1 \leq i \leq n$)可以是字母、数字或其他字符,i 就是该字符在串中的位置。串中的字符数目 n 称为串的长度,定义中谈到"有限"是指长度 n 是一个有限的数值。零个字符的串称为空串,它的长度为零。

串是一种元素为字符的线性表,线性表更关注的是单个元素的操作,例如增、删、查一个元素,串中更多的是查找子串的位置、替换等操作。C 语言里并没有字符串这种数据类型,而是利用字符数组加以特殊处理(末尾加'\0')来表示一个字符串,事实上数据结构里的串就是一个存储了字符的链表,并且封装实现了各种字符串的常用操作,图 6-13 是一个字符串的例子。

| I | L | o | v | e | J | n | u |

图 6-13　字符串

1. 字符串的存储

字符串的存储通常有 3 种方式。

(1) 顺序存储。用一组地址连续的存储单元来存储字符串中的字符序列,我们一般使用数组来定义。我们习惯于将数组下标为零的位置,存入字符串的长度。

```
typedef struct{
    char ch[MAXStrLen];
    int length;
}sstring;
```

(2) 链式存储。对于字符串的链式存储,与线性表的链式存储很相似,但是由于字符串结构的特殊性,结构中的每个元素为字符。如果也按照线性表的链式存储,每个结点存放一个字符,那就会造成很大的空间浪费。一个结点可以存放一个字符,也可以考虑存放多个字符。

```
typedef struct
node{
    char data;
    struct node
* next;
    }lstring;
```

(3) 块链存储。顺序存储与链式存储的结合,兼具两者的优点。

```
#define   CHUNKSIZE   80        //用户可定义块大小
typedef  struct  Chunk {        //首先定义结点类型
    char  ch [ ChunkSize ];      //结点中的数据域
    struct  Chunk * next ;       //结点中的指针域
}Chunk;
```

块链存储,其实就是借用链表的存储结构来存储串。一般情况下使用单链表就足够了,图 6-14 给出了一个带头的块链结构。在构建链表时,每个结点可以存放一个字符,也可以存放多个字符。

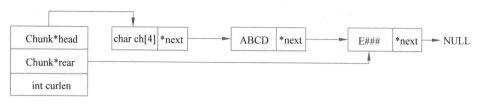

图 6-14　字符串块链存储

2. 模式匹配

模式匹配是数据结构中字符串的一种基本运算,是指对给定的子串,在某个字符串中找出与该子串相同的子串的过程。在文本处理中,关键字匹配是一个十分常用且重要的功能。关键字称为模式串,在文本 T 中寻找模式串 P 所有出现的位置,解决这种问题的算法叫作字符串匹配算法。字符串匹配算法可以说是计算机科学中最古老、研究最广泛的问题之一,并且字符串匹配的应用也随处可见,特别是信息检索领域和计算生物学领域。

比较经典的模式匹配算法有 BF(Brute Force)算法和 KMP(Knuth,Morris,Pratt)算法。下面分别解析两个算法的实现过程。假设主串 S= "goodgoogle",子串 T= "google",找到 T 在 S 中的位置。

1) BF 算法

BF 算法也就是传说中的"笨办法",是一个暴力/蛮力算法。算法思路是这样的:从 S 的第 1 个字符开始,依次比较 S 和 T 中的字符,如果没有完全匹配,则从 S 第 2 个字符开始,再次比较……如此重复,直到找到 T 的完全匹配或者不存在匹配。设串 S 和 T 的长度分别为 m、n,则它在最坏情况下的时间复杂度是 $O(mn)$。BF 算法的最坏时间复杂度虽然不好,但它易于理解和编程,在实际应用中,一般还能达到近似于 $O(m+n)$ 的时间度(最坏情况不是那么容易出现的,RP 问题),因此,还被大量使用。BF 算法的执行过程如图 6-15 所示。

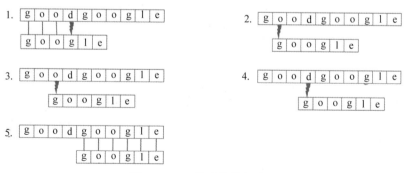

图 6-15　BF 算法的执行过程

2) KMP 算法

KMP 算法是 BF 算法的改进,当主串 S 中第 i 位与模式串 T 的第 j 位不匹配时,仅仅修

改 j 的值,i 的值保持不变。在 BF 算法中如果主串 S 中第 i 位与模式串 T 的第 j 位不匹配,需要将 $j=1$,i 赋值为 $i-j+2$ 的位置继续匹配。KMP 算法省掉了从主串 $i-j+2$ 到 i 这个位置上的匹配过程,效率要高很多。KMP 算法的执行过程举例如图 6-16 所示。

图 6-16　KMP 算法的执行过程

6.2.5　数组

数组是顺序存储的线性表,通常存储相同类型的一组数据,数据按先后顺序连续存放在一起。不管数组有多大,它访问的每一项所要的时间都是一样的,因为地址是连续的,数组某一项的地址可以通过数组的基本地址和项的偏移地址(也叫索引)相加来得到。任何程序设计语言都有数组类型,在数组定义之前需要确定数组的大小。通常数组名字表示数组中第一个元素的地址,数组元素用整个数组的名字和它自己在数组中的顺序位置来表示。例如,a[0]表示名字为 a 的数组中的第一个元素,a[1]代表数组 a 的第二个元素,以此类推。对数组元素的访问通常借助循环语句来实现,如求 scores 的最大值。

1. 一维数组

一维数组是指存放的单个的数据元素,其类型可以是基本数据类型或者是构造数据类型。如图 6-17 中一维数组的名字是 scores,数组中包含 8 个元素,其位索引值 $i \in [0, 7]$,scores[i]代表数组中第 i 个元素,相当于一个变量名,可以对其进行赋值或者引用。当索引值超出范围,就会出现越界,例如 scores[8]或者 scores[-1]。

图 6-17　数组举例

如图 6-18 所示,对于一维数组 A$[l_1:u_1]$,假设其首地址是 b,其中每个元素所占空间为 d,索引值为 i 的元素地址为 $b+i\times d$,索引值为 i 的元素的名称为 A[i]。

地址	b	$b+1\times d$	$b+2\times d$	$b+3\times d$	...	$b+(u_1-l_1+1)\times d$
内容	a_{l_1}	a_{l_2}	a_{l_3}	a_{l_4}	...	a_{u_1}
名称	$A(l_1)$	$A(l_2)$	$A(l_3)$	$A(l_4)$	...	$A(u_1)$

图 6-18　一维数组

2. 二维数组

二维数组是指数组中每个元素是一个数组的数据类型,二维数组本质上是以数组作为数组元素的数组,即"数组的数组",通常表示为 A[m,n]。二维数组又称为矩阵,行列数相等的矩阵称为方阵,A[1,1]表示第一行第一列的元素。

$$A_{m \times n} = \begin{bmatrix} a_{11} & a_{12} & \cdots & a_{1n} \\ a_{21} & a_{22} & \cdots & a_{2n} \\ \vdots & \vdots & & \vdots \\ a_{m1} & a_{m2} & \cdots & a_{mn} \end{bmatrix}$$

由于计算机的内存是一维的,多维数组的元素应排成线性序列后存入存储器。在 C、Pascal 等常用程序设计语言中,多维数组是以行序为主序的。例如,二维数组 A[m][n],这是一个 m 行、n 列的二维数组。设 A[p][q] 为 A 的第一个元素,即二维数组的行下标从 p 到 $m+p$,列下标从 q 到 $n+q$,按"行优先顺序"存储时则元素 A[i][j] 的地址计算为:$LOC(a[i][j]) = LOC(A[p][q]) + ((i-p) \times n + (j-q) \times t)$。图 6-19 给出了二维数组存储情况。

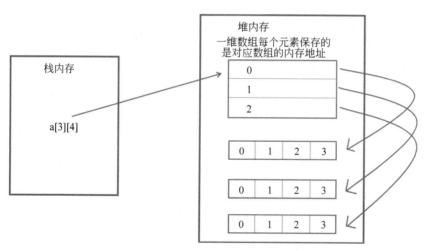

图 6-19 二维数组的存储

二维数组应用:一个学习小组有 4 个人,每个人有 3 门课的考试成绩。将各个数据保存到二维数组 a[4][3]中,如图 6-20 所示,求每门课的平均成绩,代码如图 6-21 所示。

	王二	张三	李四	赵武
math	77	92	81	85
C++	85	90	93	84
OS	71	94	90	87

图 6-20 二维数组应用——学生成绩表

```
#include <stdio.h>
void main()
{
    int i,j,sum=0,average,v[3];
    int a[4][3]={{77,85,71},{92,90,94},{81,93,90},{85,84,87}};
    for(i=0;i<3;i++)                    //表示科目
    {
        for(j=0;j<4;j++)                //表示学生
        {
            sum+=a[j][i];
        }
        v[i]=sum/4;
        sum=0;
    }
    printf("math:%d\n C:%d\n OS:%d\n",v[0],v[1],v[2]);
}
```

图 6-21　学生成绩表代码

◆ 6.3　树 结 构

树结构描述一对多的元素关系。

6.3.1　树的定义

树是一种非线性数据结构,它是由 $n(n \geqslant 1)$ 个有限结点组成一个具有层次关系的集合。把它叫作"树"是因为它看起来像一棵倒挂的树,也就是说它是根朝上,而叶朝下的。树的常见概念定义如表 6-3 所示。

表 6-3　树的常见概念定义

概　　念	说　　明
结点的度	结点的子树个数
树的度	树的所有结点中最大的度数
叶结点	度为 0 的结点
父结点	度大于 0 的结点,它拥有子结点,相对子结点而言,它被称为父结点
子结点	若 A 结点是 B 结点的父结点,则称 B 结点是 A 结点的子结点
兄弟结点	具有同一个父结点的各结点彼此是兄弟结点
路径	从结点 n_1 到 n_k 的路径为一个结点序列 $n_1, n_2, \cdots, n_k$。n_i 是 n_{i+1} 的父结点
路径长度	路径所包含边的个数为路径的长度
祖先结点	沿树根到某一结点路径上的所有结点都是这个结点的祖先结点
子孙结点	某一结点的子树中的所有结点是这个结点的子孙

续表

概　　念	说　　明
结点的层次	规定根结点在 1 层,其他任一结点的层数是其父结点的层数加 1
树的深度	树中所有结点中的最大层次是这棵树的深度

图 6-22 中树的根结点为 A,A 是树中其他所有结点的祖先,C 是 A 的子孙,A 的度为 2,A 的子结点是 B、C,B、C 是兄弟结点,叶子结点是 D、E,A 到 D 的路径是 A-B-D,路径长度是 2,D 结点在第三层,树的深度是 3。

6.3.2 二叉树的定义与存储

二叉树是每个结点都只能有两个子结点的树结构(即二叉树的每个结点的度不大于 2),并且二叉树的子树有左右之分,其次序不能任意颠倒。

图 6-22　二叉树举例

1. 二叉树顺序存储

二叉树的顺序存储结构中结点的存放次序是:对该树中每个结点进行编号,其编号从小到大的顺序就是结点存放在连续存储单元的先后次序。若把二叉树存储到一维数组中,则该编号就是下标值加 1,如图 6-23 所示。树中各结点的编号与等高度的完全二叉树中对应位置上结点的编号相同。

图 6-23　二叉树的顺序存储

2. 二叉树链式存储

二叉树的链式存储结构是指,用链表来表示一棵二叉树,即用指针来指示元素的逻辑关系,图 6-24 中给出了二叉链表和三叉链表的表示方式。在二叉链表存储中,每个结点由 3 个域组成,数据域和左右指针域,左右指针分别用来给出该结点左孩子和右孩子所在的链结点的存储地址。三叉链表的结点中多了一个指针域指向父结点,如果经常需要访问父结点,可以使用三叉链表。

最常见二叉树的操作是遍历,本节只介绍遍历操作,其他操作还包括创建、销毁、插入、删除、求深度等,后面具体应用时再做介绍。二叉树的遍历(Traversal)是指沿着某条搜索路线,依次对树中每个结点均做一次且仅做一次访问。

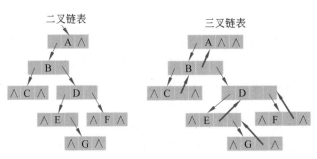

图 6-24　二叉树的链式存储

1）深度优先遍历

深度优先遍历（Depth First Search，DFS）又称深度优先搜索，遍历的过程是从某个顶点出发，首先访问这个顶点，然后找出刚访问这个结点的第一个未被访问的邻结点，然后再以此邻结点为顶点，继续找它的下一个新的顶点进行访问，重复此步骤，直到所有结点都被访问完为止。思路：深度优先遍历的做法是尽可能深地搜索树的分支，从根结点开始用栈来实现递归遍历，如果存在子结点，继续遍历子结点。

如图 6-25 所示，先序为 ABDCE，中序为 BDAEC，后序为 DBECA。

2）广度优先遍历

广度优先遍历（Breadth First Search，BFS）又称广度优先、层序遍历，遍历的过程是从某个顶点出发，首先访问这个顶点，然后找出这个结点的所有未被访问的邻接点，访问完后再访问这些结点中第一个邻接点的所有结点，重复此方法，直到所有结点都被访问完为止，如图 6-26 所示。思路：先遍历兄弟结点，再遍历子结点，采用队列实现，出队时添加子结点。

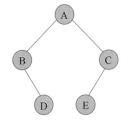

图 6-25　二叉树深度优先遍历举例

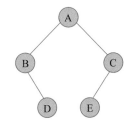

图 6-26　二叉树广度优先遍历举例——ABCDE

6.3.3　二叉树应用——哈夫曼树

二叉树的应用非常广泛，在许多应用中，常常赋给树中结点一个有某种意义的实数，称此实数为该结点的权。从树根结点到该结点之间的路径长度与该结点上权的乘积称为结点的带权路径长度（WPL），树中所有叶子结点的带权路径长度之和称为该树的带权路径长度。哈夫曼（Huffman）树是一种带权路径长度最短的二叉树，又称最优二叉树。

1. 哈夫曼树的构建

假设有一棵树,其叶子结点权值为 $W=\{7,5,2,4\}$,其哈夫曼树的构造过程如图 6-27 所示,其构造过程分为以下 4 步。

(1) 以权值分别为 $W_1,W_2,\cdots,W_n$ 的 n 个结点,构成 n 棵二叉树 $T_1,T_2,\cdots,T_n$ 并组成森林 $F=\{T_1,T_2,\cdots,T_n\}$,其中每棵二叉树 T_i 仅有一个权值为 W_i 的根结点。

(2) 在 F 中选取两棵根结点权值最小的树作为左右子树构造一棵新二叉树,并且置新二叉树根结点权值为左右子树上根结点的权值之和(根结点的权值=左右孩子权值之和,叶结点的权值=W_i)。

(3) 从 F 中删除这两棵二叉树,同时将新二叉树加入到 F 中。

(4) 重复(2)、(3)直到 F 中只含一棵二叉树为止,这棵二叉树就是哈夫曼树。

2. 哈夫曼树编码

对哈夫曼树按照左 0 右 1 的规则为每一条边进行编号,从根结点到叶结点的路径就是叶结点的哈夫曼编码,对于哈夫曼树中的所有叶结点逐一编码即可。假设需要对字母 A、B、C、D 进行编码,出现频率为 $W=\{7,5,2,4\}$,图 6-28 中的叶结点分布对应字母 A、B、C、D,可依据图 6-28 得到每个字符的哈夫曼编码 A:0,B:10,C:110,D:111。

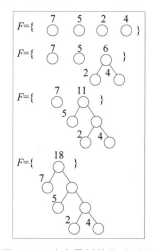

图 6-27　哈夫曼树的构建过程

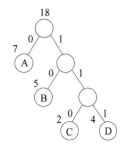

图 6-28　哈夫曼编码

◆ 6.4　图　结　构

图是用来表示和存储具有"多对多"关系的数据结构,图的基本概念如表 6-4 所示。图可定义为由一组结点(称为顶点)和一组顶点间的连线(称为边或弧)构成的一种抽象数据类型,而图中的结点可以有一个或多个双亲和孩子,图可能是有向的或无向的。

表 6-4　图的基本概念

概　　念	解　　析
度	相邻顶点的数量
路径	接续的边构成的顶点序列
路径长度	路径上边或弧的数目/权值之和
回路(环)	第一个顶点和最后一个顶点相同的路径
简单路径	除路径起点和终点可以相同外,其余顶点均不相同的路径
简单回路	除路径起点和终点相同外,其余顶点均不相同的路径
连通图	无向图中,任何一对顶点间都存在路径
连通分量	无向图中的极大连通子图
有向树	图中恰有一个顶点入度为 0,其余顶点入度均为 1
生成森林	有向图中,包含所有顶点的若干棵有向树构成的子图

1. 图的表示

图由一个非空的有限顶点集合和一个有限边集合组成。当我们描述图时,一定要包含以下两个元素:一组顶点 Edge 和边 Vertex。无向边:$(i,j) \in$ Edge,$i,j \in$ Vertex。即双向的,既可从 i 走到 j,也可以从 j 走到 i。有向边:$<i,j> \in$ Edge,$i,j \in$ Vertex。即单向的(单行线),只可从 i 走到 j 或从 j 走到 i。图不考虑重边和自己连自己的情况。最常用的图的表示方式是邻接矩阵和邻接表。

邻接矩阵表示法中,矩阵的行列顺序对应相关结点,假设图 6-29 中及结点顺序为 ABCD,分别对应 1~4 行和 1~4 列,A 到 B 有一条有向边,则矩阵 $\boldsymbol{M}[1,2]$ 对应位置 1,如果是加权的,这个位置存放权值。邻接矩阵也可以用于表示无向图,表示无向图时矩阵是对称的。

图 6-29　有向图的邻接矩阵表示

为了避免邻接矩阵是稀疏矩阵时造成的空间浪费,邻接表用一个一维数组或者链表存储顶点,每个顶点为一个结构体,存放权值和邻接点的指针(注意是与表头结点相连接的邻居结点)。如图 6-30 所示是存储有向图的邻接表,A 指向两个结点 B、C,分布对应编号 2 和 3,所以 A 指向 2,3 是 2 的邻居结点,B 结点没有出边,所以 B 的邻接链表为空。

邻接表相比于邻接矩阵来说,所占用的空间更小,这是邻接表的一个优势。但是邻接

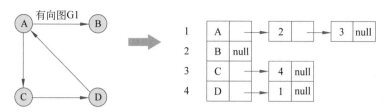

图 6-30　有向图的邻接表表示

表如果表示的是一个有很多条边的图,即稠密图的话,则邻接表的优势就不能够很好地体现了。因此,对于一个图来说,我们要根据具体的情况来判断使用哪种方式去表示该图,一般邻接表适合表示稀疏图,邻接矩阵适合表示稠密图。

2. 最短路径算法

在有权图中,最短路径是指从某顶点出发,沿图的边到达另一顶点所经过的路径中,各边上权值之和最小的一条路径。解决最短路径问题的有 Dijkstra 算法、Bellman-Ford 算法、Floyd 算法和 SPFA 算法等。本节介绍 Dijkstra 算法,适合于求确定起点的最短路径问题,假设图 6-31 中无负权。

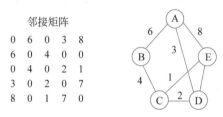

图 6-31　加强图及邻接矩阵

例如我们要计算 A 到其他结点的最短路径,算法过程如下。

（1）引入两个集合（S、U）,S 集合包含已求出的最短路径的点（以及相应的最短长度）,U 集合包含未求出最短路径的点（以及 A 到该点的路径,注意如图 6-31 所示,A→C 由于没有直接相连初始时为 0）。

（2）初始化两个集合,S 集合初始时只有当前要计算的结点,A→A＝0,U 集合初始时为 A→B＝6,A→C＝∞,A→D＝3,A→E＝8。

（3）从 U 集合中找出路径最短的点,加入 S 集合,例如 A→D＝3。

（4）更新 U 集合路径,if('D 到 B,C,E 的距离'＋'A 到 D 的距离'＜'A 到 B,C,E 的距离')则更新 U。

（5）循环执行（4）、（5）两步骤,直至遍历结束,得到 A 到其他结点的最短路径。

求图 6-31 中的加权无向图中所有结点到结点 A 的最短路径,用 Dijkstra 算法求解过程如图 6-32 所示,其中 A 结点是给定的出发结点,灰度结点集合 U 表示未求得最短路径的结点,S 表示已经求得的最短路径结点集合。第一轮的时候选取离 A 最近的结点 D 加入到 S 中,根据已知数据更新 U 中最短路径,重复从 U 找到离 A 最近的结点,直到所有结点已经加入。

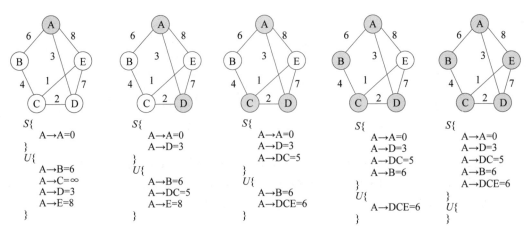

图 6-32   Dijkstra 算法执行过程解析

◆ 6.5   术 语 表

数据（data）：所有能被输入计算机中，且被计算机处理的符号的集合，是计算机操作对象的总称。

数据元素（data element）：是数据的基本单元，由若干个数据项组成，也称结点，元素、顶点或记录。

数据项（data item）：是数据不可分割的最小单位，有时也称为域（field），即数据表中的字段。

数据对象（data object）：性质相同的数据元素的集合，是数据的一个子集，如大写字母字符数据对象是集合 C = {'A','B','C',…,'Z'}，整数数据对象是集合{0,±1,±2,…}。

数据结构（data structure）：是指互相之间存在着一种或多种关系的数据元素的集合。数据元素之间的关系称为结构。

数据类型（data type）：数据的不同表示。

顺序表（sequenatial list）：是在计算机内存中以数组的形式保存的线性表，是指用一组地址连续的存储单元依次存储数据元素的线性结构。

单链表（singly linked list）：是链表的一种，其特点是链表的链接方向是单向的，对链表的访问要通过从头部开始，依序往下读取。

模式匹配（pattern matching）：是数据结构中字符串的一种基本运算，给定一个子串，要求在某个字符串中找出与该子串相同的所有子串，这就是模式匹配。

数组（arrays）：是有序的元素序列。

稀疏矩阵（sparse matrices）：在矩阵中，若数值为 0 的元素数目远远多于非 0 元素的数目，并且非 0 元素分布没有规律时，则称该矩阵为稀疏矩阵。

前序遍历（preorder traversal）：指先访问根，然后访问子树的遍历方式。

中序遍历（inorder traversal）：指先访问左（右）子树，然后访问根，最后访问右（左）子树的遍历方式。

后序遍历（postorder traversal）：指先访问子树,然后访问根的遍历方式。

哈夫曼树（Huffman tree）：给定 n 个权值作为 n 个叶子结点,构造一棵二叉树,若该树的带权路径长度达到最小,称这样的二叉树为最优二叉树,也称为哈夫曼树。

邻接矩阵（adjacency lists）：是表示顶点之间相邻关系的矩阵。

邻接表（adjacency lists）：一种顺序分配和链式分配相结合的存储结构。

队尾（rear）：在线性表中只允许进行插入的一端称为队尾。

队头（front）：在线性表中只允许进行删除的一端称为队头。

子串（substring）：串中任意个连续的字符组成的子序列。

广义表（generalized lists）：由零个原子,或若干个原子或若干个广义表组成的有穷序列。

循环链表（circylar linked lists）：是将单链表的表中最后一个结点指针指向链表的表头结点,整个链表形成一个环,从表中任一结点出发都可找到表中其他的结点。

双向链表（double linked lists）：双向链表中,在每一个结点除了数据域外,还包含两个指针域：一个指针（next）指向该结点的后继结点,另一个指针（prior）指向它的前驱结点。

串（string）：线性表的一种特殊形式,串中每个元素的类型为字符型,是一个有限的字符序列。

有向图（directed graph（digraph））：若图 G 中的每条边都是有方向的,则称 G 为有向图。

无向图（undirected graph（undigraph））：若图 G 中的每条边都是没有方向的,则称 G 为无向图。

度（degree）：无向图中顶点 v 的度是关联于该顶点的边的数目。

出度（outdegree）：把以顶点 v 为始点的边的数目,称为 v 的出度,记为 OD(v)。

入度（indegree）：若 G 为有向图,则把以顶点 v 为终点的边的数目,称为 v 的入度,记为 ID(v)。

连通图（connected graph）：若 V(G)中任意两个不同的顶点 v_i 和 v_j 都连通（即有路径）,则称 G 为连通图。

连通分支（connected component）：无向图 G 的极大连通子图称为 G 的连通分量。

强连通图（strong graph）：在有向图 G 中,若对于 V(G)中任意两个不同的顶点 v_i 和 v_j,都存在从 v_i 到 v_j 以及从 v_j 到 v_i 的路径,则称 G 是强连通图。

生成树（spanning tree）：连通图 G 的一个子图如果是一棵包含 G 的所有顶点的树,则该子图称为 G 的生成树。

二叉树（binary tree）：有限个结点的集合,这个集合或者是空集,或者是由一个根结点和两棵互不相交的二叉树组成,其中一棵称为根的左子树,另一棵称为根的右子树。

满二叉树（full binary tree）：深度为 k 且有 2^k-1 个结点的二叉树称为满二叉树。

完全二叉树（complete binary tree）：深度为 k 的,有 n 个结点的二叉树,当且仅当其每个结点都与深度为 k 的满二叉树中编号从 1 至 n 的结点一一对应,称之为完全二叉树。

二叉搜索树（binary search tree）：一棵二叉树，其左子树中的关键字值都小于根的关键字值，右子树中的关键字值都大于或等于根的关键字值，而且每棵子树也是二叉搜索树。

抽象数据类型（abstract data type）：指一个数学模型及定义在该模型上的一组操作。

线性表（linear list）：线性表是由 $n(n \geqslant 0)$ 个相同类型的元素组成的有序集合。

队列（queue）：将线性表的插入和删除操作分别限制在表的两端进行，与栈相反，队列是一种先进先出的线性表。

逻辑结构（logical structure）：抽象反映数据元素之间的逻辑关系。

顺序存储结构（sequential storage structure）：借助元素在存储器中的相对位置来表示数据元素间的逻辑关系。

链状存储结构（linked storage structure）：借助指示元素存储地址的指针表示数据元素间的逻辑关系。

栈（stack）：是限定仅在一端进行插入或删除操作的线性表。

递归（recursive）：如果一个算法调用自己来完成它的部分工作，就称这个算法是递归的。

顺序查找（sequential search）：一种用于线性列表查找的技术，查找过程为从第一个元素开始逐个查找，直到元素的值等于找到的值，否则继续查找直到列表的末尾。

散列表（hash table）：存放记录的数组。

拓扑排序（topological sort）：将一个 DAG 中所有顶点在不违反前置依赖条件规定的基础上排成线性序列的过程称为拓扑排序。

优先队列（priority queue）：一些按照重要性或优先级来组织的对象称为优先队列。

外排序（external sorting）：考虑到有一组记录因数量太大而无法存放到主存中的问题，由于记录必须驻留在外存中，因此这些排序方法称为外排序。

哈夫曼编码（Huffman coding）：一种使用可变长度码的统计压缩方法。

先进先出（FIFO）：队列元素只能从队尾插入，从队首删除。

堆（heap）：堆由两条性质来定义。首先，它是一棵完全二叉树，通常用数组来实现表示完全二叉树。其次，堆中存储的数据是局部有序的。也就是说，结点存储的值与其子结点存储的值之间存在某种关系。

连通分量（connected components）：无向图的最大连通子图称为连通分量。

有向无环图（Directed Acyclic Graph（DAG））：不带回路的有向图。

深度优先遍历（depth-first traversal）：在访问相邻结点之前遍历本结点所有的子孙的遍历方法。

◆ 6.6 练　　习

一、填空题

1. 高度为 3 的完全二叉树的叶子结点最多是_____个，最少是_____个。

2. 对某二叉树进行先序遍历的结果是 ABDEFC,中序遍历的结果是 DBFEAC,则后序遍历的结果是_____。

3. 由权值分别为 1,26,5,9,12,1 的叶子结点生成一棵哈夫曼树,它的带权路径长度为_____。

4. 在一棵度为 3 的树中,度为 3 的结点个数为 2,度为 2 的结点个数为 1,则度为 0 的结点个数为_____。

5. 对某二叉树进行先序遍历的结果是 ABDEFC,中序遍历的结果是 DBFEAC,则后序遍历的结果是_____。

6. 由权值分别为 1,26,5,9,12,1 的叶子结点生成一棵哈夫曼树,它的带权路径长度为_____。

7. 设图的邻接链表如图 6-33 所示,则该图有_____条边。

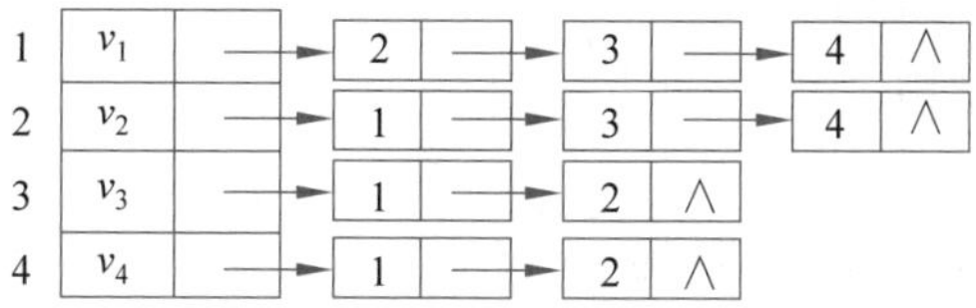

图 6-33　邻接链表

8. 栈是一种操作受限的线性列表,该类列表的添加和删除操作只能在一端实现,称为_____。栈中元素的修改是按_____的原则进行的。

9. 字符串是一种特殊的_____,其元素为单个字符,长度可以为 0。

10. 广义表是一种复杂的数据结构,是线性表的扩展,能够表示树结构和_____结构。

二、判断题

1. 线性表的逻辑顺序总是与其物理顺序一致。　　　　　　　　　　　　　　　　（　　）

2. 线性表的顺序存储的查找速度比链式存储快。　　　　　　　　　　　　　　　（　　）

3. 对稀疏矩阵进行压缩存储是为了节省存储空间。　　　　　　　　　　　　　　（　　）

4. 若一棵二叉树中的结点均无右孩子,则该二叉树的中序遍历和先序遍历序列正好相反。　　　　　　　　　　　　　　　　　　　　　　　　　　　　　　　　　　　（　　）

5. 顺序表和一维数组一样,都可以按下标随机(或直接)访问。　　　　　　　　　（　　）

6. 外部排序指的是大文件的排序,即待排序的记录存储在外存储器上,待排序的文件无法一次装入内存,需要在内存和外部存储器之间进行多次数据交换,以达到排序整个文件的目的。　　　　　　　　　　　　　　　　　　　　　　　　　　　　　　　（　　）

7. 当待排序序列初始有序时,冒泡选择排序的时间复杂性为 $O(n^2)$。　　　　　（　　）

8. 用邻接矩阵存储一个图时,在不考虑压缩存储的情况下,所占用的存储空间大小只与图中的顶点个数有关,而与图的边数无关。　　　　　　　　　　　　　　　　（　　）

9. 不存在这样的二叉树,对它采用任何次序的遍历,结果相同。　　　　　　　　（　　）

10. 哈夫曼树是带权路径长度最短的树,路径上权值较大的结点一定离根较近。

( )

三、选择题

1. 字符串 str＝"Software",其子串的个数是( )。

    A. 35   B. 36   C. 37   D. 38

2. 一棵二叉树的前序遍历是 ABDEFC,中序遍历是 DEBFAC,那么它的后序遍历是( )。

    A. ABCDFE   B. CAFBED   C. EDFBCA   D. DEFBCA

3. 算法的计算量的大小称为计算的( )。

    A. 效率   B. 复杂性   C. 现实性   D. 难度

4. 研究数据结构就是研究( )。

    A. 数据的逻辑结构

    B. 数据的存储结构

    C. 数据的逻辑结构和存储结构

    D. 数据的逻辑结构、存储结构及其基本操作

5. 从逻辑上可以把数据结构分为( )两大类。

    A. 动态结构、静态结构   B. 顺序结构、链式结构

    C. 线性结构、非线性结构   D. 初等结构、构造型结构

6. 下列数据中,( )是非线性数据结构。

    A. 栈   B. 队列   C. 完全二叉树   D. 堆

四、问答题

1. 描述数据逻辑结构的分类。

2. 请解释数组的概念(一维和二维)。

3. 描述深度优先遍历和广度优先遍历。

4. 写出图 6-34 有向图的邻接矩阵和邻接表表示。

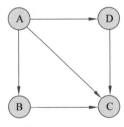

图 6-34 有向图

5. 编制 Python 程序,实现二叉树的深度优先遍历和广度优先遍历。

6. 编制 Python 程序,实现哈夫曼树的创建。

第 7 章

数 据 库

数据库是存放数据的仓库,数据库的管理与现实中的仓库管理类似。现实仓库需要依据一定的规则来进行设计,并且设定专门的仓库管理员来高效管理仓库。类比到数据库,数据库的设计需要依据一定的体系结构模型,并且需要专门的数据库管理系统(DBMS)来管理。与普通的"数据仓库"不同的是,数据库依据"数据结构"来组织数据。

◇ 7.1 何谓数据库

数据库就是一个使用特定数据结构(如 B+树)长期存储在计算机上的一个数据的集合。

7.1.1 定义

所谓"数据库"是以一定方式存储在一起、能与多个用户共享、具有尽可能小的冗余度、与应用程序彼此独立的数据集合。数据库可视为电子化的文件柜——存储电子文件的处所,用户可以对文件中的数据进行新增、截取、更新、删除等操作。

7.1.2 平面文件和数据库

在设计数据库时,需要根据数据的逻辑关系将数据细分存储以便于快速访问处理。数据的条理化存储通常采用平面文件和数据库来实现,平面文件是将数据格式化存储以便于保存或者迁移,而数据库不仅仅满足格式化存储需求,还需要能够实现高效的管理。

平面文件数据库(flat file database)是非常简单的数据库模型,利用纯文本文件存储信息,文件中的每行代表一条记录,每条记录由分割的字段或固定列组成,这些文件之间没有关联,如图 7-1 所示。平面文件数据库以定界的方式存储数据,可以将其解释为单一数据流。平面数据库在数据之间使用定界符,如逗号等。平面文件数据库的一个严重缺点是没有能力管理请求,当试图添加、删除或修改其中的任何数据时,单一数据流会变得效率很低。平面文件数据库一般用作以文本文件的形式将数据从一处移动到另一处的简单解决方案。与复杂的模型如关系数据库比较,平面文件数据库好似写着记录的一张纸,这些记录的格式完全统一。Microsoft Excel 也是一个简单的平面文件数据库工具,数据按照行和列进行组织,首行来表示字段名称。

id····name····team↵	↵	↵
1····Amy····Blues↵	"1","Amy","Blues"↵	1-Amy-Blues/2-Bob-
2····Bob····Reds↵	"2","Bob","Reds"↵	Reds/3-Chuck-
3····Chuck····Blues↵	"3","Chuck","Blues"↵	Blues/4-Dick-
4····Dick····Blues↵	"4","Dick","Blues"↵	Blues/5-Ethel-
5····Ethel····Reds↵	"5","Ethel","Reds"↵	Reds/6-Fred-
6····Fred····Blues↵	"6","Fred","Blues"↵	Blues/7-Gilly-
7····Gilly····Blues↵	"7","Gilly","Blues"↵	Blues/8-Hank-Reds/↵
8····Hank····Reds↵	"8","Hank","Reds"↵	↵

图 7-1   平面文件数据库

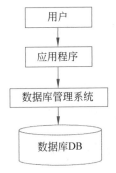

图 7-2   数据库系统

如果说平面文件是为了方便人们格式化存储数据,数据库则用于存储和管理数据,能够被应用程序快速访问处理。数据库定义为:数据库是具有统一的结构形式并存放于同一的存储介质内的多种应用数据的集成,并可被各个应用程序所共享。数据库系统是为适应数据处理的需要而发展起来的一种较为理想的数据处理的核心机构。它是一个实际可运行的存储、维护和应用系统提供数据的软件系统,是存储介质、处理对象和管理系统的集合体。在数据库系统中,通常有数据库管理系统来专门关联数据库文件,应用程序只需要向数据库管理系统发送指令就可以完成对数据库的访问与管理。如图 7-2 所示,数据库系统包括用户、应用程序、数据库管理系统和数据库。

7.1.3   数据库管理系统

数据库管理系统(DataBase Management System,DBMS)是数据库的仓库管理员,是一种操纵和管理数据库的软件,通常的数据库管理系统大型软件,是用于建立、使用和维护数据库。它对数据库进行统一的管理和控制,以保证数据库的安全性和完整性。用户通过 DBMS 访问数据库中的数据,数据库管理员也通过 DBMS 进行数据库的维护工作。它提供多种功能,可使多个应用程序和用户用不同的方法在同时或不同时刻去建立、修改和询问数据库。它使用户能方便地定义和操纵数据,维护数据的安全性和完整性,以及进行多用户下的并发控制和恢复数据库。常见的关系数据库管理系统有 MySQL、SQL Server、Oracle、Sybase、DB2 等。

◈ 7.2 数据库体系结构

人们为数据库设计了一个严谨的体系结构,数据库领域公认的标准结构是三级模式结构,它包括外模式、概念模式、内模式,有效地组织、管理数据,提高了数据库的逻辑独立性和物理独立性。用户级对应外模式,概念级对应概念模式,物理级对应内模式,使不同级别的用户对数据库形成不同的视图。所谓视图,就是指观察、认识和理解数据的范围、角度和方法,是数据库在用户"眼中"的反映。很显然,不同层次(级别)的用户所"看到"的数据库是不相同的。数据库系统的三级模式如图 7-3 所示。

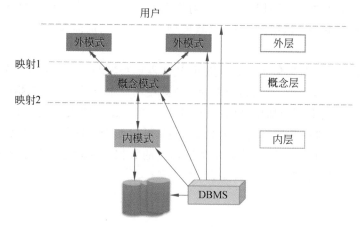

图 7-3 数据库系统的三级模式

7.2.1 内层

内模式又称存储模式,对应于物理级。它是数据库中全体数据的内部表示或底层描述,是数据库最低一级的逻辑描述,它描述了数据在存储介质上的存储方式和物理结构,对应着实际存储在外存储介质上的数据库。内模式由内模式描述语言来描述、定义。内模式反映了数据库系统的存储观。

7.2.2 概念层

概念模式又称模式或逻辑模式,对应于概念级。它是由数据库设计者综合所有用户的数据,按照统一的观点构造的全局逻辑结构,是对数据库中全部数据的逻辑结构和特征的总体描述,是所有用户的公共数据视图(全局视图)。它是由数据库管理系统提供的数据描述语言(Data Description Language,DDL)来描述、定义的。概念模式反映了数据库系统的整体观。

7.2.3 外层

外模式又称子模式或用户模式,对应于用户级。它是某个或某几个用户所看到的数据库的数据视图,是与某一应用有关的数据的逻辑表示。外模式是从模式导出的一个子集,包含模式中允许特定用户使用的那部分数据。用户可以通过外模式描述语言来描述、定义对应于用户的数据记录(外模式),也可以利用数据操纵语言(Data Manipulation Language,DML)对这些数据记录进行操作。外模式反映了数据库系统的用户观。

◆ 7.3　数据库模型分类

现有的所有数据库都是基于某种数据模型的,数据模型是数据库系统的核心和基础。人们把数据模型分为 3 类:概念模型、逻辑模型和物理模型。

(1) 概念模型主要是按照用户的观点对数据和信息建模,主要用于数据库设计。

(2) 逻辑模型主要包括层次模型、网状模型、关系模型、面向对象数据模型等,主要用于数据库管理系统的实现。

(3) 物理模型是对数据最底层的抽象,描述数据在系统内部的表示方式和存取方法,或在磁盘上的存储方式和存取方法,是面向计算机系统的。本节所讲的模型指的是逻辑模型。

概念模型是现实世界的抽象,信息世界的概念模型还不能被数据库管理系统直接使用,需要将概念模型进一步转换为逻辑数据模型,形成便于计算机处理的数据形式,逻辑模型是对数据特征的抽象。逻辑数据模型是具体的数据库管理系统所支持的数据模型,主要有层次模型、网状模型和关系模型。

7.3.1　层次模型

层次模型也叫树状模型,用树状结构描述元素之间一对多的关系,每个结点表示一个记录类型,对应于实体的概念,记录类型的各个字段对应实体的各个属性。各个记录类型及其字段都必须记录,树的性质决定了树状数据模型的特征。层次模型只能表示实体之间的 $1:n$ 的关系,不能表示 $m:n$ 的复杂关系。因此,现实世界中的很多模型不能通过该模型方便地表示。

实例:以学校某个系的组织结构为例,说明层次模型的结构,如图 7-4 所示。

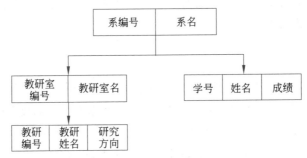

图 7-4　层次模型

(1) 记录类型系是根结点,其属性为系编号和系名。

(2) 记录类型教研室和学生分别构成了记录类型系的子结点,教研室的属性有教研室编号和教研室名,学生的属性分别是学号、姓名和成绩。

（3）记录类型教师是教研室这一实体的子结点,其属性有教师编号、教师姓名、研究方向。

层次模型的结构简单、清晰、明朗,很容易看到各个实体之间的联系,查询效率较高,提供了较好的数据完整性支持,如果要删除父结点,那么其下的所有子结点都要同时删除;但是结构呆板,缺乏灵活性,不能描述多对多关系。

7.3.2　网状模型

用有向图表示实体和实体之间的联系的数据结构模型称为网状模型,网状模型可以看作是放松层次数据模型的约束性的一种扩展,图 7-5 是一个网状模型的例子。

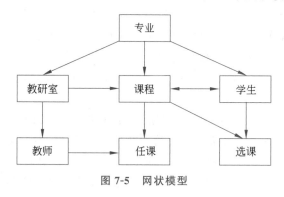

图 7-5　网状模型

7.3.3　关系模型

用表格表示实体和实体之间关系的数据模型称之为关系数据模型。关系数据库是建立在关系数据库模型基础上的数据库,借助于集合代数等概念和方法来处理数据库中的数据,同时也是一个被组织成一组拥有正式描述性的表格,该形式的表格作用的实质是装载着数据项的特殊收集体,这些表格中的数据能以许多不同的方式被存取或重新召集而不需要重新组织数据库表格。每个表格(有时被称为一个关系)包含用列表示的一个或更多的数据种类。每行包含一个唯一的数据实体,这些数据是被列定义的种类,图 7-6 是一个关系数据库模型的例子。关系数据库技术比较成熟,也是目前最受欢迎的数据库管理系统。

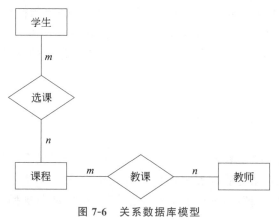

图 7-6　关系数据库模型

◈ 7.4   关系数据库模型

数据模型由数据结构、数据操作、数据的完整性约束条件 3 大要素组成。关系模型的数据结构是关系，关系模型的操作主要包括查询(选择、投影、连接、除、并、交、差)和更新(插入、删除、修改)，关系模型的完整性约束主要分 3 类：实体完整性、参照完整性和用户定义的完整性。

7.4.1   关系定义

笛卡儿积是两个集合(也叫域，是一组具有相同数据类型值的集合)相乘的结果，笛卡儿积描述的是两个或多个集合相互"关联"成一个最终的集合，而这个最终的集合将包含"关联"之后所有的"可能性"。假设集合 $A=\{a_1,a_2,a_3\}$、集合 $B=\{b_1,b_2\}$，笛卡儿积是 $A*B=\{(a_1,b_1),(a_1,b_2),(a_2,b_1),(a_2,b_2),(a_3,b_1),(a_3,b_2)\}$。关系是域的笛卡儿积的子集。

例如有 3 个域——A：姓名{张飞,李昱}，B：年级{2017,219}，C：性别{男,女}，$A*B*C$ 的笛卡儿积如图 7-7(a)所示，但现实中的数据关系如图 7-7(b)所示。图 7-7(a)中关系结果是包含了所有的可能性的关系，其中某些关系可能没有意义，如上述例子中张飞只可能在一个年级，性别也只能是一种。所以笛卡儿积的真子集才有实际含义，而关系数据库中的结果正是这种所有可能性结果的子集，如图 7-7(b)所示。

张飞	2017	男
张飞	2017	女
张飞	2018	男
张飞	2018	女
李昱	2017	男
李昱	2017	女
李昱	2018	男
李昱	2018	女

张飞	2017	男
李昱	2018	女

(a)   (b)

图 7-7   笛卡儿积与关系

现在我们可以对关系模型中的"关系"进行定义：关系是笛卡儿积的有限子集，所以关系也是一张二维表，表的每行对应一个元组，表的每列对应一个域。由于域可以相同，为了加以区分，必须对每列起一个名字，称为属性，其中属性是无序的。

7.4.2   关系的操作

关系的操作包括查询操作和更新操作。查询操作中的选择、投影、连接、差、笛卡儿积是 5 种基本操作，其他操作可以用基本操作来定义和导出；更新操作包括增、删和修改，可以对查询的结果进行批量修改。关系操作的特点是集合操作方式，即操作的对象和结果都是集合。非关系数据模型的数据操作方式则为一次一记录的方式。

1. 查询操作

数据库的传统集合运算包括选择、投影、连接。这几种运算都与数学上的同名运算概念相似。

选择是单目运算，它应用于一个关系并产生另外一个新关系，新关系中的元组是原关系元组的子集，简单来说是从原表中选择部分元组形成一个新表。选择运算的记号为 $\sigma_F(R)$，其中 σ 是选择运算符，下标 F 是一个条件表达式，R 是被操作的表，图 7-8 是一个选择运算的例子。

姓名	年级	性别
张飞	2017	男
李昱	2018	女

SELECT * FROM stu
WHERE 性别="女"

姓名	年级	性别
李昱	2018	女

（a）　　　　　　　　　　　　　　　　　　　　　　　（b）

图 7-8　选择运算

投影也是单目运算,该运算从表中选出指定的属性值组成一个新表,记为 $\Pi A(R)$。其中,A 是属性名(即列名)表,R 是表名,图 7-9 是一个投影运算的例子。

姓名	年级	性别
张飞	2017	男
李昱	2018	女

SELECT　　姓名,年级
FROM stu

姓名	年级
张飞	2017
李昱	2018

（a）　　　　　　　　　　　　　　　　　　　　　　　（b）

图 7-9　投影运算

连接(join)是把两个表中的行按给定的条件拼接而形成的新表,两表进行自然连接时,要求至少含有一个共有的属性,图 7-10 是一个内连接运算的例子。如果两表笛卡儿积的结果比较庞大,实际应用中一般仅选取其中一部分的行,选取两表列之间满足一定条件的行,就是关系之间的连接。执行顺序:自然连接—>选择—>投影。

关系 R

A	B	C
a_1	b_1	5
a_1	b_2	6
a_2	b_3	8
a_2	b_4	12

关系 S

B	E
b_1	3
b_2	7
b_3	10
b_3	2
b_5	2

$R\bowtie S$
$R.B=S.B$

A	$R.B$	C	$S.B$	E
a_1	b_1	5	b_1	3
a_1	b_2	6	b_2	7
a_2	b_3	8	b_3	10
a_2	b_3	8	b_3	2

图 7-10　内连接运算

连接运算又分为内连接和外连接。内连接的结果仅包含符合连接条件的两表中的行;外连接的结果包含符合条件的行,同时包含不符合条件的行。

2. 更新操作

更新操作对表中的记录进行修改,例如删除某些记录、更改某些字段、插入若干记录等。

7.4.3　完整性约束

关系数据模型定义了 3 种约束完整性:实体完整性、参照完整性以及用户定义完整性。

实体完整性:实体完整性是指实体的主属性不能取空值。实体完整性规则规定实体的所有主属性都不能为空。实体完整性是针对基本关系而言的,一个基本关系对应着现实世界中的一个主题,例如上例中的学生表对应着学生这个实体。现实世界中的实体是可以区分的,它们具有某种唯一性标志,这种标志在关系模型中称为主码,主码的属性也就是主属性不能为空。

参照完整性:在关系数据库中主要是值的外键参照的完整性。若 A 关系中的某个或者某些属性参照 B 或其他几个关系中的属性,那么在关系 A 中该属性要么为空,要么必须出现在 B 或者其他的关系的对应属性中。

用户定义完整性:用户定义完整性是针对某一个具体关系的约束条件。它反映的某一个具体应用所对应的数据必须满足一定的约束条件。例如,某些属性必须取唯一值,某些值的范围为 $0\sim100$ 等。

◆ 7.5 SQL

SQL 是一个关系数据库的操作语言,能够实现创建关系、更新关系、更新记录、查询记录等功能。如图 7-11 所示,应用程序负责发送 SQL 语句给数据库管理系统,数据库管理系统依据 SQL 语句对数据库进行操控,结果返回给应用程序。简而言之,SQL 语句用于取回和更新数据库中的数据。

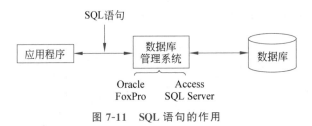

图 7-11　SQL 语句的作用

7.5.1　单关系的操作

1. 插入

插入操作通常是插入行,为关系表中的某些字段插入数据,例如将"2008 账目"中所有的数据插入"销售账目"表中。

```
INSERT INTO 销售账目 SELECT 2008 账目.* FROM 2008 账目;
```

2. 删除

删除操作通常用于删除指定条件的记录,例如下面的语句删除"图书目录"表中所有缺货的图书信息。

```
DELETE 图书目录.* FROM 图书目录 WHERE (((图书目录.是否缺货)=Yes));
```

3. 修改

修改操作用于更新指定条件的一条或者多条记录,下面的语句用于将"图书目录"表中的"计算机文化基础教程"这条记录的折扣信息修改为 0.8。

```
UPDATE 图书目录 SET 图书目录.折扣 = 0.8 WHERE (((图书目录.书名)="计算机文化基础教程"));
```

4. 选择

选择操作是对关系进行水平分割,选择一般要对一张表选择符合条件的行(但包含所有列)。例如下面的语句用于显示"图书目录"表中缺货的图书的书号、书名、定价和折扣信息。

```
SELECT 图书目录.书号, 图书目录.书名, 图书目录.定价, 图书目录.折扣
FROM 图书目录
WHERE (((图书目录.是否缺货)=True));
```

5. 投影

投影操作是对关系进行垂直分割,投影就是"筛选列",一个数据库表,如仅希望得到其一部分的列的内容(但全部行),就是投影。下面语句用于在通"图书目录"表中选择书号和书名两列,构成一个新表。

```
SELECT 图书目录.书号, 图书目录.书名
FROM 图书目录
```

7.5.2　多关系的操作

1. 交

交运算是求两个表中共有的记录,放入一个新表,下面的语句是求得"2008 账目"和"2018 账目"中相同的若干记录放入新表。

```
SELECT * FROM 2008 账目 intersection SELECT * FROM 2018 账目;
```

2. 并

并运算是将两张表的数据合在一起,下面的语句是将"2008 账目"和"2018 账目"中所有记录合在一起放入新表中。

```
SELECT * FROM 2008 账目 union SELECT * FROM 2018 账目;
```

3. 连接

连接运算是关系的结合,通常两个表笛卡儿积的结果比较庞大,实际应用中一般仅选取其中一部分的行,选取两个表列之间满足一定条件的行,就是关系之间的连接。下面语句将"图书目录"表和"销售账目"表进行左连接,按书名计算销售额。

```
SELECT 图书目录.书名,销售账目.销售数量 * [售价] AS 金额
FROM 图书目录 LEFT JOIN 销售账目 ON 图书目录.书号 = 销售账目.书号;
```

7.6 术语表

关系(relationship):指人与人之间、人与事物之间、事物与事物之间的相互联系。

数据库管理系统(DataBase Management System):是位于用户与操作系统之间的具有数据定义、数据操纵、数据库的运行管理、数据库的建立和维护功能的一层数据管理软件。

SQL 语言(SQL language):一种特殊目的的编程语言,是一种数据库查询和程序设计语言,用于存取数据以及查询、更新和管理关系数据库系统;同时也是数据库脚本文件的扩展名

主键(primary key):数据库中的每一条记录通常都有一个唯一标识,称为主键。

辅键(secondary key):可能有多条记录相同的关键码值。

数据字典(data dictionary):数据库系统中存放三级结构定义的数据库称为数据字典(通常数据字典还存放数据库运行时的统计信息)。

笛卡儿积(Cartesian product):又称直积,表示为 $X \times Y$,第一个对象是 X 的成员而第二个对象是 Y 的所有可能有序对的其中一个成员。

实体-关系图(Entity Relation(E-R)diagram):一种用于实体-关系模型的图。

元数据(meta-data):是存储在数据库目录里描述数据库基本结构的数据。

函数依赖(function dependency):某个属性集决定另一个属性集时,称另一属性集依赖于该属性集。

数据定义语言(data definition language):用于定义数据库的三级结构,包括外模式、概念模式、内模式及其相互之间的映像,定义数据的完整性、安全控制等约束。

外模式(external schema):是位于外部层,描述针对某些特定用户组关心的数据库的结构,剩下的部分则对他们是隐藏的。

数据独立性(data independence):是在一个层次对一个数据库系统的模式的更改而不用改变更高层次的数据库模式的性能。

7.7 练习

一、填空题

1. 目前常见的数据库如 Oracle、Access 都是基于_____模型的。

2. 关系模型的数据结构是关系,关系模型的操作主要包括查询(选择、投影、连接、除、并、交、差)和更新(插入、删除、修改),关系模型的完整性约束主要分_____、_____以及用户定义完整性 3 类。

3. _____是一种特殊目的的编程语言,是一种数据库查询和程序设计语言,用于存取数据以及查询、更新和管理关系数据库系统。

4. _____运算是把两个表中的行按给定的条件拼接而形成新表。

5. SQL 提供数据定义、_____、数据控制等功能。

二、判断题

1. 在 Access 中,不仅可以按一个字段排序记录,也可以按多个字段排序记录。
(　　)

2. 在关系数据模型中,实体与实体之间的联系统一用二维表表示。(　　)

3. 同一个关系模型的任意两个元组值可以完全相同。(　　)

4. 一个关系中的主键的取值不可以为空值。(　　)

5. 外键一定是同名属性,且不同表中的同名属性也一定是外键。(　　)

6. 使用 SQL 的 CREATE TABLE 命令可以直接建立表。(　　)

7. 在关系理论中,把能够唯一地确定一个元组的属性或属性组合称为域。(　　)

8. 关系中同一列的数据类型一定是相同的。(　　)

9. 关系运算的运算对象一定是关系,但运算结果不一定是关系。(　　)

10. 对一个关系做选择操作后,新关系的元组个数小于或等于原来关系的元组个数。
(　　)

三、选择题

1. 不能进行索引的字段类型是(　　)。

　　A. 备注　　　　　　B. 数值　　　　　　C. 字符　　　　　　D. 日期

2. (　　)的存取路径对用户透明,从而具有更高的数据独立性、更好的安全保密性,也简化了程序员的工作和数据库开发建立的工作。

　　A. 网状模型　　　　B. 关系模型　　　　C. 层次模型　　　　D. 以上都有

3. DBMS 提供的 SQL 有两种方式,其中一种是将 SQL 嵌入某一高级语言中,此高级语言称为(　　)。

　　A. 查询语言　　　　B. 宿主语言　　　　C. 自含语言　　　　D. 会话语言

4. 关系数据模型(　　)。

　　A. 只能表示实体间的 1∶1 联系　　　　B. 只能表示实体间的 1∶n 联系

　　C. 只能表示实体间的 m∶n 联系　　　　D. 可以表示实体间的上述三种关系

5. 查询操作不包括(　　)。

　　A. 追加查询　　　　B. 删除查询　　　　C. 更新查询　　　　D. 参数查询

6. 若要查询成绩为 70～90 分(包括 70 分,也包括 90 分)的学生的信息,成绩字段的查询准则应设置为(　　)。

A. >=70 or <90　　　　　　　　　B. >70 and <90

C. >=70 and <=90　　　　　　　　D. IN(70,90)

四、问答题

1. 什么是数据库？数据库的作用是什么？
2. 描述数据库的三级模式。
3. 关系数据库的分类、定义和描述。
4. 试述关系模型的参照完整性规则。

第 8 章

软 件 工 程

软件工程是研究和应用如何系统性、规范化、可定量的过程化方法去开发和维护软件,以及如何把经过时间考验而证明正确的管理技术和当前能够得到的最好的技术方法结合起来的学科,它涉及程序设计语言、数据库、软件开发工具、系统平台、标准、设计模式等方面。

◆ 8.1 软件危机和软件工程

8.1.1 软件危机

20 世纪 60 年代以前,计算机刚刚投入实际使用,软件设计往往只是为了一个特定的应用而在指定的计算机上设计和编制,采用密切依赖于计算机的机器代码或汇编语言,软件的规模比较小,文档资料通常也不存在,很少使用系统化的开发方法,设计软件往往等同于编制程序,基本上是个人设计、个人使用、个人操作、自给自足的私人化的软件生产方式。20 世纪 60 年代中期,大容量、高速度计算机的出现,使计算机的应用范围迅速扩大,软件开发急剧增长,高级语言开始出现;操作系统的发展引起了计算机应用方式的变化;大量数据处理导致第一代数据库管理系统的诞生。软件系统的规模越来越大,复杂程度越来越高,软件可靠性问题也越来越突出。原来的个人设计、个人使用的方式不再能满足要求,迫切需要改变软件生产方式,提高软件生产率,软件危机开始爆发。最经典的案例是 IBM 公司的 OS/360 操作系统,其是 20 世纪 60 年代最复杂的软件系统之一,一共耗费了 1000 多名顶级程序员,花费了 5000 多人年,最终失败,项目负责人弗瑞德·布鲁克斯后来写了一本经典的软件工程书籍——《人月神话》,剖析了其在管理这个项目时犯过的错误,并发表了著名的论文《没有银弹:软件工程的本质性与附属性工作》(*No Silver Bullet—Essence and Accidents of Software Engineering*)。

1968 年,北大西洋公约组织(NATO)在联邦德国的国际学术会议上创造了"软件危机"(Software Crisis)一词,于 1968 年、1969 年连续召开两次著名的 NATO 会议,并同时提出软件工程的概念。

8.1.2   软件工程的定义

软件工程一直以来都缺乏一个统一的定义,很多学者、组织机构分别给出了自己认可的定义。

(1) **1968 年在 NATO 会议上给出的定义**:软件工程是建立并使用完善的工程化原则,以较经济的手段获得能在实际机器上有效运行的可靠软件的一系列方法。

(2) **1993 年,IEEE**(电气电子工程师学会)给出的定义:软件工程是将系统化的、规范的、可量化的方法应用于软件的开发、运行和维护的过程,即将工程化应用于软件。

(3) **ISO 9000 对软件工程过程的定义**:软件工程过程是输入转化为输出的一组彼此相关的资源和活动。

(4) **其他定义**:运行时,能够提供所要求功能和性能的指令或计算机程序集合;程序能够满意地处理信息的数据结构;描述程序功能需求以及程序如何操作和使用所要求的文档。以开发语言作为描述语言,可以认为:软件=程序+数据+文档。

从上面的各种定义不难看出,软件工程的本质可以这样理解:用工程化方法区规范软件开发,让项目可以按时、按质完成,并且过程可控。

◆ 8.2   软件生命周期

同任何事物一样,一个软件产品或软件系统也要经历孕育、诞生、成长、成熟、衰亡等阶段,一般称为软件生命周期(Software Life Cycle,SLC)。把整个软件生命周期划分为若干阶段,使得每个阶段有明确的任务,使规模大、结构复杂和管理复杂的软件开发变得容易控制和管理。通常,不同的软件工程方法把软件生命周期分为很多个阶段的工作,但至少需要包含系统分析、系统设计、编码实现和测试 4 个最重要的阶段。

在软件工程的发展历史上出现很多开发过程模型,例如瀑布模型、螺旋模型、增量模型、XP 敏捷模型、Scrum 精益模型等。最常见的是瀑布模型和增量模型。螺旋模型、XP 敏捷模型、Scrum 精益模型等其实是增量模型的变种。

8.2.1   瀑布模型

1970 年,温斯顿·罗伊斯(Winston Royce)提出了著名的"瀑布模型"(Waterfall Model)。瀑布模型是最早出现的软件开发模型,在软件工程中占有重要的地位,它提供了软件开发的基本框架。其过程是从上一项活动接收该项活动的工作对象作为输入,利用这一输入实施该项活动应完成的内容给出该项活动的工作成果,并作为输出传给下一项活动。同时评审该项活动的实施,若确认,则继续下一项活动;否则返回前面,甚至更前面的活动。图 8-1 为瀑布模型示意图。

在瀑布模型中,软件开发的活动只往一个方向流动,前一个阶段没有结束,则后一个阶段不能开始。图 8-1 中,如果系统分析没有完成,则不可以开始系统设计。瀑布模型的优点在开始一个阶段之前,前面所有阶段的工作已经完成。例如,在编码实现阶段,整个系统的分析、设计已经完成,程序员能够准确知道分析和设计阶段的完整过程。但是缺点

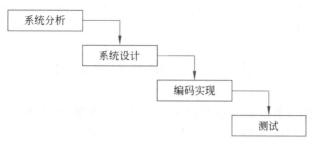

图 8-1 瀑布模型

也非常明显,即如果整个模型的某一个阶段有问题,必须检查前面所有阶段的问题。对于简单系统而言,瀑布模型可以工作得很好,但是对于复杂系统而言,瀑布模型简直是一种灾难。在现代软件工程中,增量模型成为了主流。

8.2.2 增量模型

在增量模型中,软件开发过程需要经历一系列的迭代。每次迭代研发出一个增量型的"原型",即一个简化版的系统。通过不停地快速迭代,这个"原型"被不断完善。由于每次迭代的周期很短(一般是 2～4 周),一旦出现问题,可以被迅速修正,这样避免瀑布模型那种问题随着进度增长被逐级放大的巨大风险。图 8-2 为增量模型。

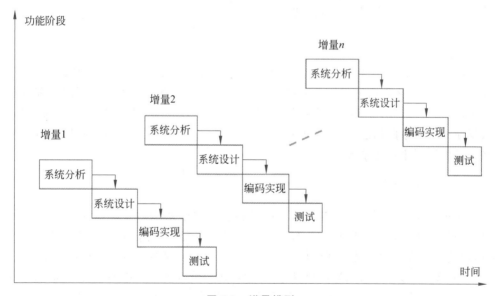

图 8-2 增量模型

增量模型的例子日常生活中比比皆是,例如画人物画像、制作雕塑等艺术品等,都是通过不断地雕琢"原型"作品,而不断地向最终的"成品"靠近。图 8-2 中,在增量 1 中迅速推出一个软件版本,如果其部分功能不能满足要求,则马上在增量 2 中得以纠正,如果其开发的部分功能满足要求,则在增量 2 中增加新的功能。这样的开发过程一直进行下去,直到所有的功能被全部加入,即为最终的软件系统。显然,相比瀑布模型,增量模型可以快速地得到反馈,可以大大降低复杂软件系统的研发风险。所以,增量模型为当前软件工程的主流研发过程模型。

◆ 8.3 系统分析与设计

系统分析是软件工程研发过程中的关键步骤,对于大型复杂软件而言,很多有经验的系统架构师认为,系统分析阶段在整个研发过程所占的时间比通常超过 1/3。系统分析阶段的产出物一般为"系统需求规格说明书""系统分析文档"等,系统需求规格说明书一般说明了该软件系统需要做什么,而没有说明如何做。一般而言,系统需求可以分为功能需求和非功能需求两类。功能需求说明的是该软件系统必须要具备的功能,例如,一个电商网站,必须要具备"选购商品""支付"等功能。所谓非功能需求是只和性能、安全性、可用性、操作便利性有关的需求,例如,这个电商网站要求支持 20 万并发用户、每个用户的登录时延不超过 300ms 等。

系统设计通常用于定义如何完成系统分析阶段所定义的各种需求。系统设计的产出物通常被称为系统概要设计、系统详细设计文档。系统分析和设计是软件系统研发最重要的环节,分析的结果是设计的来源,设计是分析的细化。

系统分析和设计文档通常可以较清晰地对系统的功能进行模块分解、过程分析,甚至核心算法分析等。它依赖于系统编码实现阶段所采用的编程语言,如果采用面向过程的编程语言,则使用面向过程的分析和设计方法较好;如果采用的是面向对象的编程语言,则使用面向对象的分析和设计方法比较好。

8.3.1 面向过程分析与设计

当编码实现阶段使用的是面向过程的编程语言,例如 C 语言、FORTRAN 语言、Pascal 语言等,那么面向过程的分析和设计方法无疑是恰当的方法。在面向过程分析和设计中,主要的工作有 3 个:①功能分解、系统模块划分和细化;②核心算法流程描述;③数据库实体关系图描述、数据库表和字段定义等。一般而言,在分析和设计阶段,需要绘制大量的图形来描述系统。

1. 系统模块划分

在本书第 17 章中的"图书馆管理系统"案例中,整个系统的模块划分如图 8-3 所示。该系统被划分为客户端程序和服务器程序。以服务器程序为例,又分为两个执行线程模块,即通信线程模块和管理线程模块。图书管理线程模块又被划分为可借图书信息查询、用户管理、图书管理、退出功能模块等。进一步,用户管理模块可以划分为增加用户、删除用户模块;图书管理模块可以被划分为新书入库、用户图书借阅查阅模块等。

系统的模块划分通常要关注两点:内聚和耦合,所采用的基本策略是"高内聚、低耦合"。内聚和耦合的含义如下。

(1) 耦合,指软件的不同模块之间结合的紧密程度,越紧密则表示其耦合度越高,相互之间的独立性就越差。软件设计的基本原则就是模块之间耦合越低越好,即保持模块之间的"低耦合"。低耦合的模块可以更好地被重用,低耦合的模块便于分开独立开发。

(2) 内聚,是指一个模块当中的组件之间结合的紧密程度,原则上一个模块中的组件

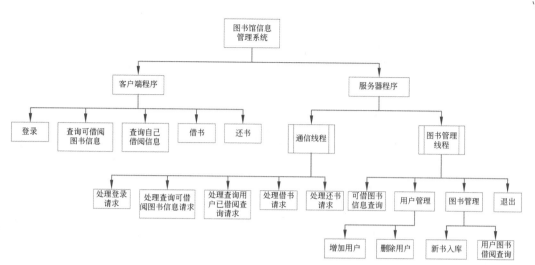

图 8-3　图书馆管理系统模块分层图

应该紧密地相互协作来完成共同的工作,如果彼此间不需要紧密协作就不应该划分到一个模块中来。软件模块设计的另外一个基本原则就是,保持模块内部组件的"高内聚"。

2. 核心算法流程描述

一般使用流程图描述一些系统核心功能的算法。例如,图 8-3 中的通信线程模块的算法描述如图 8-4 所示。

在分析和设计阶段,并不需要把所有函数所对应的算法用流程图的方式绘制出来,只需要针对关键算法,或者复杂容易出错的算法进行详细描述。在系统分析和设计阶段,永远要记住一点,"文档"是为人服务的,而不是人为"文档"服务。

3. 数据库 E-R 图

数据库实体-关系(Entity-Relation,E-R)图通常用于关系数据库中数据库和表结构以及其关系的设计。

8.3.2　面向对象分析与设计

如果在编码实现上采用了面向对象的程序设计语言,那么在系统分析和设计阶段一般也采用面向对象的分析和设计方法。在面向对象的分析和设计方法中通常需要大量绘制统一建模语言(Unified Model Language,UML)的各种分析设计图来表达、分解和描述软件系统。常见的图有几种:用于功能分析的用例图,用于类结构关系的类图,用户描述系统动态特性的活动图、顺序图,用于描述系统部署结构的部署图等。

1. 用例图

图 8-5 中,借阅人代表最终用户,他通过客户端程序使用 3 个主要的用例(Use Case)来达成其活动目标,即登录用例、借书用例、还书用例。

图 8-6 为笔者曾经负责研发的一个相对比较复杂的系统平台的用例图。

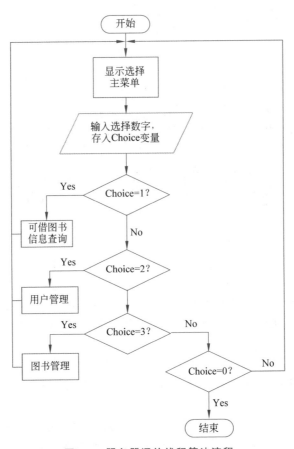

图 8-4　服务器通信线程算法流程

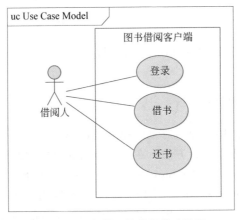

图 8-5　服务器通信线程算法流程

2. 类图

图 8-7 表示小汽车和其组成部分之间的类图,即小汽车类是由门窗类的对象、发动机类的对象组合而成;门窗对象是由前窗类的对象、前门类的对象等组合而成。

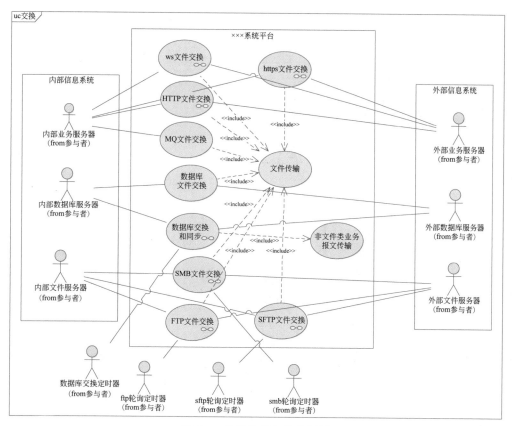

图 8-6　某系统平台的用例图

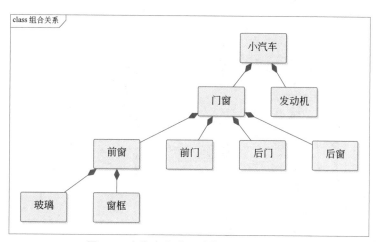

图 8-7　小汽车和其组成部分之间的类图

3. 部署图

部署图反映的是系统的物理结点之间的连接关系，以及软件组件之间的联系等。图 8-8 为一个相对比较复杂系统的部署图。从部署图可以很清晰地观察到物理结点间的连接关系、接口协议等。

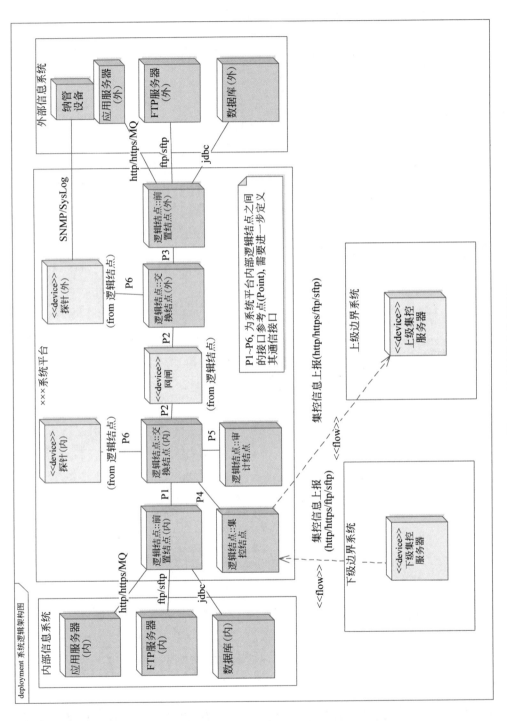

图 8-8　某系统平台的部署图

4. 顺序图

顺序图在 UML 中反映对象、实体之间在时间轴上的交互关系,图 8-9 为一个顺序图的实际案例。方形图标代表具体的对象和实体,垂直的虚线表示一个对象或者实体的生命线。

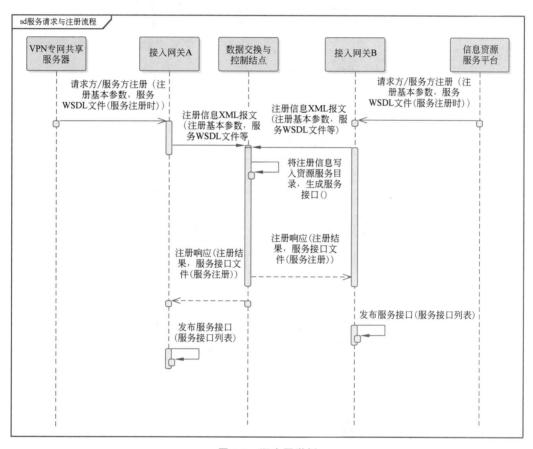

图 8-9　顺序图举例

5. 活动图和泳道图

在 UML 中,活动图和面向过程分析设计方法的"流程图"非常类似,重点描述主要功能活动的工作流程。如果考虑多个对象之间的协作关系,"活动图"又可以被转化为更复杂的"泳道图",图 8-10 为一个具体案例。

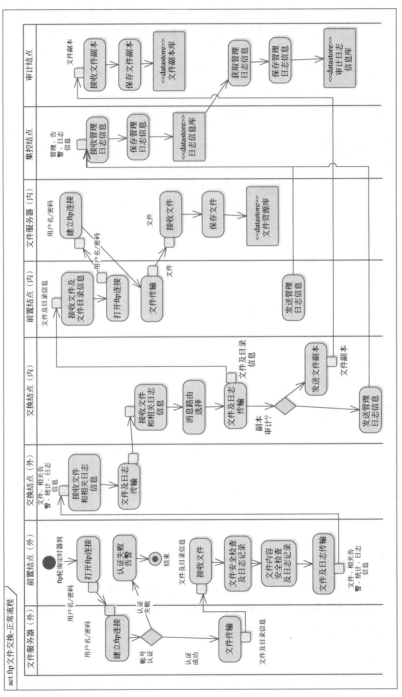

图 8-10 泳道图案例

◈ 8.4　编码实现

一般而言,在软件系统研发的技术选型时会参考各方面的因素,例如研发团队的实际编程技能、软件系统的需求特性、用户的要求等,来确定具体的编程语言以及对应的软件分析和设计方法。一般而言,选定面向过程的编程语言,则对应选择面向过程的软件分析和设计方法;选定面向对象的编程语言,则对应选择面向对象的软件分析和设计方法。

8.4.1　编码

在一个软件系统的编码过程中,未必只选定一种编程语言,例如现在大部分的 Web 应用开发,被分为前端和后端开发。前端开发需要用到 HTML、JavaScript、CSS 等编程语言;后端开发可以根据实际需求采用 C/C++、Java、Python、Go 语言等。这些语言当中,有些是面向过程的编程语言,如 C 语言,有些是面向对象的编程语言,如 C++、Java 等。

在编码过程中,程序员需要严格遵守不同编程语言的编码规范、团队编程风格,采用诸如版本管理(如 Git、SVN)、项目管理软件(例如禅道等)、配置管理软件等协同工作。

8.4.2　软件质量评估

在软件编码实现过程中,需要重点考虑软件的质量。软件质量保证(Software Quality Assurance,SQA)是建立一套有计划、有系统的方法,来向管理层保证拟定出的标准、步骤、实践和方法能够正确地被所有项目所采用。软件质量保证的目的是使软件过程对于管理人员来说是可见的。它通过对软件产品和活动进行评审和审计来验证软件是合乎标准的。软件质量保证组在项目开始时就一起参与建立计划、标准和过程,这些将使软件项目满足一定的要求。

对于软件质量评估的事实标准是能力成熟度模型(Capability Maturity Model,CMM)。它是对于软件组织在定义、实施、度量、控制和改善其软件过程的实践中各个发展阶段的描述。CMM 的核心是把软件开发视为一个过程,并根据这一原则对软件开发和维护过程进行监控和研究。CMM 侧重于软件开发过程的管理及工程能力的提高与评估,分为 5 个等级:1 级为初始级,2 级为重复级,3 级为定义级,4 级为管理级,5 级为优化级。图 8-11 为 CMM 的 5 级成熟度模型。

(1) 初始级。初始级的软件过程是未加定义的随意过程,项目的执行是随意甚至是混乱的。也许,有些企业制定了一些软件工程规范,但若这些规范未能覆盖基本的关键过程要求,且执行没有政策、资源等方面的保证时,那么它仍然被视为初始级。

(2) 可重复级。第 2 级的焦点集中在软件管理过程上。一个可管理的过程则是一个可重复的过程,一个可重复的过程则能逐渐进化和成熟。第 2 级的管理过程包括需求管理、项目管理、质量管理、配置管理和子合同管理 5 个方面。其中,项目管理分为计划过程、跟踪与监控过程两个过程。通过实施这些过程,从管理角度可以看到一个按计划执行的且阶段可控的软件开发过程。

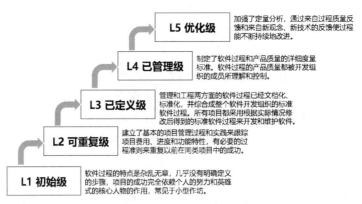

图 8-11　CMM 成熟度模型

（3）定义级。在第 2 级仅定义了管理的基本过程，而没有定义执行的步骤标准。在第 3 级则要求制定企业范围的工程化标准，而且无论是管理还是工程开发都需要一套文档化的标准，并将这些标准集成到企业软件开发标准过程中去。所有开发的项目需根据这个标准过程，剪裁出与项目适宜的过程，并执行这些过程。过程的剪裁不是随意的，在使用前需经过企业有关人员的批准。

（4）管理级。第 4 级的管理是量化的管理。所有过程需建立相应的度量方式，所有产品的质量（包括工作产品和提交给用户的产品）需有明确的度量指标。这些度量应是详尽的，且可用于理解和控制软件过程和产品。量化控制将使软件开发真正变成为一种工业生产活动。

（5）优化级。第 5 级的目标是达到一个持续改善的境界。所谓持续改善是指可根据过程执行的反馈信息来改善下一步的执行过程，即优化执行步骤。如果一个企业达到了这一级，那么表明该企业能够根据实际的项目性质、技术等因素，不断调整软件生产过程以求达到最佳。

◇ 8.5　测　　试

测试阶段的目标是发现程序中的错误，测试可以被分为两类：黑盒测试和白盒测试。不管是黑盒测试还是白盒测试，需要有专门的测试人员撰写相关的测试文档，该文档被称为"测试用例文档"。

8.5.1　黑盒测试

黑盒测试是通常在不理解程序内部运作机理的情况下展开的测试工作，即把软件系统当成一个看不见内部细节的黑盒子。一般而言，黑盒测试用于实现软件的功能性测试。通常由软件系统的最终用户和研发团队的专业测试人员完成，这些测试人员可能没有软件研发经验。

8.5.2　白盒测试

与黑盒测试相反的是白盒测试，它需要理解软件系统的内部运作机理，假定测试者知道软件的一切实现细节。在实际研发活动中,白盒测试一般由编码人员自行完成,或者由有程序经验的专职测试人员完成。常见的白盒测试技术如下。

(1) 基本路径测试。即根据程序算法的基本路径进行覆盖性测试,保证每条语句至少被执行一次。

(2) 控制结构测试。即对算法中的顺序结构、控制结构和循环结构进行分别测试,以验证其正确性。

◈ 8.6　文　　档

在软件工程中,文档是"软件"的重要组成部分,通常软件包含用户使用文档、系统分析和设计文档,以及技术支持文档等。

1. 用户使用文档

这类文档的目标读者是软件系统的最终用户或者客户。主要的用户使用文档就是"用户使用手册",用于详细说明软件系统的操作细节,便于用户熟练和准确使用该软件系统。

2. 系统分析和设计文档

所谓系统,专指"软件系统",那么系统文档一般指定义软件系统的相关文档,主要包含系统分析、设计、测试等主要阶段的相关文档。例如系统需求规格说明书、系统概要设计、系统详细设计、系统单元测试文档和集成测试文档等。

3. 技术支持文档

技术支持文档通常用于软件系统的安装、部署和后续的维护。一般包含系统安装和部署文档、系统运行维护文档等。

◈ 8.7　术　语　表

软件危机(software crisis):指落后的软件生产方式无法满足迅速增长的计算机软件需求,从而导致软件开发与维护过程中出现一系列严重问题的现象。

软件生命周期(Software Life Cycle,SLC):软件的产生直到报废或停止使用的生命周期。软件生命周期内有业务需求分析、系统需求分析、系统设计、编码、调试和测试、验收与运行、维护升级到废弃等阶段,也有将以上阶段的活动组合在内的迭代阶段,即迭代作为生命周期的阶段。

统一建模语言(Unified Modeling Language,UML):是一种为面向对象系统的产品进行说明、可视化和编制文档的一种标准语言,是非专利的第三代建模和规约语言。UML是面向对象设计的建模工具,独立于任何具体程序设计语言。

敏捷开发(agile development):以用户的需求进化为核心,采用迭代、循序渐进的方法进行软件开发。在敏捷开发中,软件项目在构建初期被切分成多个子项目,各个子项目的成果都经过测试,具备可视、可集成和可运行使用的特征。换言之,就是把一个大项目分为多个相互联系,但也可独立运行的小项目,并分别完成,在此过程中软件一直处于可使用状态。

能力成熟度模型集成(Capability Maturity Model Integration, CMMI):由美国卡内基梅隆大学软件工程研究所(Software Engineering Institute, SEI)组织全世界的软件过程改进和软件开发管理方面的专家历时 4 年而开发出来,并在全世界推广实施的一种软件能力成熟度评估标准,主要用于指导软件开发过程的改进和进行软件开发能力的评估。

◇ 8.8 练 习

一、填空题

1. 软件＝_____＋_____＋_____。

2. 软件工程的生命周期至少需要包含_____、_____、_____和测试。

3. 常用的 UML 图有:用例图、_____、_____、_____和泳道图。

4. UML 活动图中的核心元素是_____。

5. 通信图和顺序图都是_____的一种。

6. 在面向对象设计方法中,_____是面向对象技术领域内占主导地位的标准建模语言。

7. _____用于描述系统硬件之间的物理拓扑结构。

8. 测试被分为_____和_____。

二、判断题

1. 软件系统设计的时候应该将模块划分尽可能细,模块越多越好。 （ ）

2. 用面向对象方法分析、设计、实现软件,仍属于线性的瀑布模型。 （ ）

3. 软件模块之前的耦合性越弱越好。 （ ）

4. 软件工程中的文档只起备忘录的作用,可以在软件开发完成之后再整理书写。
（ ）

5. 白盒测试不需要考虑模块内部的执行过程和程序结构,只需要了解模块功能。
（ ）

三、选择题

1. 下列软件生命周期模型中具有风险分析的是（ ）。
   A. 螺旋模型　　　　B. 喷泉模型　　　　C. 瀑布模型　　　　D. 增量模型

2. 软件危机是指（ ）。
   A. 软件程序失去用户
   B. 软件中存在的 BUG

C. 计算机中的病毒

D. 软件在开发和维护过程中遇到的一系列问题

3. 下面不属于软件的组成的是(　　)。

A. 程序　　　　　　B. 界面　　　　　　C. 数据　　　　　　D. 服务

4. CMM 等级不包括(　　)。

A. 工业级　　　　　B. 可重复级　　　　C. 初始级　　　　　D. 可优化级

5. 需求分析需要通过用户了解(　　)。

A. 软件需要做什么　　　　　　　　　　B. 开发使用的编程语言

C. 软件的生命周期　　　　　　　　　　D. 输入的信息

6. 面向对象中的对象实现了数据和操作的结合,使数据和操作(　　)于一个对象的统一体中。

A. 多态　　　　　　B. 结合　　　　　　C. 抽象　　　　　　D. 封装

7. 软件从一个计算机系统或者环境转换到另一个计算机系统或者环境的简易程度称为(　　)。

A. 鲁棒性　　　　　B. 兼容性　　　　　C. 可移植性　　　　D. 封装性

8. 为了适应软硬件环境而修改软件的过程是(　　)。

A. 鲁棒性维护　　　B. 适应性维护　　　C. 稳定性维护　　　D. 预防性维护

9. 软件质量保证应该从(　　)阶段开始。

A. 需求分析　　　　B. 设计　　　　　　C. 编码　　　　　　D. 测试

10. 在白盒测试中,(　　)是最弱的覆盖标准。

A. 语句覆盖　　　　B. 路径覆盖　　　　C. 判定覆盖　　　　D. 条件组合覆盖

四、问答题

1. 什么是软件危机? 为什么会出现软件危机?

2. 什么是软件生命周期?

3. 对比瀑布模型和增量模型,它们有什么优势和不足?

4. 简述面向过程的分析方式和面向对象的分析方式的优缺点,它们分别使用于哪些场景?

5. 为什么需要做需求分析? 通常用户对软件系统会有哪些需求?

6. 耦合性和内聚性有哪几种类型?

7. 什么是黑盒测试?

8. 什么是白盒测试?

计算机网络

计算机网络就是利用通信设备和线路将地理位置不同、功能独立的多个计算机系统互连起来，以功能完善的网络软件和通信协议实现网络中资源共享和信息传递的系统，从而实现计算机系统之间的信息、软件和设备资源的共享以及协同工作等功能，其本质特征在于提供计算机之间的各类资源的高度共享，是现代社会人们日常生活不可或缺的组成部分。

◇ 9.1　基 本 概 念

21世纪的重要特征就是数字化、网络化和信息化，它是一个以网络为核心的信息时代。网络现在已经成为信息社会的命脉和发展知识经济的重要基础。网络对社会生活的很多方面以及对社会经济的发展已经产生了不可估量的影响。这里所说的网络是指"三网"，即电信网络、有线电视网络和计算机网络。这三种网络向用户提供的服务不同。电信网络的用户可获得电话、电报以及传真等服务；有线电视网络的用户能够观看各种电视节目；计算机网络则可使用户能够迅速传送数据文件，以及从网络上查找并获取各种有用资料，包括图像和视频文件等。随着技术的发展，电信网络和有线电视网络都逐渐融入了现代计算机网络的技术，这就产生了"网络融合"的概念，但其中发展最快并起到核心作用的是计算机网络。

9.1.1　定义

计算机网络是利用通信设备和线路将地理位置分散的、功能独立的多个计算机系统连接起来，以功能完善的网络软件（网络操作系统、网络协议等）实现计算机之间数据通信和资源共享的系统。

最简单的计算机网络就是只有两台计算机和连接它们的一条链路，即两个结点和一条连接链路。当前最庞大的计算机网络就是因特网（即 Internet）。它由非常多的中小型计算机网络通过许多路由器互连而成，所以因特网也称为"网络的网络"。另外，从网络媒介的角度来看，计算机网络可以看成是由多台计算机通过特定的设备与软件连接起来的一种新的传播媒介。计算机网络具有广泛的用途，其中最重要的 3 个功能是数据通信、资源共享和分布处理。

1. 数据通信

数据通信是计算机网络最基本的功能。它用来快速传送计算机与终端、计算机与计算机之间的各种信息,包括文字信件、新闻消息、咨询信息、图片资料、声音信息、视频信息等。通过计算机网络的数据通信功能可实现将分散在各个地区的单位或部门用计算机网络联系起来,进行统一的调配、控制和管理。

2. 资源共享

"资源"指的是网络中所有的软件、硬件和数据资源。"共享"指的是网络中的用户都能够部分或全部地享用这些资源。例如,某些地区或单位的数据库(如飞机机票、饭店客房等信息)可供全网使用;某些单位设计的软件可供需要的地方有偿调用;一些外部设备如打印机,可面向所有或者特定用户,使不具有这些设备的地方也能使用这些硬件设备。通过计算机网络的资源共享功能,可以大大节省全系统的投资费用。

3. 分布处理

当某台计算机负担过重时,通过计算机网络可将新任务转交给空闲的计算机来完成,这样处理能均衡各计算机的负载,提高处理问题的实时性。对大型综合性问题,可将问题各部分交给不同的计算机分头处理,充分利用网络资源,扩大计算机的处理能力。对解决复杂问题来讲,多台计算机联合使用并构成高性能的计算机体系,这种协同工作和并行处理要比单独购置高性能的大型计算机便宜得多。

9.1.2　分类

虽然网络类型的划分标准各种各样,但是按地理范围划分是一种大家都认可的通用网络划分标准。按这种标准可以把计算机网络划分为局域网、城域网、广域网和互联网 4种。下面简要介绍这几种计算机网络。

1. 局域网

我们熟知的 LAN 就是指局域网,这是我们最常见、应用最广的一种网络,所谓局域网是指在局部地区范围内的网络,它所覆盖的地区范围较小。局域网在计算机数量配置上没有太多的限制,少的可以只有两台,多的可达数百台。局域网所涉及的地理距离一般来说可以是几米至十几千米以内。局域网一般位于一个建筑物或一个单位内,现在局域网随着整个计算机网络技术的发展和提高得到充分的应用和普及,几乎每个单位都有自己的局域网,有的家庭甚至都有自己的小型局域网。局域网的主要特点为传输距离短、用户数目不多、传输速率高和传输可靠性高等。目前局域网的传输速率一般为 10Mb/s～10Gb/s(b/s:bits per second,即每秒传输的比特数目)。目前,LAN 的标准主要由 IEEE 的 802 标准委员会制定,典型的局域网技术有以太网(Ethernet)、令牌环网(Token Ring)和无线局域网(WLAN)等。

2. 城域网

这种网络一般来说是在一个城市范围内建立的计算机通信网。其连接距离可以是 $10\sim100$km，它采用的技术标准主要为 IEEE 802.6 标准。MAN 与 LAN 相比扩展的距离更长，连接的计算机数量更多，在地理范围上可以说是 LAN 网络的延伸。在一个大型城市，一个 MAN 网络通常连接着多个 LAN 网。如连接政府机构的 LAN、医院的 LAN、电信的 LAN 以及公司企业的 LAN 等。城域网多采用 ATM（异步传输模式网）技术做骨干网。

3. 广域网

这种网络也称为远程网，所覆盖的范围比城域网（MAN）更广，它一般是将不同城市之间的 LAN 或者 MAN 网络互联，地理范围可从几百千米到几千千米。因为距离较远，信息衰减比较严重，所以这种网络一般要租用专线。这种城域网因为所连接的用户多，总出口带宽有限，所以用户的终端连接速率一般较低，通常为 9.6kb/s~45Mb/s，如中国电信的 CHINANET、CHINAPAC 和 CHINADDN 等网络。

4. 互联网

经过近 20 年的快速发展，它已是我们每天都要打交道的一种网络，无论从地理范围，还是从网络规模来讲它都是最大的一种网络，我们常说的"Web 浏览""WWW""网上冲浪"和"万维网"等通常就是指互联网。从地理范围来说，它是全球计算机的互连，其最大的特点就是不确定性，整个网络的计算机每时每刻随着人们网络的接入和退出在不停地变化。当你连入互联网时，你的计算机就成为了互联网的一部分，但一旦你断开互联网连接时，你的计算机就不属于互联网了。互联网的优点非常明显：信息量大，传播范围广，无论你身处何地，无论你采用何种接入方式，只要连上互联网你就可以任意享受互联网提供的所有服务。因为互联网本身的复杂性和不确定性，其实现的技术也是非常复杂的，这一点我们可以通过后面要讲的几种互联网接入设备详细地了解到。

虽然计算机网络可以有以上多种分类，在现实生活中我们真正遇到最多的计算机网络形式还是局域网，因为它可大可小，无论在单位还是在家庭实现起来都比较容易，应用也是最广泛的一种网络，所以在下面我们有必要对局域网及局域网中的接入设备做进一步的认识。

9.1.3　网络的拓扑模型

1. 网络设备

可以将计算机网络想象成有很多连接点的一张复杂的网。其中的每个连接点被视为一个结点，网络结点通常包括计算机、网络化外设或网络互连设备。通常把可以连入计算机网络中的计算机、网络化外设和网络互连设备统称为网络设备。

连接到网络上的个人计算机有时称为工作站。其他种类的计算机（如大中型计算机、小型计算机、超级计算机、服务器、掌上计算机和移动终端设备等)也能连接到局域网。要将这些计算机连接到局域网,必须要有网络电路,这有时是指需要网络接口卡(Network Interface Card,NIC)。网络电路通常是集成在个人计算机中的,如果计算机没有集成,也可以在主板插槽、USB 端口或笔记本计算机的 PCMCIA 插槽上连接 NIC。本章中"工作站"是指连接到网络的个人计算机。"网络接口卡"有时也称为"网络适配器"或"网卡"。

网络化外设是指包含可以直接连接网络的网络电路的外部设备。例如,打印机、扫描仪和存储设备都可以配备为直接连接到网络而不用连接工作站的一类设备。可以直接连接到网络的存储设备称为网络附加存储(Network Attached Storage,NAS);可以直接连接到网络中的打印机称为网络打印机。

网络互连设备是任意传播网络数据、放大信号或发送数据到目的地的电子设备。网络互连设备主要包括集线器、交换机、路由器、网关、网桥和中继器等。在本章中还有更多关于这些设备的介绍。图 9-1 给出了连接着各种计算机、网络化外设以及网络互连设备的局域网示例。

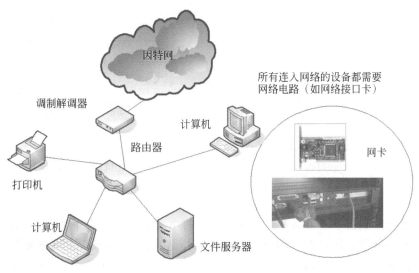

图 9-1　典型的局域网实例

2. 局域网拓扑结构

局域网中网络设备的排列形式被称为局域网的物理拓扑结构,简称局域网拓扑结构。图 9-2 画出了星状、环状、网状、总线以及树状拓扑结构,结点(通常指前面定义的网络设备)间的路径可由实际的物理电缆或者无线信号进行连接。

总线拓扑结构使用公用的主干链路连接所有的网络设备。主干链路是传送网络数据的共享通信链路,它可终止于每一个带有叫作"终端连接器"的特定设备的网络端点。连接了数十台计算机的总线网络的性能较差,而且如果主干链路电缆坏掉,整个网络就无法使用。

环状拓扑结构中所有设备连成一个环,每个设备只有两个相邻设备。数据能沿环路

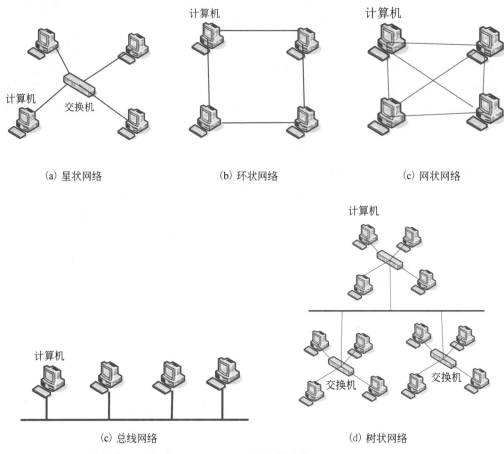

(a) 星状网络　　　　　(b) 环状网络　　　　　(c) 网状网络

(c) 总线网络　　　　　　　　(d) 树状网络

图 9-2　网络拓扑结构

从一个设备传输到另一个设备。该拓扑结构能将电缆数量最小化,但是任一设备的失效都会影响整个网络。IBM 公司曾支持过环状拓扑结构,但现在很少有网络使用它了。

　　星状拓扑结构网络排列的特征是由一个中心连接点通过电缆或无线链路连接所有的工作站和其他网络设备。很多家庭网络是以星状拓扑结构排列的。该拓扑结构的优点在于任何连接失败都不会影响网络的其他部分,主要的缺点是需要较多的电缆来连接所有设备,当然此缺点在无线网络中并不存在。尽管一个连接失败不会影响网络的其他部分,但连接失败的设备会从网络断开,并且不能接收数据。

　　网状拓扑结构可以将每个网络设备和其他多个网络设备相连接。网状网络上传输的数据可以选择从出发地到目的地的多条可能路径中的任意一条,这些冗余的数据路径使得网状网络非常健壮,即使有一条或者几条链路失效,数据仍能够沿着其他可用的链路到达目的地,这是它与星状网络拓扑结构相比的优势所在。但是正因为网状网络可以提供更好的网络健壮性,其代价是需要提供更多的网络连接链路,更多的网络连接链路意味着更高的经济成本。

　　树状拓扑结构本质上是总线网络与星状的混合体,由一个主干链路将多个星状网络连接成一个总线结构。树状拓扑结构能提供很好的扩展适应性:主干链路上的单个连接就可以添加整组配置为星状的设备,该连接可使用同类型的集线器或者交换机来实现。这些集线器或者交换机通常就是星状网络的中心连接点。当今大多数的政府局域网、校园网络和企业网络都是基于树状拓扑结构的。

各种不同的网络可以通过一些相关设备相互连接在一起以构成更大的网络,例如:家庭网络可以连接到因特网,一所大学的校园网可以和另外一所大学的校园网连接在一起,政府部门不同机构的局域网可以相互连接在一起,超市可以将其收银机网络连接到银行系统网络等。两种技术相似或者相同的网络可以通过一种叫作"网桥"的网络互连设备相连接。不同拓扑结构和技术的网络可以通过称之为"网关"的网络互连设备互连在一起。网关是指将两个网络连接起来的设备或软件,即使这些网络使用的是不同的网络协议或地址范围。网关可以是纯软件的,可以是纯硬件的,也可以是软硬结合的。例如,用来将家庭局域网连到因特网的设备一般就是一种网关。

3. 网络链路

根据通信原理可知,数据可以通过有线电缆或无线电磁波从一个网络设备传送到另外一个网络设备。我们通常把信息传送的通道称为通信信道(或通信链路,简称链路)。通信信道是物理通路或者信号传输的频段。例如,电视接收器的 CCTV5 频道是电视台播送视听数据的特定频率范围,该数据也可作为有线电视系统的一部分,通过同轴电缆上的另外一个频道来传输。数据在有线网络中可以通过电缆从一个设备传送到另一个设备,它还可以通过无线网络在自由空间中传播而不需要电缆。当前比较流行的无线网络技术有移动蜂窝网络(2G、3G、4G、5G 等)、WiFi 和蓝牙等。

在网络数据传输中,一般用"带宽"来衡量数据传输的能力。带宽是指通信信道的传输能力。就像三车道高速路的交通承载能力比两车道道路更强一样,高带宽的通信信道与低带宽的通信信道相比能传输更多的数据。例如,可以承载数百个有线电视频道的同轴电缆比家用电话线的带宽就宽得多。模拟数据信道的带宽通常用赫兹(Hz)或者兆赫兹(MHz)来度量,而数字数据信道的带宽通常用比特/秒(b/s,bps)或者兆比特/秒(Mb/s,Mbps)来度量。为了更好地掌握带宽在通信网络中的作用,可将拨号连接(最大56kbps)的带宽想象成一条狭窄的自行车道(只允许低速交通),而 2Mb/s 的有线电视连接就相当于四车道的高速路。普通 100Mb/s 的局域网就相当于有数十条车道的高速路。具有高带宽通信能力的通信系统(如有线电视和 DSL)有时被称为宽带,而能力较低的系统(如拨号上网)则称为窄带。

4. 通信协议

通信协议可以说是网络通信中的神经系统,具有重要的作用,"协议"是指一系列用来交互和协商的规则。在某些方面,这就像商务会谈的双方在会谈之前需要约定谈话的地点、交谈的语言和会谈的形式等。在网络通信中,通信协议是指从一个网络结点向另一个网络结点有效地传输数据的一套规则。网络中的两台计算机需要通过一种叫作"握手"的机制来协商它们之间的通信协议。在握手过程中,数据发送方传输设备先发送意为"通信请求"的信号,然后就等待接收设备的确认信号,当发送方接收到来自接收方的确认信号后,通信的双方可以开始通信(某些时候,还需要发送方发送针对来自接收方确认信号的确认信息)。两台设备能协商一种它们都能处理的协议,两台调制解调器或传真机连接时的声音就可以看作是"握手"的例子。通信协议为数据的编码和解码、引导数据到达其目的地以及减少干扰的影响设定了标准。在数据通信的发展历程中,出现了大量的通信协议,这些通信协议由很多不同的通信标准化组织或机构来制定,在互联网中,当前最著名的通信协议也许要算 TCP/IP,它是管理因特网数据传输的协议,并且也已成为局域网的标准。

9.1.4　分组交换网

数据是如何通过网络进行传输的呢? 1948 年,来自贝尔实验室的工程师克劳德·香农(Claude Shannon)发表了一篇划时代的论文,描述了一种适用于各种网络(包括现在的计算机网络)的通信系统模型。在香农模型中,来自诸如网络工作站的数据在经过数据编码后,被作为信号通过通信信道传输到目的地网络设备。当数据到达目的地后会被解码成原始数据。在数据的传输过程中,传输信号可能被一种叫作"噪声"的干扰所打断,使得数据有被破坏的隐患,从而使数据变得不正确或难以识别(见图 9-3)。

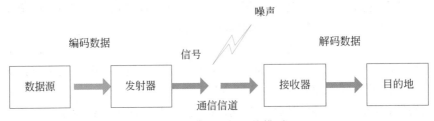

图 9-3　香农数据通信模型

在现代电子通信系统当中,数据通常是以电磁信号(电流电压或者电磁波)的形式在网络链路(包括有线链路和无线链路)中传送的。数字信号仅用有限的一系列频率按位传送,而模拟信号则可以是特定频率范围内的任意值。在发送较大文件或电子邮件时,用户可能认为它是作为一个整体被一次性传输到其目的地的,但事实并非如此。这些文件或者电子邮件实际上被分割成很多称为"包"(packet,又称为分组)的小块。包是通过计算机网络发送的按照一定格式进行封装的数据。每个包都包括发送者地址、接收者地址、序列号和一些其他的相关数据。当这些包到达目的地(即接收方)时,再根据序列号码重新组合成原始的消息。

在现代通信系统中包含大量的网络交换设备,如果把计算机网络类比成现实生活中的邮递系统,那么寄信人和收信人类似于网络中的计算机,而邮局类似于网络中的网络交换设备。网络交换设备的功能是实现数据的转发,类似邮政系统中的邮局是为了转交邮件。在网络通信中,网络交换设备的这种数据转发功能被称为是"交换"(switch)。交换技术一般可以分为两类,即线路交换技术与分组交换技术。

一些通信网络(如电话系统)使用了线路交换(又称电路交换)技术,这种技术实际上能在两部电话通话期间建立一个专用连接。但线路交换技术的效率很低。例如,当一个人持话筒等待时,不能进行其他的通信,因为线路已被占用,其他的通信不能使用。比线路交换更高效的选择是包交换技术(又称分组交换),它可以将消息分成可独立路由至其目的地的若干包(又称为分组)。而将消息分成大小均等的包,比将消息分类成小、中、大或巨大文件更容易处理。不同消息的包可以共用一个通信信道。包在线路上的传送是基于"先来先服务"的原则,如果无法获得某个消息的一些包,系统则不必等待。相反,系统可以继续发送其他消息的包。在计算机网络中,尤其是互联网中,所采用的交换技术就是包交换技术。

在包交换网络中,网络上传送的每个包都包括其目的设备的地址。通信协议明确了在特定网络中所适用的地址格式。当包到达一个网络结点时,网络设备会检查其地址,并把它发往目的地。在包交换系统中,网络设备出于不同的使用目的通常使用两类地址,即MAC 地址和 IP 地址。

MAC 是 Media Access Control(介质存取控制)的简称。MAC 地址是生产网络接口卡时指定给接口卡的一串唯一的数字。MAC 地址被用来实现一些低层的网络功能,并且能用来确保网络安全。

IP 地址是用来识别网络设备的一串数字。IP 地址最早是在因特网上使用的,是TCP/IP 所规定的地址格式,现在各种计算机网络都在使用这个标准来给设备指定地址。IP 地址可以被指定给网络计算机、服务器、网络化外设和网络互连设备。IP 地址一般使用 32 位二进制位来表示,在书写时会被转换成十进制,并用小数点分成 4 段,以便于使用者识别,如 202.116.6.198,一段就是一个 8 位组。IP 地址是由互联网服务提供商(Internet Service Provider,ISP)或系统管理员指定的。指定的 IP 地址是半永久的,在每次启动计算机时都保持一致。如果要使用指定的 IP 地址,就需要在配置网络连接时输入这个地址。IP 地址也可以通过动态主机配置协议(Dynamic Host Configuration Protocol,DHCP)来获得,这个协议正是用来自动分配 IP 地址的。多数计算机会通过向作为 DHCP 服务器的网络设备发送询问来获得 IP 地址。

即使是小型家庭网络中,包也可能不是由数据源直接传送到其目的地的。像邮政系统中的信件传递需要通过一个一个的邮局转交一样,网络中的数据分组也通常需要通过多个中间路由设备来传递,在数据到达其目的地时,会进行一次最终的错误检查,而那时包已经被重组成原来的结构。

◆ 9.2 TCP/IP 体系结构

传输控制协议/网际协议(Transmission Control Protocol/Internet Protocol,TCP/IP)体系结构是指能够在多个不同网络间实现的协议簇。该协议簇是在美国国防部高级研究计划局(Defense Advanced Research Projects Agency,DARPA)所资助的实验性ARPARNET 分组交换网络、无线电分组网络和卫星分组网络上研究开发成功的。实际上,Internet 已经成为全球计算机互连的主要体系结构,而 TCP/IP 是 Internet 的代名词,是将异种网络、不同设备互连起来,进行正常数据通信的格式和大家遵守的约定。

9.2.1　TCP/IP 模型

TCP/IP 模型的核心协议是 TCP 和 IP,即传输控制协议和网际协议。TCP/IP 的通信任务组织成 5 个相对独立的层次:应用层、传输层、互联网层、网络接口层和物理层,如图 9-4 所示,其中网络接口层和物理层常称为物理网络层。

TCP/IP模型	传输对象
应用层	报文
传输层（TCP）	分组
互联网层（IP）	IP数据报
网络接口层	帧
网络层	比特

图 9-4　TCP/IP 模型

1. 应用层

应用层使应用程序能够直接运行于传输层之上,直接为用户提供服务。包含的主要协议有文件传输协议(File Transfer Protocol,FTP)、简单邮件传送协议(Simple Mail Transfer Protocol,SMTP)、远程登录协议、域名服务协议(Domain Name Service,DNS)、网络新闻传送协议(Network News Transfer Protocol,NNTP)和超文本传输协议(HyperText Transfer Protocol,HTTP)等。

2. 传输层

传输层主要功能是对应用层传递过来的用户信息分成若干数据报,加上报头,便于端到端的通信。包括的协议有基本字节的面向连接应用层的传输 TCP,TCP 为应用程序之间的数据传输提供可靠连接;面向无连接的用户数据报 UDP(User Datagram Protocol),UDP 的传送不保证数据一定到达目的地,也不保证数据报的顺序,不提供重传机制;提供声音传送服务的 NVP(Network Voice Protocol)。

3. 互联网层

互联网层对应于 OSI 模型的网络层。该层采用的协议称为互联网协议,它提供跨多个网络的寻址选路功能,使 IP 数据(带有 IP 地址)从一个网络的主机传到另一网络的主机。包括的协议有网际协议 IP;网际控制报文协议 ICMP;将 IP 地址转换成物理网层地址的 ARP;将物理网地址转换成 IP 地址的 RARP。

4. 网络接口层

网络接口层负责与物理传输的连接媒介打交道,主要功能是接收数据报,并把接收到的数据报发送到指定的网络中去。该层需要执行不同协议的局域网,通过网关实现协议与 TCP/IP 的转换,使数据穿过多个互联的网络正确地传输,实现异种网络接入 Internet。

5. 物理层

物理层利用物理媒介为比特流提供物理连接,一般将网络接口层和物理层统称 TCP/IP 的物理网络层。

9.2.2 数据分组的传递

在分组交换中,应用层数据分组依据分组交换的分层模型(例如 TCP/IP 模型),在发送端通过层层增加分组头部,形成最终的物理帧,再通过通信网络传递到接收端,接收端再经过一个逆过程获取原始的应用层数据分组。这种过程如图 9-5 所示。

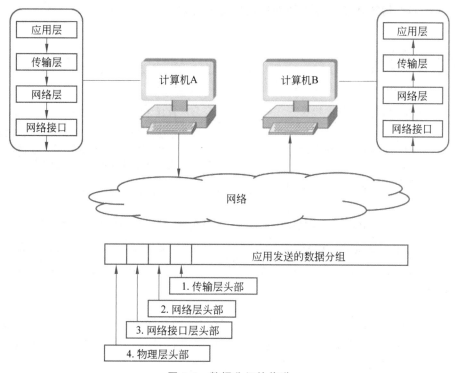

图 9-5 数据分组的传递

图 9-5 中,假如发送端 A 和接收端 B 的计算机上都运行了一个微信程序,分析下 A 发送"你好,吃饭了吗?"这样的文本信息给 B,整个过程如下。

(1) A 机器中的微信进程把"你好,吃饭了吗?"这样的问候信息(假定为分组 P1)传递到传输层,即 TCP/UDP 层。

(2) A 中的 TCP/UDP 协议栈根据微信使用 TCP 还是 UDP 传输数据选择增加 TCP 头部信息还是 UDP 头部信息,此时信息变为:**TCP 或 UDP 头部＋原始信息**,假定为分组 **P2**。

(3) P2 被传递到 IP 层,IP 层会增加 IP 头部,此时信息分组变为:IP 头部 ＋ P2,假设此分组为 P3。

(4) P3 分组被传递到物理网络层(包含网络接口层和物理层),物理网络层会对 P3 增加该层的头部信息,从而形成比特流形式的物理帧(Frame)F。

(5) 物理帧 F 通过互联网的各种中间设备(如路由器、交换机等),经过多跳转发,最终会到达计算机 B。

(6) 计算机 B 再经过一个完全相反的过程,逐层剥除对应层的头部信息,最终在 B 的应用层会获得原始信息"你好,吃饭了吗?"。

◇ 9.3　TCP、UDP 和端口

因特网使用多种通信协议来支持基础数据传输和服务,如电子邮件、Web 访问和下载。表 9-1 简要地描述了一些因特网使用的主要协议。

表 9-1　因特网使用的主要协议

协议	说　明	功　能
TCP	Transmission Control Protocol,传输控制协议	创建连接并交换数据包
IP	Internet Protocol,网际协议	为设备提供唯一的地址,即 IP 地址
UDP	User Datagram Protocol,用户数据报协议	域名系统、IP 电话、在线流媒体应用等所使用的另一种不同于 TCP 的数据传输协议,是一种不需要建立连接的传输层协议
HTTP	HyperText Transfer Protocol,超文本传输协议	在 Web 网络上交换信息
FTP	File Transfer Protocol,文件传输协议	在本地计算机和远程主机之间传输文件
POP	Post Office Protocol,邮局协议	从邮件服务器向客户端收件箱传送邮件
SMTP	Simple Mail Transfer Protocol,简单邮件传输协议	将电子邮件从客户端计算机传送到邮件服务器

TCP/IP 是负责因特网上消息传输的主协议簇。协议簇是指协同工作的多个协议的组合。TCP 能够将消息或者文件分成包。IP 负责给各种包加上地址以便它们能够路由到其目的地。从实用角度看,TCP/IP 提供了一个易于实现、通用、免费并且扩展性好的因特网的协议标准。在前面的章节中,我们已经了解到 IP 地址可以被指定给局域网工作站。IP 地址起源于因特网,是 TCP/IP 的一部分。在因特网和局域网中,IP 地址被用来确定计算机的唯一身份,在因特网领域,有时也称它们为"TCP/IP 地址"或者"因特网地址"。因特网上的所有设备都被指定了 IP 地址(如 202.116.6.193),它被句点分为 4 个 8 位组。每个 8 位组中的数字都对应着一种网络级别。在递送数据包时,因特网路由器会使用第一个 8 位组来确定递送数据包的大致方向。而 IP 地址的其余部分则是用来向下搜索确切的目的地。IP 的详细工作机理将在后续章节中介绍。一台计算机可以有一个固定分配的静态 IP 地址或者一个临时分配的动态 IP 地址。一般来说,在因特网上作为服务器的计算机需要使用静态 IP 地址,通常,ISP、网站、虚拟主机服务和电子邮件服务器等需要一直连接因特网并且需要静态 IP 地址。而多数其他因特网用户都只有动态 IP 地址,例如大部分家庭通过 DSL 接入因特网所获得的 IP 地址就是一些动态 IP 地址。

使用 32 位的 IP 地址提供了大约 43 亿个唯一地址,但很多地址都是为特定用途和特定设备所保留的,这样留给因特网用户的就大约不到 12 亿个。要避免静态 IP 地址用尽的情况发生,在条件允许的情况下都会使用动态地址。动态 IP 地址可以在需要时进行分配,而且可以在需要时重新使用。每一个 ISP 都能够支配一组唯一的 IP 地址,分配给有

需要的用户。例如,如果用户使用调制解调器通过电话线建立因特网连接,那么 ISP 的 DHCP 服务器会在用户的计算机连接到因特网时为其指定一个临时的 IP 地址。在用户断开连接后,那个 IP 地址就会被收回到那个 IP 地址组中,这样这个地址就可以分配给登录因特网的其他用户。

尽管计算机间通信时要用到 IP 地址,但人们发现要记住这些长的数字串很困难,为此,许多因特网服务器也有一个简单易记的名字(如 jnu.edu.cn)。这个名字就是域名。

从应用层的角度来看,TCP/IP 协议栈提供两种重要的服务:基于连接的有服务质量保障的服务,即 TCP 提供的服务;基于无连接的没有服务质量保障的服务,即 UDP 所提供的服务。深刻理解 TCP 和 UDP 的机理对程序员而言非常关键。

9.3.1 TCP

互联网通过 TCP 来提供端到端(End-to-End)的可靠传输服务,TCP 是一种面向连接的、可靠的、基于字节流的传输层通信协议,由 IETF 的 RFC 793 定义。TCP 层是位于 IP 层之上,应用层之下的中间层。不同主机的应用层之间经常需要可靠的、像管道一样的连接,但是 IP 层不提供这样的流机制,而是提供不可靠的分组交换。图 9-6 为基于 TCP 的端到端数据传输模式。

(1) 发送方在发送分组之前,先需要建立发送端到接收端之间的端到端连接,即 TCP 连接。

(2) 基于此 TCP 连接在发送端和接收端之间不断地传输数据分组。

(3) 当不需要继续传输分组时,发送端或者接收端都可以主动拆除此 TCP 连接。

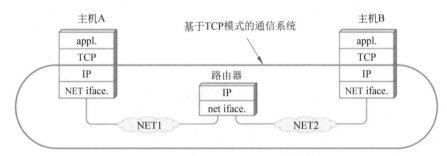

图 9-6　基于 TCP 的数据传输模式

TCP 通常被用于一些对数据完整性要求很高的端到端服务,例如 WWW 浏览服务、E-mail 服务、FTP 服务、Telnet 服务等,互联网上绝大部分应用都是基于 TCP 的。

9.3.2 UDP

UDP 是一种无连接的传输层协议,提供面向事务的简单不可靠信息传送服务,IETF RFC 768 是 UDP 的正式规范。UDP 的全称是用户数据报协议,在网络中它与 TCP 一样用于处理数据包,是一种无连接的协议。UDP 有不提供数据包分组、组装和不能对数据包进行排序的缺点。也就是说,当报文发送之后,是无法得知其是否安全完整到达的。UDP 用来支持那些需要在计算机之间传输数据的网络应用。包括网络视频会议系统在内的众多的客户/服务器模式的网络应用都需要使用 UDP。与 TCP 一样,UDP 直接位于 IP 的上层。

与 TCP 不一样,基于 UDP 的端到端数据传输模式不需要建立任何端到端连接,发送方直接依据接收方的 IP 地址和 UDP 端口直接发送数据分组即可。

9.3.3 端口

端口(Port)在 TCP/UDP 中是非常关键的概念,也是程序员开展网络编程必须懂得的内容。在 TCP/IP 协议栈中,端口用 16 位二进制表示,那么其最大取值为 65535,意味着最大的端口数目为 65536 个(0~65535)。TCP 有 TCP 的端口,UDP 有 UDP 的端口。

互联网中基于 TCP/UDP 进行编程的模式一般为 C/S(Client/Server,客户机/服务器)模式(图 9-7),每一种服务,其运作机理是一致的,下面以 FTP 服务为例。

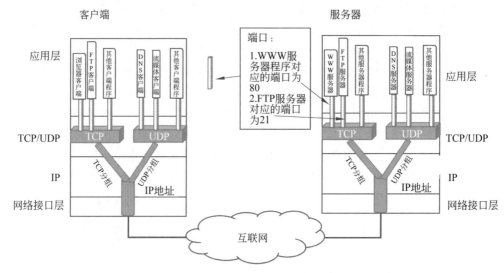

图 9-7　TCP/UDP 端口和服务示意图

(1) FTP 服务器程序,例如 FileZilla Server,其运行在应用层,使用 TCP,它会把自己作为一个守护进程,守护在服务器的 TCP 协议对应的 21 号端口。

(2) 当客户端中的 FTP 客户端程序(例如 FileZilla Client)运行时,它会动态分配一个客户端本地的 TCP 端口,假如为 1234,接下来通过操作系统中的 TCP/IP 协议栈程序建立和服务器之间的 TCP 连接。

(3) FTP 客户端发起获取一个服务器文件 a.txt 文件的请求分组,此分组会通过刚才的 TCP 连接发送到服务器。所带的目的 IP 地址为服务器 IP 地址,对应目的端口为 TCP 21 号端口,所带的源 IP 地址为客户端 IP 地址,源端口为 TCP 1234 端口。

(4) 服务器接收到此请求后,发现是一个 TCP 请求,则把此分组发送到 TCP 处理区。

(5) TCP 处理组件一看分组的目的端口是 21,则把此分组发送给 FileZilla Server 程序。这样 FileZilla Server 就可以处理相应的请求,并且通过源 IP 地址和源 TCP 端口把响应分组准确地传回到客户端。

◈ 9.4　WWW 服务原理

9.4.1　World Wide Web

1989 年,研究人员在瑞士日内瓦的欧洲粒子物理实验室创建了 World Wide Web (又称 Web 或 WWW),这种技术可以把脚本、图形和交叉引用添加到在线文档中。利用 Web,可以轻松地访问存储在网络上的任何文档,而不必搜索文件的索引或目录,也不必在查看文档之前,把文档从一台计算机手动复制到另一台计算机上。利用 Web,可以把存储在一台计算机上或网络中其他计算机上的文档"链接"起来。

利用某种方法,可以把存储在不同位置的无数文档链接在一起,创建一个互连信息"网"。将文档集合及其链接扩大到全球范围后,就形成信息的"世界范围的网",Web 也因此得名。很多人认为 Web 和 Internet 是同一概念,其实这是不正确的。实际上,Web 只是由 Internet 支持的一种服务(访问文档的系统),Internet 是一个复杂的基础网络系统,它可以支持各式各样的网络服务。

9.4.2　Web 的运行方式

由于 Web 文档是利用一种称为超文本(HyperText)的格式创建的,所以可以链接在一起。当数据非常多,而且包含文件、图片、声音、电影等时,利用超文本系统,可以轻松地管理数据。在超文本系统中,在计算机屏幕上看到一个文档时,还可以访问与其链接的所有数据。

为了支持超文本文档,Web 使用了一种称为超文本传送协议(HyperText Transfer Protocol,HTTP)的特殊协议。超文本文档是一种使用超文本标记语言(HyperText Markup Language,HTML)的特殊编码文件。利用这种语言编写文档时可以嵌入超文本链接,又称为超链接 (Hyperlink)或简称为链接(Link)。HTTP 和 HTML 是 World Wide Web 的基础。

超文本文档通常被称为 Web 页面(Web Page)。在计算机屏幕上阅读超文本文档时,单击编写为超文本链接的单词或图片,可以马上跳转到同一个文档的不同位置,或者跳转到另一个 Web 页面上。被跳转的新页面也许和原来的页面在同一台计算机上,也许在 Internet 上的其他位置。在跳转到新位置时,由于不需要了解各个命令和地址,所以 World Wide Web 把杂乱无章的资源组织成一个无缝的整体。

相关 Web 页面的集合称为 Web 站点(Web Site)。Web 站点驻留在 Web 服务器上,即通常存储数千个 Web 页面的 Internet 主机。把页面复制到服务器的过程称为发布(Publishing)页面,又称为提交或者上传。

9.4.3　Web 浏览器

科研人员一度把 Web 看作是一种有趣的工具,但并不是十分令人满意。但是当 NCSA(美国国家超级计算机应用中心)在 1993 年开发出一种点击式 Web 浏览器 Mosaic

时,这种情况发生了变化。Web 浏览器(Web Browser)是一种应用程序,用于查找 Web 上的超文本文档,然后在用户的计算机上打开文档。点击式浏览器具有图形用户界面,通过单击超链接文本和图像,可以跳转到其他文档或者查看其他数据。Mosaic 和由它发展而成的 Web 浏览器改变了人们使用 Internet 的方式。现在,最流行的图形 Web 浏览器是 Google 公司的 Chrome 及其变种,例如微软公司的 Edge 浏览器、360 公司的极速浏览器、搜狗的高速浏览器等,另外还有 Mozilla 的 FireFox、Opera 公司的 Opera 浏览器等。

9.4.4 URL

超文本传输协议以一种称为 URL 或统一资源定位符(Uniform Resource Locator)的特殊格式使用 Internet 地址。URL 的格式如下(见图 9-8)。

类型://地址/路径

在 URL 中,"类型"指定文件所在服务器的类型,"地址"是服务器的地址,"路径"是服务器文件结构内的位置。路径包括所需文件(Web 页面本身或其他一些数据)所在的文件夹列表。由于 URL 表示服务器磁盘上的特定文档,所以 URL 可能非常长,但是 World Wide Web 上的每个文档都有一个唯一的 URL。

图 9-8　URL 结构组成

◈ 9.5　Socket 编程模型

对于程序员而言,网络编程其实相当简单,网络上的两个程序通过一个双向的通信连接实现数据的交换,这个连接的一端称为一个 Socket。所有提供网络编程能力的编程语言都采用 Socket 编程机制。

建立网络通信连接至少要一对端口号(Socket,就是上面所说的 TCP/UDP 的端口)。Socket 的本质是编程接口(API),对 TCP/IP 的封装,TCP/IP 也要提供可供程序员做网络开发所用的接口,这就是 Socket 编程接口。Socket 的英文原义是"孔"或"插座"。作为 BSD UNIX 的进程通信机制,取后一种意思。通常也称为"套接字",用于描述 IP 地址和端口,是一个通信链的句柄,可以用来实现不同虚拟机或不同计算机之间的通信。在 Internet 上的主机一般运行了多个服务软件,同时提供几种服务。每种服务都打开一个 Socket,并绑定到一个端口上,不同的端口对应于不同的服务。Socket 正如其英文原义那样,像一个多孔插座。一台主机犹如布满各种插座的房间,每个插座有一个编号,有的插座提供 220V 交流电,有的提供 110V 交流电,有的则提供有线电视节目。客户软件将插头插到不同编号的插座,就可以得到不同的服务。事实上 Socket 编程就是对 9.3.3 节中基于 TCP/UDP 端口通信原理的一种具体实现。

程序员只要熟练掌握表 9-2 Socket 编程中的 API 函数即可以开展网络编程,不需要了解太多的网络通信技术、传输技术的细节。

表 9-2　常用 Socket 编程函数

函数名	使　用　者	含　　义
accept	服务器	接受一个连接请求
bind	服务器	绑定一个特定的 IP 地址和端口号
close	服务器、客户机	终止通信
connect	客户机	连接到远端应用
listen	服务器	监听一个服务端口,为客户机提供服务
recv	服务器、客户机	接收输入数据
recvfrom	服务器、客户机	接收数据和发送者的地址信息
send(write)	服务器、客户机	发送数据
sendto	服务器、客户机	发送数据到一个指定的主机
socket	服务器、客户机	为通信创建一个 Socket

9.5.1　基于 Socket 的 TCP 编程模型

基于 Socket API 进行编程,需要编制对应的客户端和服务器程序,对于基于 TCP 的 Socket 编程,其基本原理如图 9-9 所示。

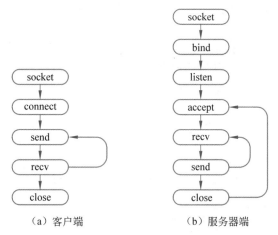

（a）客户端　　　　　（b）服务器端

图 9-9　基于 Socket 的 TCP 编程模式

基本编程思路如下。

1. 服务器端编程

（1）服务器端程序先调用 socket 函数,获得一个 socket 编程的操作句柄(handler),

其实是一个文件描述符,代表一个将来进行分组存放的内存缓冲区,然后调用 bind 函数绑定一个固定的 TCP 端口号(假如为 123)。

(2)服务器程序对 123 号 TCP 端口进行侦听,一旦有来自客户端的连接建立请求则调用 accept 函数,接受此次请求,同步建立和客户端的 TCP 连接。

(3)服务器程序通过 recv 函数继续接收来自客户端的数据消息请求,并针对请求的内容进行处理,通过 send 函数把响应消息发送回客户端。

(4)服务器程序循环执行步骤(3),直到客户端断开此次连接,结束服务请求为止。

(5)服务器程序调用 close 函数关闭此次客户端服务请求的连接操作,继续跳回到步骤(2),准备为下一个客户提供服务。

2. 客户端编程

(1)客户端程序先调用 socket 函数,获得一个 socket 编程的操作句柄(handler),其实是一个文件描述符,代表一个将来进行分组存放的内存缓冲区,然后调用 connect 函数建立和服务器程序的 TCP 连接,同步生成一个本地的随机 Socket 端口。connect 函数协调服务器侧的 accept 函数来完成 TCP 连接的建立。

(2)客户端程序根据需要通过 send 函数向服务器程序发送请求消息,并通过 recv 函数接收来自服务器的响应消息。

(3)如果不需要服务器继续提供服务,则调用 close 函数关闭 TCP 连接,退出服务请求。

9.5.2 基于 Socket 的 UDP 编程模型

基于 Socket 的 UDP 编程由于不需要建立连接,在编程模式上更为简单。图 9-10 和图 9-11 分别为用 Python 写的一个 UDP 客户端和服务器端程序。

```
udpClient.py - 记事本
文件(F) 编辑(E) 格式(O) 查看(V) 帮助(H)
#!/usr/bin/env python

from socket import *

HOST = 'localhost'
PORT = 21567
BUFSIZE = 1024

ADDR = (HOST, PORT)

udpCliSock = socket(AF_INET, SOCK_DGRAM)

while True:
    data = raw_input('>')
    if not data:
        break
    udpCliSock.sendto(data,ADDR)
    data,ADDR = udpCliSock.recvfrom(BUFSIZE)
    if not data:
        break
    print data

udpCliSock.close()
```

图 9-10 基于 Socket 的 UDP 编程之客户端程序

```
udpClient.py - 记事本
文件(F) 编辑(E) 格式(O) 查看(V) 帮助(H)
#!/usr/bin/env python

from socket import *

HOST = 'localhost'
PORT = 21567
BUFSIZE = 1024

ADDR = (HOST, PORT)

udpCliSock = socket(AF_INET, SOCK_DGRAM)

while True:
    data = raw_input('>')
    if not data:
        break
    udpCliSock.sendto(data, ADDR)
    data, ADDR = udpCliSock.recvfrom(BUFSIZE)
    if not data:
        break
    print data

udpCliSock.close()
```

图 9-11 基于 Socket 的 UDP 编程之服务器端程序

从图中可以看出，基于 Socket 的 UDP 编程由于不需要建立连接，故不需要用到 connect、accept 等函数。在分组发送和接收时使用 sendto 和 recvfrom 等函数，而不是 TCP 编程中的 send 和 recv 函数。其他方面和基于 Socket 的 TCP 编程概念相同。

◆ 9.6 术 语 表

带宽（bandwidth）：在模拟信号系统中又叫频宽，是指在固定的时间可传输的信息数量，亦即在传输管道中可以传递数据的能力。通常以每秒传送周期或赫兹（Hz）来表示。在数字通信中，带宽指单位时间能通过链路的数据量，通常以 b/s 来表示，即每秒可传输的位数。

比特率（bit per second，bps）：是指单位时间内传送的比特（bit）数；在数字通信中，往往以每秒千比特或每秒兆比特为单位予以计量，分别写作 kb/s（或 kb/s）和 Mb/s（或 Mb/s）。

电路交换（circuit switching）：通信网中最早出现的一种交换方式，也是应用最普遍的一种交换方式，主要应用于电话通信网中，完成电话交换，已有 100 多年的历史。电路交换的基本过程可分为连接建立、信息传送和连接拆除 3 个阶段。

分组交换（packet switching）：分组交换也称为包交换，它将用户通信的数据划分成多个更小的等长数据段，在每个数据段的前面加上必要的控制信息作为数据段的首部，每个带有首部的数据段就构成了一个分组。首部指明了该分组发送的地址，当交换机收到分组之后，将根据首部中的地址信息将分组转发到目的地，这个过程就是分组交换。

报文交换(message switching)：又称存储转发交换，是数据交换的 3 种方式之一，报文整个发送，一次一跳。报文交换是分组交换的前身。报文交换的主要特点是：存储接收到的报文，判断其目标地址以选择路由，最后，在下一跳路由空闲时，将数据转发给下一跳路由。

套接字编程(socket programming)：就是对网络中不同主机上的应用进程之间进行双向通信的端点的抽象。一个套接字就是网络上进程通信的一端，提供了应用层进程利用网络协议交换数据的机制。从所处的地位来讲，套接字上连应用进程，下连网络协议栈，是应用程序通过网络协议进行通信的接口，是应用程序与网络协议栈进行交互的接口。

◇ 9.7 练　　习

一、填空题

1. 计算机网络是实现计算机之间数据通信和_____的系统。

2. _____是控制两个对等实体进行交互和协商的一系列标准规则。

3. 从网络作用的范围可以将计算机网络分为_____、_____、_____和_____。

4. 计算机网络根据交换方式可以分为_____交换网、报文交换网和_____交换网。

5. IP 地址由网络号和_____两部分组成。

6. TCP/IP 体系包括_____、_____、_____和物理网层。

7. UDP 协议是一种_____的传输层协议。

8. 面向连接服务具有_____、_____和连接释放 3 个阶段。

9. HTTP 协议通过一个称为_____的特殊格式使用 Internet 地址。

二、判断题

1. 传统的以太网中，采用的拓扑结构是总线拓扑的。　　　　　　　　　　(　　)

2. 计算机网络中的差错控制只在数据链路层中实现。　　　　　　　　　(　　)

3. IP 层是 TCP/IP 实现网络互连的关键，但 IP 层无法提供可靠性保障，所以 TCP/IP 网络中不具备可靠性。　　　　　　　　　　　　　　　　　　　　(　　)

4. 引入 CRC 校验以及确认和重传机制，使网络可以实现可靠的数据传输。(　　)

5. 202.258.10.5 这个 IP 地址是正确的。　　　　　　　　　　　　　　(　　)

三、选择题

1. 网络协议的主要要素为(　　)。

　A. 数据格式、交换规则、差错重传　　　　B. 编码、控制信息、同步

　C. 数据、文档、程序　　　　　　　　　　D. 语法、语义、同步

2. 因特网使用的互联协议是(　　)。

  A. IP　　 B. TCP　 C. HTTP　 D. IPX

3. 数据只能沿一个固定方向传输的通信方式是(　　)。

  A. 单工　　 B. 全双工　 C. 半双工　 D. 半单工

4. 通信系统必须具备的 3 个要素是(　　)。

  A. 终端、电缆、计算机　 B. 终端、通信设备、接收设备

  C. 源系统、传输系统、目的系统　 D. 信号发送器、通信线路、信号接收器

5. TCP/IP 是(　　)使用的协议标准。

  A. 以太网　　 B. 局域网　 C. 5G　 D. Internet

6. 下列域名中(　　)不是顶级域名。

  A. net　　 B. CN　 C. www　 D. edu

7. 域名与 IP 地址之间的关系是(　　)。

  A. 没有联系　 B. 一一对应

  C. 一个域名对应多个 IP 地址　 D. 一个 IP 地址对应多个域名

8. ARP 实现了(　　)。

  A. IP 地址到域名地址的解析　 B. IP 地址到物理地址的解析

  C. 域名地址到物理地址的解析　 D. 物理地址到 IP 地址的解析

9. TCP 通过(　　)技术来实现流量控制和拥塞控制。

  A. 先进先出　 B. 缓冲区　 C. 滑动窗口　 D. 超时重传

10. Socket 编程中绑定一个 IP 和端口使用(　　)函数。

  A. bind　　 B. recv　 C. connnect　 D. close

四、问答题

1. 计算机网络提供哪些主要功能?

2. 列举一种计算机网络的拓扑结构并分析其特点。

3. 计算机网络为什么要采用层次结构,有什么好处?

4. 简述什么是面向连接的通信,在因特网技术中哪个协议是面向连接的?

5. TCP 和 UDP 之间的相同点是什么? 不同点是什么?

6. TCP 连接为什么设置为三次握手? 能否使用两次握手或者四次握手?

7. 什么是计算机对等网络?

8. Socket 编程中 TCP 模式和 UDP 模式有什么异同?

第二篇　程序设计核心知识

本篇重点介绍程序设计的核心知识,在整本书的构架中属于"能力层"部分,具体内涵如图 1 所示。

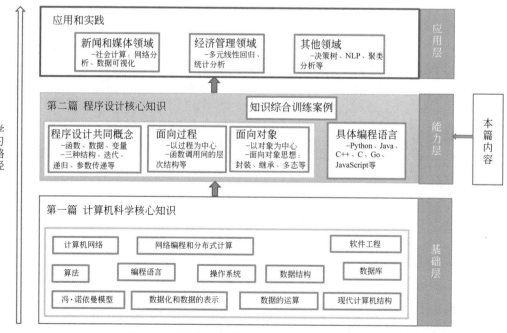

图 1　本书内容分层结构、学习路径和本篇内容

本篇包含第 10～17 章的全部内容。

程序设计的核心思想属于相对持久不变的内容,主要包括:所有程序设计语言的共同概念,如函数、数据、变量、顺序结构、选择结构、循环结构、参数传递、表达式、语句组成等;面向过程程序设计的核心思想等;面向对象的程序设计理念等。这些内容不依赖于具体的程序设计语言而变化,是一个程序员的"硬实力",通过这类"硬实力"的训练,程序员可以自学任意编程语言。

此外,本篇以 Python 这门面向对象的编程语言为例,重点介绍其如何定义和实现上述程序设计思想和理念,主要包含变量、语句和表达式,函数,常用的数据结构,模块、文件和持久化,面向对象编程,异常和调试等章节。此部分内容针对不同的程序设计语言,彼此间有细微的差异。读者通过学习本篇的内容,采用"迁移学习"方法可以自学 C++、C、Java 等不同的面向过程、面向对象的编程语言。

在本篇中,通过第 17 章的一个"图书馆管理系统"的综合案例,把第一篇和第二篇的核心知识进行综合串联和训练。

第 10 章

程 序 之 道

程序设计看似神秘，实则和人们生活紧密相关。程序设计通常用英文 program、programming 来表示。其实，program 作为动词，有"规划、为……制订计划、为……安排节目"的意思。严格意义上来说，人们生活当中所做的每一件事情都需要经过"规划、为……制订计划"的过程，例如，大到规划人生，小到做一道美味的酸菜鱼，准备一次面试，求解一道数学题等。简而言之，程序设计和人们日常生活所处理的各种事情如出一辙，每个人无时无刻不在"program"。

◇ 10.1 什么是程序

程序是一系列定义计算机如何执行计算任务的指令的集合。这种计算可以是数学上的计算，例如寻找公式的解或多项式的根，也可以是一个符号计算，例如在文档中搜索并替换文本或者图片、处理图片或播放视频等。不同的编程语言所写程序的细节各不一样，但是它们采用相同的"可编程处理机模型"，并且具有大量的共同概念。

10.1.1 可编程处理机模型和 IPO

现代计算机可以被抽象为一个"可编程的处理机模型"，如图 10-1 所示。

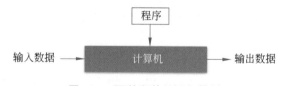

图 10-1　可编程的处理机模型

在图 10-1 所示模型中，输出数据依赖于两个方面的结合作用：输入数据和程序。它们三者之间的相互作用会产生不同的效果。

1. 相同的程序，不同的输入数据

例如，考虑一个针对数值进行递增"排序"的程序。如果输入的数据为{3，15，8，20}，经过排序后的输出数据为{3，8，15，20}；如果输入的数据为{14，

6,89,11},则经过排序后的输出数据为{6,11,14,89}。这种情况下,虽然程序相同,但是因为处理的输入数据不同,输出也就不同了。

2. 相同的输入数据,不同的程序

考虑输入的数据为{4,5,1,2},设计 3 种不同的程序,例如递增排序、求和、相乘,则对应的输出数据分别为{1,2,4,5}、12、40。很明显,相同的输入数据,由于处理程序的不同,对应的输出数据也不相同。

3. 相同的输入数据,相同的程序

我们希望对于同样的输入数据和程序,其输出结果相同。换言之,当程序在输入数据相同的前提下,希望具有相同的输出数据。

基于上述"可编程处理机模型",在程序设计中被抽象为 IPO 模型。I——Input,输入,等价于输入数据。P——Process,处理,等价于程序。O——Output,输出,等价于输出数据。

输入(I):从键盘、文件、网络或者其他设备获取数据。

处理(P):执行基本的算术和逻辑运算,即程序的主要处理逻辑。

输出(O):在屏幕上显示数据、将数据保存至文件、通过网络传送数据等。

10.1.2 第一个程序

根据惯例,学习一门编程语言写的第一个程序"Hello,World!",就是显示单词"Hello,World!"。为了进行简单的 IPO 模型展示,我们的第一个程序做了点增强,如下:

```python
def say_hi(name, age):  # input
    age_of_next_year = age + 1  # process
    print("Hi, my name is %s, I am %d years old, next year, \
I will be %d years old" %(name, age, age_of_next_year)) # output

say_hi("Steven Lin", 14) # function call
```

这个程序的运行结果如下。

```
Python 3.7.2 (tags/v3.7.2:9a3ffc0492, Dec 23 2018, 22:20:52) [MSC v.1916 32 bit
(Intel)] on win32
Type "help", "copyright", "credits" or "license()" for more information.
>>>
==================== RESTART: D:/icp-chapter14-1.py ====================
Hi, my name is Steven Lin, I am 14 years old, next year,I will be 15 years old
```

上述程序的功能为:Steven Lin 在和别人打招呼,介绍了他的名字,他今年和明年的年龄。

这个程序中的 say_hi 是一个函数名,def say_hi(name, age)用于定义一个函数。在任何一门编程语言中,函数均体现了程序设计的 IPO 模型。本程序当中,IPO 如下。

　　输入（**Input**）：name、age 为输入数据，或者称为输入参数，即用于被处理和加工的输入数据。

　　处理（**Process**）：age_of_next_year ＝ age ＋ 1，为了计算明年的年龄，对当前输入的年龄做加 1 处理。

　　输出（**Output**）：print("Hi, my name is ％s, I am ％d years old, next year, \I will be ％d years old" ％(name, age, age_of_next_year))，通过调用 Python 语言内置的 print 函数把数据输出到显示屏上。

◆ 10.2　自然语言和形式语言

10.2.1　自然语言

　　自然语言（natural language）是人们交流所使用的语言，例如汉语、英语、日语和法语等。它们不是人为设计出来的，而是自然演变而来。自然语言通常充满了歧义性、冗余性和各种隐喻所表现的不确定性。

10.2.2　形式语言

　　形式语言（formal language）是人类为了特殊用途而设计出来的。例如，数学家使用的记号（notation）就是形式语言，用于表示数字和符号之间的关系；物理学家借助大量数学化的形式语言来描述自然界的物理规律；化学家使用形式语言表示分子的化学结构等。计算机编程语言是被设计用于表达计算、数据处理和加工的形式语言。

　　形式语言通常拥有严格的语法规则，并规定了详细的语句结构。例如，4＋3＝7 是语法正确的数学表达式，而 4＋＝3＊6 则不是。语法规则涉及记号（tokens）和结构。记号是语言的基本元素，例如数字、单词、化学元素等。结构指这些记号是如何有效和正确的组合，以代表确定的含义。理解这种结构的过程，被称为"解析"（parsing）。Python 语言作为一种编程语言，自然具备一般形式化语言的特征。例如：上述第一个程序代码中，def、say_hi、name、age 等都是一些记号，其中，def 表示后续定义的内容为一个"函数"，say_hi 代表函数名称，name 和 age 代表变量名称；age_of_next_year ＝ age ＋ 1 在结构上由常量 1、变量 age 和 age_of_next_year，以及运算符＋和＝等组成，被解析后的含义是"把 age 加 1 后的值赋予 age_of_next_year 变量"。

　　与自然语言不同，形式语言被设计成几乎或者完全没有歧义，这意味着不管上下文是什么，任何语句都只有一个确定的意义。形式语言冗余较少，更简洁。不像自然语言那样，经常字面意义充斥着各种隐喻，形式语言的含义与它们字面的意思完全一致。

◆ 10.3　程序的结构

　　在第一篇引言中提到，程序的本质意义是对生活中的"事情"的建模和仿真。那么，理解生活中事情和程序的对应关系尤为重要。

10.3.1　生活中事情的分解

文章大体可以分为记叙文、议论文和说明文 3 类。记叙文通常是对一件"事情"进行描述,依照事件顺序,分阶段、分步骤的描述方式是经常被采用的。事实上,当我们用语言或者是文字描述一件事情时,就是对该事情进行了"语言""文字"形式的"映射"和"分解",而我们很习惯于这种"映射"。我们对生活事情的分解活动可以用图 10-2 表示。

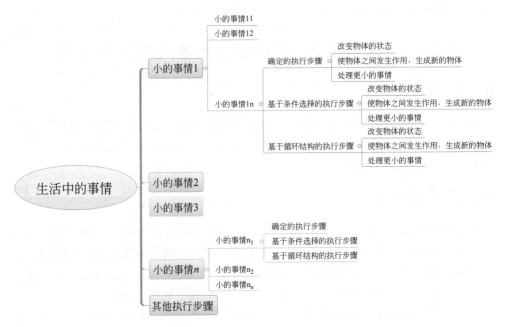

图 10-2　生活中事情的分解

我们不管是用"语言"还是"文字"的方式对生活中的事情进行描述,一般习惯于采用"自顶向下""分而治之"等各种策略把整件事情分解为各种"小事情","小事情"还可以继续细分为各种"更小的事情"。

接下来,研究一件"事情",例如,描述"我去食堂吃饭"。你可能会这样描述:我走了100 步到达食堂的打饭窗口;先看看有没有自己喜欢吃的"重庆辣子鸡",如果有的话,打 6两米饭,准备大吃一顿,如果没有,则中午不准备吃饭了;如果打好饭了,就开始一口一口地吃饭,直到饭吃完了;接下来,洗碗,回宿舍。我们会发现如下规律。

(1) 一件事情由很多确定的执行步骤或者过程按照顺序构成。例如:走路到达食堂门口、点菜、吃饭、洗碗等。

(2) 基于某些选择条件来引发不同步骤序列的执行。例如:根据"重庆辣子鸡的有无"来确定"吃饭"还是"回宿舍"。

(3) 很多的执行步骤是重复的,可以采用简洁的方式描述。例如:吃饭过程,自然是一口接一口重复地吃,我们不需要完全按照事件顺序把每一口吃饭的过程描述出来。我们可以这样描述"吃了 50 口饭,把饭吃完了",我们也可以这样描述吃饭"直到饭碗中没有饭了"。

（4）这些执行步骤，一般会产生确定的结果，确定的结果就是对某些"物体"或者"对象"状态的改变。例如：走了 100 步到达食堂门口，其实就是每走一步，你和食堂门口之间的距离就缩小了 1 步。"距离"是个名字，可以认为是一个抽象的"物体"或者"对象"。

10.3.2　概念抽象和映射

为了通过程序达到对生活中的"事情"的建模和仿真，每一种编程语言都会建立一些概念和实体与之对应。对于"事情"而言，编程语言采用"函数"进行抽象。根据作者的理解，在任何编程语言中，函数的模型可以通过图 10-3 进行理解。

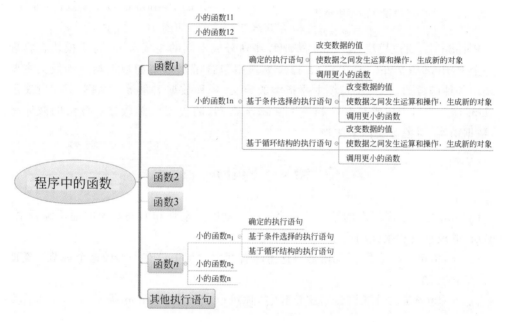

图 10-3　程序中函数模型的分解

在图 10-3 所示模型中，"函数"类似于生活中的"事情"，数据类似于生活中的"物体"。这种程序概念和生活中事情的抽象可以通过图 10-4 进行映射。

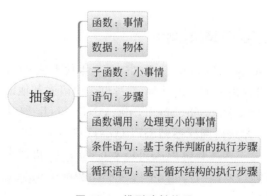

图 10-4　模型映射关系

10.3.3　程序结构模型

在本书第一篇中的"软件工程"章节提到：软件＝程序＋文档。程序是由源代码通过编译器、连接器等处理后生成的可执行文件。由于程序员的关注点主要在"源程序"，本节讨论的"程序结构"特指"源程序"的结构。不同的编程语言采用不同的程序结构模型。例如，C/C++等通过目录、头文件、源文件、库文件等概念来组织程序。Java通过包、源文件、压缩库文件（.jar文件）来组成程序。本书探讨的Python语言主要通过"模块"的方式来组织程序，如图10-5所示。

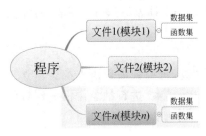

图 10-5　Python中程序的组织结构

Python中，通过模块（Module）来把程序划分成不同的组成部分，每个模块在物理上是一个Python源文件（.py文件）。每个模块中包含了函数集和数据集。函数集主要指模块中各种函数的定义；数据集主要指类的定义、各种数据对象等。从图10-5所展示的Python程序的组织构成来看，"程序＝算法＋数据"的思想依然成立。算法的载体是函数，数据由类、对象等实体来体现。

◆ 10.4　Python 简介

Python是一个高层次的结合了解释性、编译性、互动性和面向对象的通用编程语言，Python的设计具有很强的可读性和灵活性。

（1）**Python**是一种解释型语言。这意味着开发过程中没有了编译这个环节。类似于PHP和Perl语言。

（2）**Python**是交互式语言。这意味着，你可以在一个Python提示符＞＞＞后直接执行代码。

（3）**Python**是面向对象语言。这意味着Python支持面向对象的编程风格。

（4）**Python**是初学者的语言。Python对初级程序员而言，是一种伟大的语言，它支持广泛的应用程序开发，从简单的文字处理到WWW浏览服务，从科学计算到人工智能等。

10.4.1　Python 发展历程和特性

Python是由Guido van Rossum在20世纪80年代末到90年代初，在荷兰国家数学和计算机科学研究所设计出来的。Python本身也是由诸多其他语言发展而来的，这包括ABC、Modula-3、C、C++、Algol-68、SmallTalk、UNIX shell和其他的脚本语言等。像Perl语言一样，Python源代码同样遵循GPL（GNU General Public License）协议。现在Python是由一个核心开发团队在维护，Guido van Rossum仍然占据着至关重要的作用，指导其进展。Python的官方网站是 https://www.python.org/。

Python的主要特点如下。

（1）**易于学习**。Python 有相对较少的关键字和一个明确定义的语法，学习起来更加简单。

（2）**易于阅读**。Python 代码定义得更清晰。

（3）**易于维护**。Python 的成功在于它的源代码是相当易于维护的。

（4）**良好的标准库**。Python 最大的优势之一是丰富的库，是跨平台的，对 Linux/UNIX、Windows 和 Macintosh 兼容很好。

（5）**互动模式**。用户采用交互方式通过终端每输入一行 Python 代码，Python 解释器可以立刻返回结果。

（6）**可移植**。基于其开放源代码的特性，Python 已经被移植到许多平台。

（7）**可扩展**。如果需要一段运行很快的关键代码，或者是想要编写一些不愿开放的算法，可以使用 C 或 C++ 完成那部分程序，然后从 Python 程序中调用。

（8）**数据库的广泛支持**。Python 提供所有主要的商业数据库的接口。

（9）**GUI 编程**。Python 支持 GUI 编程，可以创建和移植到许多系统调用。

（10）**可嵌入**。可以将 Python 嵌入 C/C++ 程序，让程序的用户获得"脚本化"的能力。

10.4.2　Python 安装

可以从 Python 的官网 https://www.python.org/ 下载和操作系统相匹配的安装文件，如图 10-6 所示。

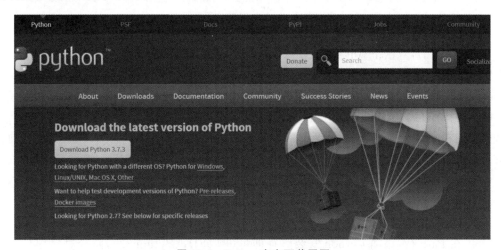

图 10-6　Python 官方下载网页

1. Linux 平台下安装 Python

（1）打开 Web 浏览器，访问 https://www.python.org/downloads/source/。

（2）选择适用于 Linux 的源码压缩包。

（3）下载及解压压缩包。

（4）如果需要自定义一些选项，则修改 Modules/Setup。

（5）执行 ./configure 脚本。

（6）执行 make 命令，完成源码编译。

（7）执行 make install 命令，完成 Python 程序安装。

执行以上操作后，Python 会安装在 /usr/local/bin 目录中，Python 库安装在 /usr/local/lib/pythonxx.xx 为 Python 的版本号。

2. Windows 平台下安装 Python

（1）打开 Web 浏览器，访问 https://www.python.org/downloads/windows/。

（2）在下载列表中选择 Windows 平台安装包，如图 10-7 所示。

Files

Version	Operating System	Description	MD5 Sum	File Size	GPG
Gzipped source tarball	Source release		045fb3440219a1f6923fefdabde63342	17496336	SIG
XZ compressed source tarball	Source release		a80ae3cc478460b922242f43a1b4094d	12642436	SIG
macOS 64-bit/32-bit installer	Mac OS X	for Mac OS X 10.6 and later	9ac8c85150147f679f213addd1e7d96e	25193631	SIG
macOS 64-bit installer	Mac OS X	for OS X 10.9 and later	223b71346316c3ec7a8dc8bff5476d84	23768240	SIG
Windows debug information files	Windows		4c61ef61d4c51d615cbe751480be01f8	25079974	SIG
Windows debug information files for 64-bit binaries	Windows		680bf74bad3700e6b756a84a56720949	25858214	SIG
Windows help file	Windows		297315472777f28368b052be734ba2ee	6252777	SIG
Windows x86-64 MSI installer	Windows	for AMD64/EM64T/x64	0ffa44a86522f9a37b916b361eebc552	20246528	SIG
Windows x86 MSI installer	Windows		023e49c9fba54914ebc05c4662a93ffe	19304448	SIG

图 10-7　Python 安装包下载目录

（3）下载后，双击下载包，进入 Python 安装向导。安装非常简单，只需要使用默认的设置一直单击"下一步"按钮直到安装完成即可。

（4）环境变量配置。程序和可执行文件可以在许多目录下，而这些目录所在路径很可能不在操作系统所提供的可执行文件的搜索路径中。在 Windows 操作系统中，Path 路径存储在环境变量中，这是由操作系统维护的一个命名的字符串。如果需要在其他目录引用 Python，必须在 Path 中添加 Python 目录。设置方法如下：

① 右击"计算机"，在弹出的快捷菜单中单击"属性"。

② 单击"高级系统设置"。

③ 选择"系统变量"窗口下面的 Path，双击即可。

④ 在 Path 行，添加 Python 安装路径即可（例如 D:\Python32），路径直接用分号隔开，如图 10-8 所示。

设置成功以后，在 cmd 命令行，输入命令 python，就可以有相关显示，如图 10-9 所示。

10.4.3　运行 Python

可以通过 3 种方式来运行 Python（假定为 Windows 环境）。

1. 交互式解释器方式

可以通过命令行窗口进入 Python，并在交互式解释器中开始编写 Python 代码。可

图 10-8　Windows 下 Path 环境变量设置

以在 Windows、Linux 等命令行或者 shell 系统中进行 Python 编码工作，如图 10-9 所示。

图 10-9　Windows 下交互式解释执行

启动 Python 程序可以采用一定的命令行参数，如表 10-1 所示。

表 10-1　Python 程序命令行参数

选　　项	描　　述
-d	在解析时显示调试信息
-O	生成优化代码（.pyo 文件）
-S	启动时不引入查找 Python 路径的位置
-V	输出 Python 版本号
-X	从 1.6 版本之后基于内建的异常（仅仅用于字符串）已过时
-c cmd	执行 Python 脚本，并将运行结果作为 cmd 字符串
file	执行 Python 脚本文件

2. 命令脚本模式

在应用程序中通过引入解释器可以在命令行中执行 Python 脚本。如下所示,先通过任意文本编辑器,编制 Python 程序的脚本文件 test.py,程序内容如下。

```
def say_hi(name, age):  # input
    age_of_next_year = age + 1  # process
    print("Hi, my name is %s, I am %d years old, next year, \
I will be %d years old" %(name, age, age_of_next_year)) # output

say_hi("Steven Lin", 14) # function call
```

接下来在命令行环境下,通过 Python 直接运行此脚本文件,结果如图 10-10 所示。

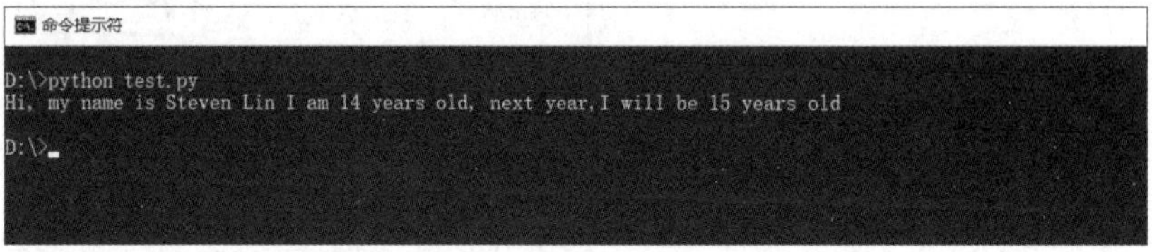

图 10-10   Windows 下命令脚本模式执行

3. 集成开发环境模式

为了便于开发,几乎每种编程语言都有许多对应的集成开发环境(Integrated Development Environment,IDE),Python 也不例外(图 10-11)。Python 的主要 IDE 环境有

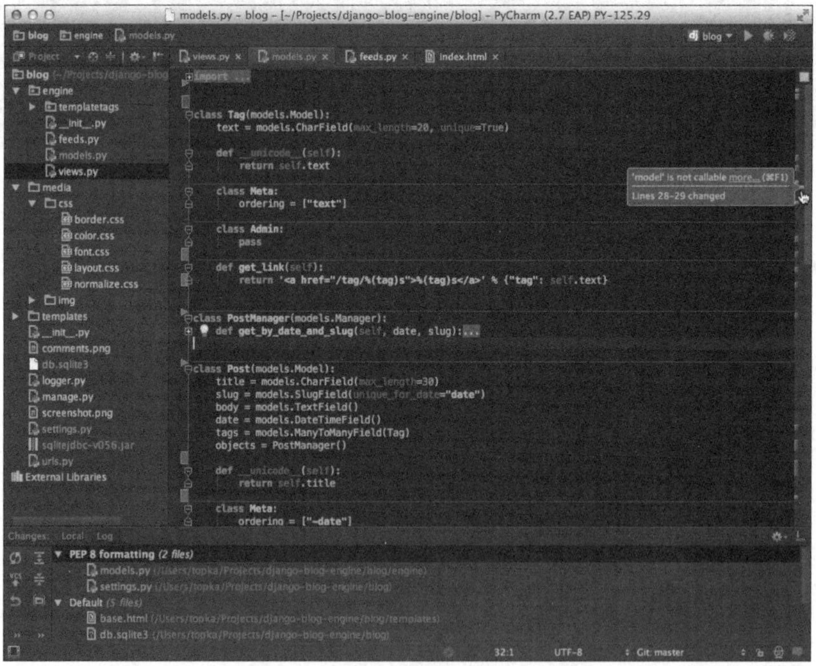

图 10-11   PyCharm 集成开发环境

Python 自带的 IDLE、Eclipse ＋ PyDev、PyCharm、Spyder 等。其中 PyCharm 是由 JetBrains 打造的一款功能和性能极佳的 Python IDE，支持 macOS、Windows、Linux 系统等。

开发者可以通过 https://www.jetbrains.com/pycharm/download/免费下载 PyCharm 的 Community 版本进行 Python 程序设计学习。

◇ 10.5　术　语　表

高级语言（high-level language）：像 Python 这样被设计成人类容易阅读和编写的编程语言。

类型（type）：数据的不同表示。

解释器（interpreter）：读取另一个程序并执行该程序的程序。

程序（program）：一组定义了计算内容的指令。

自然语言（natural language）：人们日常使用的、自然演变而来的语言。

形式语言（formal language）：由人类为了某种目的而设计的语言，例如用来表示数学概念或者计算机程序；所有的编程语言都是形式语言。

记号（token）：程序语法结构中的基本元素之一，与自然语言中的单词类似。

打印语句（print statement）：使 Python 解释器在屏幕上显示某个值的指令。

集成开发环境（Integrated Development Environment，IDE）：用于提供程序开发环境的应用程序，一般包括代码编辑器、编译器、调试器和图形用户界面等工具。集成了代码编写功能、分析功能、编译功能、调试功能等一体化的开发软件服务套。例如，面向 Python 编程的 PyCharm、IDLE、Spyder 等。

◇ 10.6　练　习

一、选择题

1. Python 语言属于（　　）。

　　A. 汇编语言　　　　B. 机械语言　　　　C. 高级语言　　　　D. 自然语言

2. 下列不属于 Python 特点的是（　　）。

　　A. 面向过程　　　　B. 面向对象　　　　C. 可读性高　　　　D. 闭源

3. Python 程序文件的扩展名是（　　）。

　　A. o　　　　　　　B. python　　　　　C. go　　　　　　　D. py

4. Python 程序输入相同的输入数据，输出结果（　　）。

　　A. 一定相同　　　　　　　　　　　　B. 一定不同

　　C. 随机　　　　　　　　　　　　　　D. 是否相同取决于程序实现的功能

5. 下列 Python 版本中不存在的是（　　）。

　　A. Python 1.6　　　B. Python 2.7　　　C. Python 3.9　　　D. Python 4.1

二、问答题

1. Python 是什么类型的语言？
2. Python 语言具有什么样的特点？
3. 什么是 IDLE？
4. print()函数的作用是什么？
5. Python 的几种运行方式之间有什么区别？分别适用于什么场景？
6. Python 中一行可以写多个语句吗？一个语句可以分成多行写吗？

三、编程题

1. 在你的计算机上设置 Python 的环境变量，以便在命令行窗口通过 Python 命令进入 Python 环境。

2. 在交互式解释器方式下，>>> "hello world" 和>>> print("hello world")有什么区别？

3. 在交互式解释器方式下输出单个双引号字符，以及单个单引号字符。

第11章

语句、表达式和变量

本章我们重点学习 Python 程序的语句、表达式和变量等知识,在 Python 程序结构中,程序由一个或者多个模块组成,每个.py 文件就是一个模块,模块中包含各种常量、变量、函数和类的定义等。函数和类定义中的方法在形式和结构上是一样的,均由多条语句构成,而语句经常包含表达式,表达式可以拆分成运算符(operators)与操作数(operands)。

◇ 11.1 语　　句

11.1.1 Python 中的语句

CPU 提供各种各样的计算机指令用于支持基本的算术运算、逻辑运算、移位运算和其他基本操作。在高级语言中,语句是代表一定语义的基本单位,在执行时通常可以被解析为一条或者多条机器指令。Python 的语句如表 11-1 所示。

表 11-1　Python 的语句

语　　句	语　　义	样　　例
赋值	创建引用变量	a,b,c = 1,2,3
调用	执行函数	log.write("hello,world")
打印调用	打印对象	print("hello world")
if/elif/else	选择动作	if "print" in text: 　print(text)
for/else	序列迭代	for x inmylist: 　print(x)
while/else	一般循环	while x>y: 　print("hello")
pass	空占位符	while True: 　pass

break	循环退出	while True:
		　if exittest():
		　　break

续表

语 句	语 义	样 例
continue	继续下一次循环	while True： 　　if skiptest()： 　　　　continue
def	函数或方法定义	def f(a＝1,＊numbers)： 　　print(a＋numbers[0])
return	函数返回结果	def f(a＝1,＊numbers)： 　　return a＋numbers[0]
yield	生成器表达式	def gen(n)： 　　for i in n： 　　　　yield i ＊ 2
global	命名空间,全局变量	x ＝ "old" def function()： 　　global x 　　x ＝ "new"
import	模块访问,导入	import sys
from	模块属性访问	from sys import stdin
class	创建对象	class SubClass(SuperClass)： 　　static_data ＝ [] 　　def method(self)： 　　　　pass
try/ except/finally	异常处理	Try： 　　action() Except： 　　print('action error')
raise	触发异常	raise EbdSearch(location)
with/as	环境管理器	with open('data.txt') as myfile： 　　process(myfile)
del	删除引用	del data[k] del data[i：j] del obj.attr del variable

　　Python 中的语句分为简单语句(赋值语句、调用语句、声明语句等)和复合语句(循环语句、选择语句等)。其中最基本、最重要的就是赋值语句。

11.1.2　赋值语句

　　用于给某一个变量一个确定值(或者对象引用)的语句叫作赋值语句。其一般形式为：变量＝表达式,具体样例如表 11-2 所示。

表 11-2 赋值语句

运 算	解 释
s ＝"hello"	基本形式
s,h ＝ "hello","world"	元组赋值运算
[s,h] ＝ ["hello","world"]	列表赋值运算
a,b,c,d,e ＝ "hello"	序列赋值运算
a,＊b ＝"hello"	扩展的序列解包
a ＝ b ＝"hello"	多目标赋值运算
a ＋＝ 42	增强赋值运算(相当于 a ＝ a ＋ 42)
a,b,c ＝ range(3)	生成器赋值运算

注：赋值语句总是建立对象的引用值，而不是复制对象。因此，Python 变量更像 C 语言中的指针，而不是具体的数据存储区。

变量名在首次赋值时被创建。Python 会在首次将值(即对象引用值)赋值给变量时创建其变量名，有些数据结构也会在赋值时创建(例如，字典中的元素，一些对象属性)。一旦赋值了，每当这个变量名出现在表达式时，就会被其引用的值取代。变量名在引用前必须先赋值，使用尚未赋值的变量名将会引发异常。

赋值语句会在许多情况下隐式使用，例如模块导入、函数和类的定义、for 循环变量以及函数参数等都是隐式赋值运算。

◇ 11.2 表 达 式

11.2.1 何谓表达式

表达式是运算符和操作数所构成的序列，用于描述一个计算过程。运算符的功能是完成某个具体的操作，例如＋、＊、／、％等符号。运算符所运算的对象是数据，也被称为操作数，常见的操作数有变量、常量、函数返回值等。

11.2.2 表达式的构成

因为表达式是运算符和操作数构成的序列，其运算结果一定是一个值。对于赋值语句而言，出现在赋值符号左边的叫左值，出现在赋值符号右边的叫右值，表达式通常作为右值出现。

◇ 11.3 变量与常量

11.3.1 变量和常量定义

常量：指不会变化的量，因为所用到的是它字面的意义或内容，所以常量也被称为字面常量。最常见的常量是数字、字符串和元组。

变量：只使用字面常量在表达方式上还是很受限，人们需要一些能够存储任何信息并且也能操纵它们的方式，这样就产生了变量。正如其名字所述那样，变量的值是可以变化的。也就是说，人们可以用变量来存储任何东西。变量只是计算机内存中用以存储信息的一部分。与字面常量不同，需要通过特定的标识来访问这些变量，即变量命名。

11.3.2　标识符

标识符是用来标识具体的对象，如变量名、函数名等。在 Python 中，标识符要遵循如下规则。

（1）组成规则：以下画线或字母开头，后面紧跟任意数目的字母、数字或下画线，不能有其他特殊符号。

（2）标识符所包含的字母对大小写敏感，即区分大小写。

（3）禁止使用保留字（关键字）。Python 3 所包含的保留字主要如下。

```
False    class    finally    is    return    None    continue    for    lambda    try    True    def
from    nonlocal    while    and    del    global    not    with    as    elif    if    or    yield
assert    else    import    pass    break    except    in    raise
```

11.3.3　数值类型

Python 中，常见的数值类型主要有 3 种：整数（int）、浮点数（float）与布尔数（bool）。

例如，2 是一个整数；3.23 或 52.3E-4 是浮点数，其中 E 表示 10 的幂，52.3E-4 表示 52.3×10^{-4}。

对于布尔值，只有两种结果，即 True 和 False，分别对应二进制中的 1 和 0，在 Python 中用 0 表示 False，用 1 表示 True。

当不确定变量 a 的数值类型时，可以通过 print(type(a)) 打印出 a 的数值类型，如图 11-1 所示。

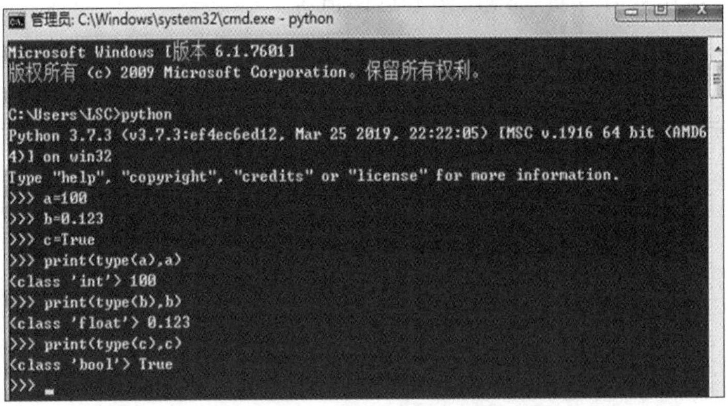

图 11-1　打印数值类型

11.3.4　字符串类型

字符串（string）是字符（characters）的序列。简单来说，字符串就是一串文本。Python 中表示字符串的方式有多种。

1. 使用单引号

用单引号括起来表示字符串，如下。

```
代码：
string='this is a string'
print(string)
输出结果：
This is a string
```

2. 使用双引号

用双引号括起来表示字符串，如下。

```
代码：
string="this is a string"
print(string)
输出结果：
This is string
```

3. 使用三引号

利用三引号，可以表示多行字符串，并且字符串中可以比较方便地包含单引号和双引号，如下。

```
代码：
    test_string= '''this is a string, which includes
    'this is the first Python string' and
    "this is the second string"'''
    print(test_string)
输出结果：
    this is a string, which includes
    'this is the first Python string' and
    "this is the second string"
```

◇ 11.4　运　算　符

运算符是代指某些数学或逻辑运算的特殊符号，Python 解释器会根据不同的运算符执行相应的程序代码运算。接下来介绍常见的运算符，你可以随时在解释器中对给出的案例里的表达式进行求值,例如要想计算表达式 3+5 的值,则可以使用交互式 Python 解释器输入表达式,如图 11-2 所示。

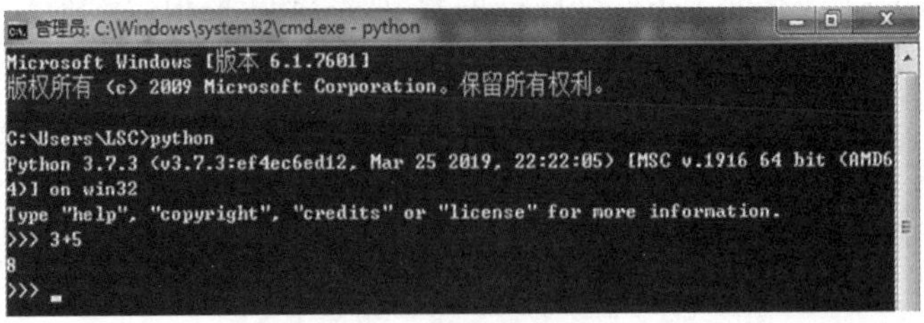

图 11-2　运算符演示

11.4.1　算术运算符

算术运算符用于执行基本的数学运算,如表 11-3 所示,其程序范例如图 11-3 所示。

表 11-3　算术运算符

运算符	描　　述	实　　例
＋	加:两个对象相加	3+5 输出结果 8 ; 'a'+'b' 输出结果'ab'
－	减:得到负数或是一个数减去另一个数	－10 输出结果－10;100－21 输出结果 79
＊	乘:两个数相乘或是返回一个被重复若干次的字符串	2 ＊ 5 输出结果 10 ; 'ha' ＊ 3 输出结果 'hahaha'
＊＊	幂:返回 x 的 y 次幂	2**4 输出结果 16
/	除:x 除以 y	10/3 输出结果 3.333333333333335
//	取整除:返回商的整数部分(向下取整)	10 // 3 输出结果 3
％	取模:返回除法的余数	10 ％ 3 输出结果 1

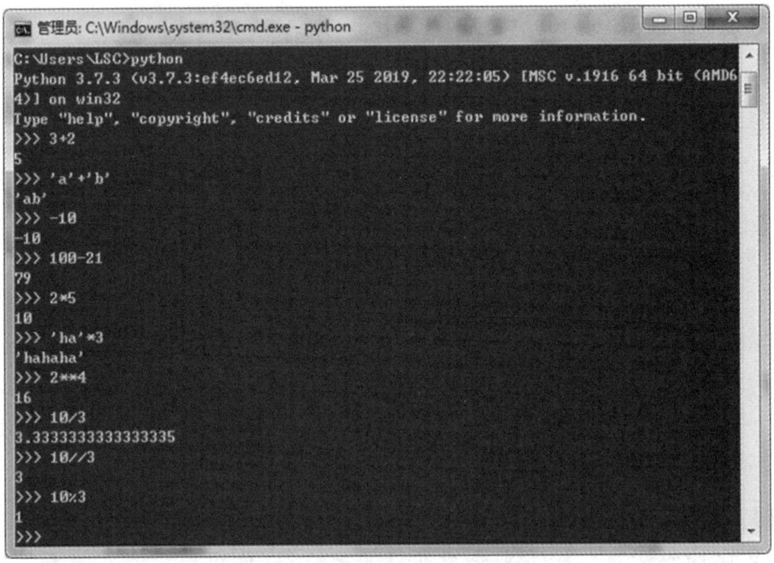

图 11-3　算术运算符程序范例

11.4.2　关系运算符

关系运算符是用于比较两个值的关系的运算符,如 a＝10,b＝30,其描述如表 11-4 所示,程序范例如图 11-4 所示。

表 11-4　关系运算符

运算符	描　　　述	实　　　例
＝＝	等于:比较对象是否相等	(a ＝＝ b)返回 False
！＝	不等于:比较两个对象是否不相等	(a ！＝ b) 返回 True
＞	大于:返回 x 是否大于 y	(a ＞ b)返回 False
＜	小于:返回 x 是否小于 y。	(a ＜ b)返回 True
＞＝	大于或等于:返回 x 是否大于或等于 y	(a ＞＝ b)返回 False
＜＝	小于或等于:返回 x 是否小于或等于 y	(a ＜＝ b)返回 True

注:所有比较运算符返回 **1** 表示真,返回 **0** 表示假。这分别与特殊的变量 **True** 和 **False** 等价。

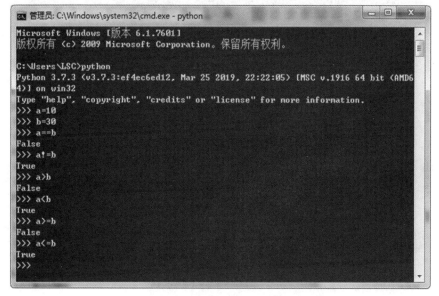

图 11-4　关系运算符程序范例

11.4.3　逻辑运算符

Python 语言通过逻辑运算符完成运算数之间的逻辑运算,以下假设变量 a＝10,b＝30,其描述如表 11-5 所示,程序范例如图 11-5 所示。

表 11-5　逻辑运算符

运算符	逻辑表达式	描　　述	实　　例
and	x and y	布尔与：如果 x 和 y 不全为 True，x and y 返回 False，否则返回 y 的计算值	(a and b)返回 30
or	x or y	布尔或：如果 x 是非 0，返回 x 的值，否则返回 y 的计算值	(a or b)返回 10
not	not x	布尔非：如果 x 为 True，返回 False；如果 x 为 False，返回 True	not(a and b)返回 False

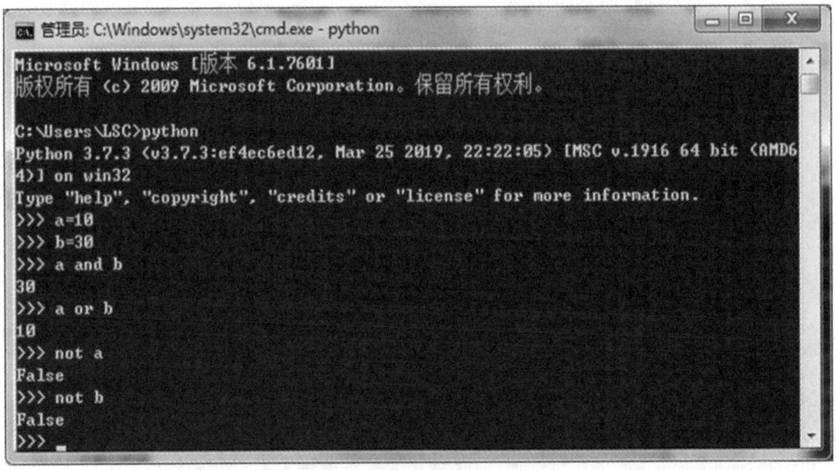

图 11-5　逻辑运算符程序范例

11.4.4　赋值运算符

Python 中赋值运算符用于将右方操作数的值赋予左方操作数。以下假设变量 a＝10，b＝20，其描述如表 11-6 所示，程序范例如图 11-6 所示。

表 11-6　赋值运算符

运算符	描　　述	实　　例
＝	简单的赋值运算符	c ＝ a ＋ b 将 a ＋ b 的运算结果赋值为 c
＋＝	加法赋值运算符	b＋＝ a 等效于 b ＝ b ＋ a
－＝	减法赋值运算符	e －＝ a 等效于 e ＝ e － a
＊＝	乘法赋值运算符	c ＊＝ a 等效于 c ＝ c ＊ a
/＝	除法赋值运算符	e－＝ a 等效于 e ＝ e/ a
％＝	取模赋值运算符	d ％＝ a 等效于 d ＝ d ％ a
＊＊＝	幂赋值运算符	e ＊＊＝ a 等效于 e ＝ e ＊＊ a
//＝	取整除赋值运算符	e//＝ a 等效于 e ＝ e // a

图 11-6　赋值运算符程序范例

11.4.5　其他运算符

1. 位运算符

位运算符是把数字看作二进制来进行计算的。例如 a＝60,b＝13,Python 中的按位运算法则如表 11-7 所示。

表 11-7　位运算符

运算符	描　　述	实　　例
&	按位与运算符：参与运算的两个值,如果两个相应位都为 1,则该位的结果为 1,否则为 0	(a & b)输出结果 12,二进制解释：0000 1100
|	按位或运算符：只要对应的两个二进制位有一个为 1 时,结果位就为 1	(a | b)输出结果 61,二进制解释：0011 1101
^	按位异或运算符：当两对应的二进制位相异时,结果为 1	(a ^ b)输出结果 49,二进制解释：0011 0001
~	按位取反运算符：对数据的每个二进制位取反,即把 1 变为 0,把 0 变为 1。～x 类似于－x－1	(～a)输出结果－61,二进制解释：1100 0011,一个有符号二进制数的补码形式
<<	左移动运算符：运算数的各二进制位全部左移若干位,由 << 右边的数字指定了移动的位数,高位丢弃,低位补 0	a << 2 输出结果 240,二进制解释：1111 0000
>>	右移动运算符：把>>左边的运算数的各二进制位全部右移若干位,>> 右边的数字指定了移动的位数	a >> 2 输出结果 15,二进制解释：0000 1111

2. 成员运算符

Python 还支持成员运算符,测试实例中包含了一系列的成员,包括字符串、列表或元组,如表 11-8 所示。

表 11-8　成员运算符

运算符	描　　述	实　　例
in	如果在指定的序列中找到值返回 True,否则返回 False	a 在 b 序列中,如果 a 在 b 序列中返回 True
not in	如果在指定的序列中没有找到值返回 True,否则返回 False	a 不在 b 序列中,如果 a 不在 b 序列中返回 True

3. 身份运算符

身份运算符用于比较两个对象的存储单元,如表 11-9 所示。

表 11-9　身份运算符

运算符	描　　述	实　　例
is	is 是判断两个标识符是不是引用自一个对象	a is b,类似 id(a) == id(b),如果引用的是同一个对象则返回 True,否则返回 False
is not	is not 是判断两个标识符是不是引用自不同对象	a is not b, 类似 id(a) != id(b)。如果引用的不是同一个对象则返回 True,否则返回 False

11.4.6　运算符的优先级

表 11-10 列出了从最高到最低优先级的所有运算符。

表 11-10　运算符的优先级

运　算　符	描　　述
**	指数（最高优先级）
~、+、-	按位翻转,一元加号和减号（最后两个的方法名为 +@ 和 -@）
*、/、%、//	乘、除、取模和取整除
+、-	加法和减法
>>、<<	右移、左移运算符
&	位 'AND'
^ |	位运算符
<=、<、>、>=	比较运算符
<>、==、!=	等于运算符
=、%=、/=、//=、-=、+=、*=、**=	赋值运算符
is、is not	身份运算符
in、not in	成员运算符
not、and、or	逻辑运算符

◆ 11.5　术　语　表

运算符（operator）：特殊的符号，表示数学运算或逻辑运算等。

常量（constant）：永远不会改变的值。

变量（variable）：可变的量。

表达式（expression）：是由常量、变量、运算符、分组符号（括号）、函数返回值等组成的序列。

语句（statement）：代表一个命令或行为的一段代码。例如赋值语句、return 语句和打印语句等。

语法（syntax）：规定了程序结构的规则。

◆ 11.6　练　　习

一、选择题

1. 下列不属于算术运算符的是（　　）。
   A. +　　　　　　　B. −　　　　　　　C. ==　　　　　　D. //

2. 下列不属于逻辑运算符的是（　　）。
   A. for　　　　　　B. not　　　　　　C. and　　　　　　D. or

3. 下列运算符队列中（　　）的优先级不是从高到低排列。
   A. **、/、+　　　　B. +、>>、not　　　C. *、+、=　　　　D. >=、*、&

4. 变量 a=10，下列判断语句中（　　）返回 False。
   A. a < 10　　　　B. a <= 10　　　　C. a == 10.0　　　D. a % 10 == 0

5. 变量 a=True，b=False，下列逻辑表达式中（　　）返回 False。
   A. not b　　　　　B. a and b　　　　C. a or b　　　　D. a and not b

6. 下列变量名中符合 Python 规范的是（　　）。
   A. _　　　　　　　B. if　　　　　　　C. 4D　　　　　　D. this's

7. 下列语句中可以给变量 a、b、c 同时赋予 1 的语句是（　　）。
   A. abc=1　　　　　　　　　　　　B. a=1,b=1,c=1
   C. a=b=c=1　　　　　　　　　　D. a,b,c=1

8. a=2，b=4，语句 a+=b*3 执行后 a 的值为（　　）。
   A. 12　　　　　　B. 14　　　　　　C. 4　　　　　　　D. 6

二、问答题

1. Python 中 / 和//有什么区别？

2. Python 中**代表什么？

3. Python 中一个 int 类型的变量能否与一个 float 类型的变量进行数值运算？10 +

5.0 会得到什么结果？试分析其中的原因。

4. Python 中一个 int 类型的变量能否与一个 str 类型的变量进行数值运算？1 + "1"会得到什么结果？试分析其中的原因。

5. Python 为什么要设置保留字，如果不设置保留字会有什么影响？

6. 整型变量 x 中存放了一个 3 位数，要将这个 3 位数的百位和个位交换位置，例如 321 变成 123，如何用一个表达式完成？

三、编程题

1. 同时赋予多个变量初始值，并将多个变量同时输出。

2. 从键盘读入一个 name 变量，并通过 print 函数中的格式化输出"hello, name!"。其中 name 需要替换为键盘输入的名称。

3. 现有变量 name=" jack ma   "，对比 name.lstrip()、name.strip()、name.rstrip()之间的区别。

4. 在交互式解释器方式下输入 >>>import this。

函　　数

在编程的语境中,函数是指一个有命名的、执行某个计算任务的语句序列。在定义一个函数时,需要指定函数的名字和语句序列。之后,可以通过这个名字多次"调用"该函数。函数本质上是对所求解问题或所仿真事情的动态过程建立模型,如第 10 章所描述的内容,函数主要实现对"事情""活动"等动态概念建立编程模型。

◆ 12.1　对函数的思考

程序设计领域中,函数(function)是一个极为重要的核心概念,每个函数用于完成一定的计算任务。在定义一个函数时,需要为此函数指定名字和相应的语句序列。在定义函数之后,可通过函数名多次调用(call)该函数。

12.1.1　事情、函数、过程和算法

在第 10 章中指出,"函数"的本质是对生活中"事情"的仿真和建模。所以,可以把"函数"看成生活中"事情"在程序设计范畴中的一种映射(mapping)。函数中的"语句序列"等同于事情中的"执行步骤"。在不同的编程语言中,函数以不同的名称出现,例如汇编语言中的"过程"(procedure)和"子过程"(sub-procedure)。在面向对象编程模式中类和对象所体现的"动态行为"也是以函数的形式体现,不过它们一般被称为"方法"(method)。总之,事情、函数、过程、方法虽然叫法不一,但是本质上是相同的,故可以视为等同概念。

在第一篇中谈到,"算法"是求解问题的语句序列的集合。根据函数的定义,函数本身就是对一定的语句序列给予一个确定的名称。所以,可以这样认为,"一个函数"就是一个"命名算法"(当然,也可以对算法不给出确定名字,就是所谓的"匿名函数")。

12.1.2　函数的结构

任何编程语言都会提供一定数量的基础函数供程序员使用,Python 也不例外。例如:print("hello world!"),type(30),int(32.45)等,这被称为函数调用。其中,print 函数被用于向屏幕输出字符串信息,type 函数用于查看对象的类型,

int 函数用于把一个实数转换为一个整数。程序员可以自行设计和定义函数,函数的结构如图 12-1 所示。

```
def 函数名(参数列表):
        语句1
        语句2
        ...
        语句n
        return 返回参数列表
```

图 12-1　Python 中函数的结构

def 关键词:函数定义以 def 关键词开头,后面紧跟函数名称(要符合标识符的命名规则)和一对圆括号。注意:圆括号不能省略。

参数列表:包含在圆括号中的内容为形式参数列表,通常用于代表被处理的输入数据,即代表 IPO 模型中的 I(Input)。

函数体:由语句序列构成,即图 12-1 中的语句 1、语句 2,一直到语句 n。函数体语句内容必须以参数列表圆括号后的冒号开始,语句之间符合缩进规则。函数体代表 IPO 模型中的 P(Process)。

return 语句:结束函数,并通过"返回参数列表"把处理结果返回给调用方,不带"返回参数列表"的 return 语句相当于返回 None。这部分通常代表 IPO 模型中的 O(Output),当然 Output 也可以通过改变输入参数变量的内容得以体现。

◆ 12.2　参数和参数传递

12.2.1　形式参数和实际参数

形式参数:通过 def 关键词在定义函数时给定的参数,称为形式参数。

实际参数:在调用函数时所提供给函数的具体的值或者数据对象,称为实际参数。

参见下面的示例。

代码:
```python
def max(a, b):
    if a >= b:
        return a
    else:
        return b
print("19 和 14 中较大的数为",max(19, 14))
```
输出结果:
19 和 14 中较大的数为 19

上面代码样例中,max 函数中的参数 a 和 b 就是形式参数。print 语句中对 max 函数调用时的参数 19 和 14 为实际参数。

12.2.2 参数传递

在调用函数时,需要把实际参数传递给形式参数。形式参数是函数中定义的"局部变量"。在 Python 中,变量没有固定的数据类型,它可以代表任何数据类型的对象。例如: a=[1,2,3,4],a="hello world"。变量 a 可以代表一个列表类型的对象,也可以在下一条语句代表一个字符串类型对象。本质上而言,Python 中的变量和 C/C++ 语言中的"指针"等同,指向一个具体的对象。

实际参数可能是不可改变类型对象,例如数值常量、字符串常量、元组等,也可以是可改变类型的对象,例如列表、集合、自定义类型对象等。

(1) 当传入的实际参数为不可改变类型的对象时,例如,实际参数为一个字符串,这个字符串对象的引用被传递给函数的相应形式参数,而不是重新生成一个对象副本。由于此对象为不可改变类型,在函数中也不可以改变这个对象的内容,从而达到类似 C/C++ 编程语言中参数传递中"传值"的效果。

(2) 当传入的实际参数为可改变类型对象时,例如,实际参数为一个列表对象,这个对象的引用被传递给函数的相应形式参数。由于此对象是可以改变类型,在函数中可以通过对应的形式参数对此实际参数对象进行修改,从而达到类似 C/C++ 编程语言中参数传递中"传地址"的效果。

1. Python 传不可变对象举例

```
代码:
def change_int(a):
    print("实际传入的参数 a 的值为:",a)
    a = 19
    print("函数内部,现在 a 的值为:",a)
b = 8
change_int(b)
print("变量 b 的值为",b)
输出结果:
实际传入的参数 a 的值为: 8
函数内部,现在 a 的值为: 19
```

本案例中,实际参数 b 是数值常量 8,当调用函数 change_int 时,b 的引用被传递到形式参数 a。函数中 a=19 语句使得 a 重新引用了另外一个数值常量对象 19,而不是把实际参数 b 的值改变为 19。所以,当此函数调用完成后,实际参数 b 的值依然为 8,故 print(b) 的结果为 8,而不是 19。这种效果类似 C/C++ 中的"传值"。

2. Python 传可变对象举例

```
代码:
def change_me(input_list):
```

```
    #修改传入的列表
    input_list.append(100)
    print ("函数内列表取值为:", input_list)
    return

#调用 change_me 函数
list1= [1,2,3]
change_me(list1)
print("函数外列表取值为:", list1)
输出结果:
函数内列表取值为: [1, 2, 3, 100]
函数外列表取值为: [1, 2, 3, 100]
```

本案例中,实际参数 list1 是可改变类型的对象,当调用函数 change_me 时,list1 的引用被传递到形式参数 input_list。函数中 input_list.append(100)语句执行后,使得 list1 所引用的 list 对象增加了一个新元素 100。函数内部 input_list 所引用的对象和函数外部 list1 所引用的对象是同一个对象,所以在函数内部和函数外部分别输出的列表内容是一致的,这种效果类似 C/C++ 中的"传地址"。

本质上而言,Python 在函数参数传递过程中,没有"传值"和"传地址"的概念。究其本质,Python 的参数传递所传递的内容是实际参数对象的"引用"(可以理解为地址)。只是由于实际参数对象的"可改变"或者"不可改变"特性,使得其实际的参数传递可以达到类似 C/C++ 等编程语言"传值"或者"传地址"的等同效果。

12.2.3 参数分类

在 Python 中,函数在定义形式参数和调用函数时,所采用的方式非常灵活,支持以下几种类型。

(1)必需参数。

(2)关键字参数。

(3)默认参数。

(4)可变参数。

1. 必需参数

函数的参数必须要以正确的顺序传入,调用时实际参数的数量必须要和声明时的一样。示例如下。

```
代码:
#可写函数说明
def print_me(name,age):
    #输出传入的字符串
    print("my name is", name)
```

```
    print("my age is", age)
    return
#调用 print_me
print_me("Lin Longxin")
```

输出结果：

```
Traceback (most recent call last):
  File "C:/Users/LongxinLin/test.py", line 7, in <module>
    print_me("Lin Longxin")
TypeError: print_me() missing 1 required positional argument: 'age'
```

上述函数，需要两个参数 name 和 age，这两个参数都是"必需参数"，在调用时需要传入两个实际的参数。而上述例子，在调用时只传入了一个参数"Lin Longxin"，缺少另外一个必需参数 age，所以程序报错。

2. 关键字参数

使用关键字参数允许函数调用时参数的顺序与声明时不一致，关键字参数和函数调用关系紧密，函数调用使用关键字参数来确定传入的参数值，Python 解释器能够用参数名匹配具体的参数值。示例如下。

代码：

```
#可写函数说明
def print_me(name,age):
    #输出传入的字符串
    print("my name is", name)
    print("my age is", age)
    return
#调用 print_me
my_age = 42
print_me(age=my_age, name="Lin Longxin")
```

输出结果：

```
my name is Lin Longxin
my age is 42
```

上例中，在函数调用时实际参数和形式参数的顺序是不同的，程序执行并没有错误。因为，在函数调用时所使用的形式 age＝my_age，name＝"Lin Longxin"，就是采用关键字参数的形式。关键字参数的形式为：形式参数名＝实际参数。Python 在函数参数传递时自动依据形式参数名称把实际参数传递过去，而不需要严格遵照形式参数定义时的顺序。

3. 默认参数

在 Python 的函数调用中，可以定义默认参数，使得这些默认参数可以没有参数传递。示例如下。

```
代码：
#可写函数说明
def print_me(name, age=30):
    #输出传入的字符串
    print("my name is", name)
    print("my age is", age)
    return
#调用 print_me
my_age = 42
print_me(name="Lin Longxin")
输出结果：
my name is Lin Longxin
my age is 30
```

上例中，在定义函数时通过指定 age 的默认值 30 来声明 age 为默认参数。在调用该函数时只传递了一个实际参数 name。Python 解释器在执行时自动把 age 参数引用默认数据对象，即 30。特别要注意的是，默认参数的声明一定要在必需参数之后。例如 def print_me(name，age=30，sex)，就会报错，因为 sex 为必需参数，age 为默认参数；而 def print_me(name，age=30，sex="male")则正确，因为 age、sex 等默认参数在必需参数之后声明。

4. 可变参数

当需要一个函数能处理比当初声明时更多的参数时，Python 通过可变参数声明来提供支持，实质为 C/C++ 等编程语言中的不定长参数在 Python 中可以通过加星号或者双星号的方式来声明可变参数。它们的区别是，通过单星号声明的可变参数，其类型为元组类型(tuple)；通过双星号声明的可变参数，其类型为字典(dict)。示例如下。

```
代码：
def print_info( arg1, * var_tuple ):
    #打印所有输入参数
    print("输出信息为：")
    print(arg1)
    print(var_tuple)

#调用 print_info 函数
print_info(10,20,30,40)
输出结果：
输出信息为：
10
(20, 30, 40)
```

上例中，* var_tuple 为元组类型可变参数。当传入的实际参数为 10，20，30，40

时，arg1 引用了实际参数 10，后面的 20,30,40 被合成一个元组被 var_tuple 所引用，所以 print(var_tuple)得到的输出为(20,30,40)这样一个元组。

接下来，我们增加一个通过双星号来定义的字典类型可变参数 var_dict，如下。

```
代码：
def print_info(arg1, * var_tuple, **var_dict):
    #打印所有输入参数
    print("输出信息为： ")
    print(arg1)
    print(var_tuple)
    print(var_dict)

#调用 print_info 函数
print_info(10,20,30,name="Lin Longxin", age=42)
输出结果：
输出信息为：
10
(20, 30)
{'name': 'Lin Longxin', 'age': 42}
```

上例中，当传入的实际参数为"10，20，30，name="Lin Longxin"，age=42"时，arg1 引用了实际参数 10，实际参数 20,30 被合成一个元组后由 var_tuple 所引用，而 name="Lin Longxin"，age=42 组合成一个字典对象被 var_dict 所引用。

◆ 12.3　变量的作用域

在 Python 中，程序对变量的访问并不是随意的，需要受到变量"作用域"的约束。一个作用域是指一段程序的正文区域，可以是一个函数或一段代码。一个变量的作用域是指该变量的有效范围。Python 中变量的作用域可以分为如下 4 种。

(1) L(Local)：局部作用域。

(2) E(Enclosed)：闭包函数作用域。

(3) G(Global)：全局作用域。

(4) B(Built-in)：内置作用域。

1. 局部变量和全局变量

定义在函数内部的变量拥有一个局部作用域，定义在函数外部的变量拥有全局作用域。局部变量只能在其被声明的函数内部访问，而全局变量可以在整个程序范围内访问。

```
代码：
total = 0 #这是一个全局变量
def sum(arg1, arg2, arg3):
```

```
    #返回输入参数的和
    total = arg1 + arg2 + arg3 #total 在这里是局部变量.
    print ("函数内局部变量 total 的值为: ", total)
    return total
#调用 sum 函数
sum(10,20,30)
print ("函数外全局变量 total 的值为: ", total)
输出结果:
函数内局部变量 total 的值为:   60
函数外全局变量 total 的值为:   0
```

  函数的形式参数、函数内部定义的变量都是局部变量,只可以被函数内部的程序语句所访问(读或者写);函数外部所定义的变量是全局变量,可以被所有函数所访问。所以,例中 total=0 是全局变量,sum 函数中 arg1、arg2、arg3、total 等变量都是局部变量,该函数内部所操作的 total 变量是函数内部的局部变量而不是函数外部的全局变量。上述程序的执行结果证明了这一点。当局部作用的程序想访问全局作用域的变量时,必须通过 global 关键词进行声明。例如,上例可以修改如下。

```
代码:
total = 0 #这是一个全局变量
def sum(arg1, arg2, arg3):
    #返回输入参数的和
    global total
    total = arg1 + arg2 + arg3 #由于 global 的作用,total 变量为外部定义的全局变量
    print ("函数内 total 的值为: ", total)
    return total
#调用 sum 函数
sum(10,20,30)
print ("函数外 total 的值为: ", total)
输出结果:
函数内 total 的值为:   60
函数外 total 的值为:   60
```

  通过 global 关键字的作用,函数内部 total 变量其实就是外部定义的全局变量 total。所以,函数内部对 total 的修改,就是对全局变量的修改,所以打印的值均为 60。

  2. 闭包函数和 nonlocal 关键字

  在 Python 中,所谓闭包函数,就是指一个函数内部可以嵌套定义一个函数(C 语言不可以),从而形成闭包作用域。闭包作用域是从内部函数而言,在其外部函数定义的变量就是"闭包作用域变量"。示例如下。

代码:
```
def outer():
    num = 200 #闭包变量(相对于 inner 函数而言)
    def inner():
        num = 500   #局部变量
        print(num)
    inner()
    print(num)


outer()
```
输出结果:
```
500
200
```

上例中,outer 函数定义的 num 变量相对 inner 函数而言是一个闭包作用域的变量。inner 函数内部定义的变量 num 是个局部变量,这是两个不同的变量,上述运行结果也证明了这一点。为了在 inner 函数内部使用闭包作用域变量,需要通过 nonlocal 关键字进行声明,该例子可以修改如下。

代码:
```
def outer():
    num = 200
    def inner():
        nonlocal num #声明 num 为闭包作用域变量
                     #当调用此函数时,该值为 200
        print(num)
        num = 500
        print(num)
    inner()
    print(num)


outer()
```
输出结果:
```
200
500
500
```

执行结果可以证明 inner 函数内部的 num 变量和 outer 中定义的 num 变量是相同的变量。

3. 变量作用域的 LEGB 规则

在函数内部访问变量,会依据特定的顺序依次查询不同层次的作用域。遵循的规则就是 LEGB 规则,指查询的次序依次为 L→E→G→B 的顺序。LEGB 的含义前面已经提及，具体而言，L 指局部变量，E 指闭包函数中定义的变量，G 指全局变量，B 指 Python 环境内置的变量。举例说明如下。

```
代码：
import builtins
builtins.B = "Built-in Variable"
G = "Global Variable"
def enclosing():
    E = "Enclosed Variable"
    def test():
        L = "Local Variable"
        print(L)
        print(E)
        print(G)
        print(B)
        print(N)
    test()

enclosing()
输出结果：
Local Variable
Enclosed Variable
Global Variable
Built-in Variable
Traceback (most recent call last):
  File "C:/Users/Forest/test.py", line 15, in <module>
    enclosing()
  File "C:/Users/Forest/test.py", line 13, in enclosing
    test()
  File "C:/Users/Forest/test.py", line 12, in test
    print(N)
NameError: name 'N' is not defined
```

test 函数中的 print 语句需要访问变量 L、E、G、B、N 时都遵循 LEGB 的查找匹配原则。当访问 L 变量时，先在局部作用域中寻找，发现它有定义，则使用它的值；当访问 E 变量时，在局部作用域中没找到，则去闭包作用域中寻找，匹配成功；当访问 G 变量时，在局部作用域和闭包作用域中都没有找到，则继续到全局作用域中寻找，匹配成功；当访问 B 变量时，在局部作用域、闭包作用域、全局作用域中都没有找到，继续在内置作用域中寻找，匹配成功。当访问 N 变量时，依据 LEGB 规则均未找到此变量，则出现名字错误，即"NameError：name 'N' is not defined"。

◇ 12.4　子函数与函数调用

12.4.1　子函数

在第 10 章中提及,程序＝算法＋数据。事实上,函数＝命名的算法,可以把函数当成算法的实体,是对生活中"事情"的建模。函数才是程序运行的真正实体,因为函数是由程序语句构成的,这些语句最终会被解释为计算机的指令。任何程序,从函数的观点来看,一定有一个主函数或者入口函数,大部分编程语言把这个入口函数命名为 main 函数,例如,C、C++、Java、Go 等语言的入口函数都命名为 main 函数。Python 作为一门动态解释性语言,它依赖 CPython 等解释器来解释执行,CPython 是用 C 语言写的,当然入口函数为 main 函数。当它解释 Python 脚本文件时,它会从此脚本文件的第 1 行语句开始执行,通常我们在编写脚本文件时通过"if __name__ == '__main__':"语句来指定入口函数,如下。

```
代码:文件 test.py
def say_hi():
    print("hello world!")


def main():
    say_hi()


if __name__ == '__main__':
    main()


输出结果:
hello world!
```

当运行 test.py 文件时,其入口函数为 main 函数,main 函数会调用 say_hi 函数,我们称 say_hi 函数为 main 函数的子函数,say_hi 函数则会调用 print 函数,那么 print 函数又是 say_hi 函数的子函数。

12.4.2　函数调用和栈

根据第 10 章的描述,生活中"事情"可以依据事情本身的发展逻辑不断地被分解成一些小事情、更小的事情的执行。对应到程序中就是函数、子函数之间的调用、被调用和返回等概念。这些函数、子函数之间呈现一种树状的结构关系,如图 12-2 所示。

图 12-2 展示的是一个程序被分解为一些函数、子函数之间的"调用关系",呈现的是树状结构。图 12-2 可以这样理解:此程序的入口函数为 main 函数,main 函数先定义了一些数据(以常量和变量的方式)、执行了一些基本语句序列,然后调用子函数 1,子函数 1 又要调用子函数 11,当子函数 11 执行后,"返回"到子函数 1,继续调用子函数 12,子函数 12 执行完毕,"返回"到子函数 1 后,子函数 1 继续返回到 main 函数,继续执行子函数 n。

图 12-2　程序中函数关系的树状结构

在函数调用过程中,需要解决两个关键问题:①被调用函数在执行完毕后,如何返回到调用函数,如果有处理后的结果,还需要把处理结果返回;②被调用的函数执行完毕后,调用者函数需要继续执行新的过程,新的过程可能需要用到先前的数据,为了保证函数调用过程的"透明化",程序需要提供"保护现场"的能力,在深层次的函数调用过程中尤其重要。为了支持这两种关键需求,任何编程语言都通过"函数调用返回"和"栈"的机制来解决。

1. 函数调用返回(return)

为了实现被调用函数到调用者函数的"返回",几乎每种编程语言都提供了 return 语句,Python 也不例外。格式为: return [返回参数列表],不带参数值的 return 语句返回 None。

```
代码:
def sum(arg1, arg2):
    #求两个输入数值之和
    total = arg1 + arg2
    print ("函数内数值之和: ", total)
    return total

#调用 sum 函数
result= sum(10, 20)
print ("函数外数值之和: ", result)

输出结果:
函数内数值之和:   30
函数外数值之和:   30
```

例子中,主流程调用 sum 函数,sum 函数运算完成后,通过其中的 return 语句把两个数的和返回到主流程,并赋值给 result 变量。所以,函数内部求和得出的值和 result 的值是一样的。

2. 栈（stack）

函数之间的深层次调用，例如求 n 阶乘采用递归算法实现，$n! = n \times (n-1)!$ 通过 Python 算法实现如下。

```
代码：
def factorial(n):
    if n == 0:    #假如输入参数 n 是一个大于 0 的整数
        return 1
    else:
        return n * factorial(n-1)

print(factorial(5))
输出结果：
120
```

上述递归函数调用 factorial(5) 在执行过程中要调用 factorial(4)，factorial(4) 在执行过程中要调用 factorial(3)，一直下去到获得 factorial(0) 的值为止，然后层层返回，才可以获得最终的结果，调用关系图如图 12-3 所示。

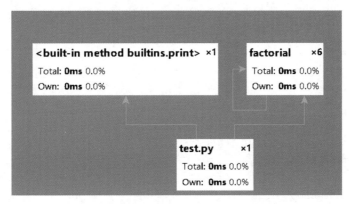

图 12-3　阶乘的递归算法函数调用关系图

函数每次调用子函数时需要先找个地方把自己本地的局部变量，例如 factorial 函数中的 n 变量保存起来。本例中，factorial 函数需要嵌套调用 6 次，则需要把 6 个不同层次的局部变量 n 保存起来，在函数返回时，后面保存的变量先丢弃。这符合数据结构中"栈"（stack）的使用习惯，即 LIFO（后入先出）。为了支持函数之间的深层次调用过程中需要保留的各层函数的局部变量，编程语言一般采用"栈"来实现，Python 也不列外。Python 中每个函数用一个栈帧（stack frame）来表示其内部数据（主要是局部变量），调用函数和被调用函数之间的多层次的栈帧结构被称为栈图（stack diagram）。特别注意的是，和 C/C++ 等静态语言不同，Python 的"栈帧"是从系统"堆"中分配的，而不是直接使用系统栈。

◇ 12.5 语句的 3 种结构

12.5.1 过程、步骤和语句之间的关系

前述内容已经对生活中的"事情"或"过程""步骤"及程序语言中的"函数"和"语句"之间的映射关系进行了说明。简而言之,"函数"是对"事情、过程"的建模,"语句"是对"事情中步骤"的建模。多条语句构成了函数。而一个函数中语句之间的关系又分为 3 种:顺序关系、选择关系和循环关系。首先,一个函数中所有语句之间是天然的顺序关系,把按照时间顺序发生的语句从上到下顺序排列就体现了这种"顺序结构",不需要额外语法进行支持。本节只考虑选择结构所代表的"选择关系",以及循环结构所代表的"循环关系"。

12.5.2 选择结构

选择结构的含义是:假定一个函数 A 由语句集合 $\{S1, S2, \cdots, Sn\}$ 构成,根据条件的不同把它们划分为 m 个等价类($m \leqslant n$),这些语句会根据具体的条件值执行其中一个等价类所对应的语句块。Python 通过 if 语句来实现选择结构。

1. if 语句

if 语句的一般形式如下。

```
if condition_1:
    statement_block_1
elif condition_2:
    statement_block_2
⋮
elif condition_n:
    statement_block_n
else:
    statement_block_else
```

如果 condition_1 为 True,将执行 statement_block_1 语句块。

如果 condition_1 为 False,将判断 condition_2,如果为 True,则执行 statement_block_2 语句块。

如果 condition_n 前的所有条件为 False,而它为 True,则执行 statement_block_n 语句块。

如果上述条件都为 False,则执行 statement_block_else 语句块。

所有的判定条件为关系运算或者逻辑运算的结果,为 True 或者 False。

代码:
```
age = int(input("请输入你家狗狗的年龄："))
print("")
```

```
if age < 0:
    print("你是在逗我吧!")
elif age == 1:
    print("相当于 14 岁的人。")
elif age == 2:
    print("相当于 22 岁的人。")
elif age > 2:
    human = 22 + (age - 2) * 5
    print("对应人类年龄: ", human)

###退出提示
input("按 Enter 键退出")
```

输出结果:
请输入你家狗狗的年龄: 15

对应人类年龄:　87
按 Enter 键退出

当输入的狗狗年龄为 15 时,根据上述条件语句的匹配规则,对应到最后的 elif 分支的语句块。

2. if 嵌套

在嵌套 if 语句中,可以把 if…elif…else 结构放在另外一个 if…elif…else 结构中。示例如下。

代码:
```
num=int(input("输入一个数字:"))
if num%2==0:
    if num%3==0:
        print ("你输入的数字可以整除 2 和 3")
    else:
        print ("你输入的数字可以整除 2,但不能整除 3")
else:
    if num%3==0:
        print ("你输入的数字可以整除 3,但不能整除 2")
    else:
        print ("你输入的数字不能整除 2 和 3")
```

输出结果:
输入一个数字:13
你输入的数字不能整除 2 和 3

12.5.3 循环结构

1. while 语句和 for 语句

和 C/C++、Java 等语言不同,Python 没有 do…while 循环,只有 while 语句和 for 语句。while 语句一般用于一开始不能确定循环次数的情况,for 语句一般用于一开始就可以确定循环次数的情况。如下。

代码:
```
count = 0
while count < 4:
    print (count, " 小于 4")
    count = count + 1
else:
    print (count, " 大于或等于 4")
```
输出结果:
```
0  小于 4
1  小于 4
2  小于 4
3  小于 4
4  大于或等于 4
```

上述例子中,当 count<4 时会执行循环语句块,否则会执行 else 分支中的打印语句。while 语句中条件变量在语句块中发生变化,最终确保不会陷入"无限循环"。for 语句例子如下。

代码:
```
sites = ["Baidu", "Google","Amazon","Taobao"]
for site in sites:
    if site == "Amazon":
        print("亚马逊!")
        break
    print("循环数据 " + site)
else:
    print("没有循环数据!")
print("完成循环!")
```
输出结果:
```
循环数据 Baidu
循环数据 Google
亚马逊!
完成循环!
```

在 for 循环中,循环次数一般是固定的,例如上例中循环次数的值为列表的长度,即为 4。

2. break 和 continue 语句

break 是跳出整个循环逻辑的意思,continue 是指跳过本次循环语句块直接进入下次循环。举个形象例子:吃饭的过程是个循环过程,饭需要一口一口地吃,直到饭碗中没有饭为止。假如在吃饭过程中,吃到第 5 口,一不小心碰到了石子把牙齿崩掉了一颗,饭是没法吃下去了,则通过 break 语句中止整个循环过程;考虑另外一种情况,假设吃饭吃到第 7 口,居然发现了一条青虫,如果不是很排斥的话,可以把这口饭跳过,继续吃下一口饭,则需要使用 continue 语句。下面两个例子便于概念的理解。

1) break 举例

```
代码:
for letter in 'hello':
    if letter == 'l':
        break
    print ('当前字母为 :', letter)
输出结果:
当前字母为 : h
当前字母为 : e
```

本例中,当碰到字母'l'时,终止循环,所以只输出了字母 h 和 e。

2) continue 举例

```
代码:
for letter in 'hello':
    if letter == 'l':
        continue
    print ('当前字母为 :', letter)
输出结果:
当前字母为 : h
当前字母为 : e
当前字母为 : o
```

本例中,当碰到字母'l'时,则跳过它,输出其他字母,即 h、e、o 等。

◇ 12.6　术　语　表

函数(**function**):执行某种有用运算的命名语句序列。函数可以接受形参,也可以不接受;可以返回一个结果,也可以不返回。

形参(**parameters**):用于指向被传作实参的值的名字。

实参(**argument**):函数调用时被传给函数的具体值,这个值被赋给函数中相对应的形参。

局部变量(local variable)：函数内部定义的变量。局部变量只能在函数内部使用。

返回值(return value)：函数执行的结果。

执行流程(flow of execution)：语句执行的顺序和流程。

◆ 12.7 练　　习

一、问答题

1. 下列代码会输出什么结果，试分析其中的原因。

```
def demo():
    a = 3
    print(a)
a = 5
demo()
print(a)
```

2. Python 中的循环结构和分支结构分别适用于什么样的场景？

3. Python 中如果一个函数在内部调用自身，那么这个函数被称为递归函数。试分析递归函数的优缺点。

4. 如果一个函数没有 return 或者 return 之后不带有任何参数，那么这个函数会返回什么？

5. lambda 表达式创建的函数可以命名吗？为什么要设置 lambda 表达式？

6. 内置函数 type() 和 isinstance() 都能用于判断变量类型，它们有什么区别？

二、编程题

1. 编写一个名为 compute 的函数，其中包含 first_param、second_param、operator 3 个形参，分别是两个数字类型和一个字符串类型 operator 参数接收算术运算符字符串。例如：compute(1,1,"＋")，返回 2。

2. 编写一个名为 is_leap_year 的函数，其中包含名为 year 的形参。判断输入的年份是否为闰年，返回布尔类型。例如 is_leap_year(2020)，返回 True。

3. 编写一个名为 is_prime 的函数，其中包含名为 number 的形参。判断输入的数字是否为素数。例如 is_prime(5)，返回 True。

4. 编写函数 sorted 接收一个全为整型的列表，模拟内置函数 sorted。实现将列表中的数字从小到大排序。

常用数据结构

数据结构(data structures)即存储数据的结构,将数据以某些逻辑关系组织、管理和存储。它们是用来存储一系列相关数据的集合,针对计算机中一些非数值计算问题,我们需要利用链表、队列、树或图等数据结构来帮助我们解决问题。Python 中一切数据结构都是存储在堆空间中的对象。

在 Python 中有 4 种内置的数据结构——列表(list)、元组(tuple)、字典(dictionary)和集合(set)。

◇ 13.1 列　　表

13.1.1　列表定义

列表是一种用于保存一系列数据项的有序集合。字符串是一个特殊的列表,其每个值都是字符。在列表中,值可以是任何数据类型。列表中的值称为元素(element),有时也称为项(item)。

你可以想象你有一张晚会节目表,上面列出了所有晚会的节目名称,节目单上可能为每个节目都单独列一行,在 Python 中你需要在它们之间多加上一个逗号。

创建新列表的方法有多种,最简单的方法是用方括号(〔 和 〕)将元素括起来。

一个不包含元素的列表被称为空列表,你可以用空的方括号创建一个空列表。

列表的值可以赋给变量。

```
代码:
cheeses = ['Cheddar ', 'Edam ', 'Gouda ']
numbers = [42 , 123]
empty = []
print ( cheeses , numbers , empty )
输出结果:
['Cheddar ', 'Edam ', 'Gouda '] [42 , 123] []
```

一旦创建了一张列表,你可以添加、移除或搜索列表中的项目。既然可以添加或删除项目,我们会说列表是一种可变的(mutable)数据类型,也就是说,这种数据类型的值是可以被改变的。

13.1.2 列表的主要操作

表 13-1 和表 13-2 是列表的主要操作。

表 13-1 列表的主要操作(一)

基 本 操 作	操作功能描述
len(list)	列表长度
max(list)	列表元素最大值
min(list)	列表元素最小值
list(seq)	生成一个列表

表 13-2 列表的主要操作(二)

列 表 操 作	操作功能描述
list.append(obj)	在列表的末尾添加元素
list.clear()	清除列表元素
list.copy()	列表复制一个副本
list.count(obj)	统计列表某个元素的元素个数
list.extend(seq)	列表末尾扩展列表
list.index(obj)	获取列表某元素的索引
list.insert(index,obj)	在列表中插入元素
list.pop(index)	列表输出某一个元素并删除
list.remove(obj)	列表移除某一元素
list.reverse()	列表反转
list.sort()	对列表排序

1. append 方法

直接把新数据放到列表的最后一项。

代码:
```
L=['A',"B","C","D","E","F",'G']#定义一个列表
L.append('ABC')#把'ABC'增加到列表 L 中
print(L)
```

输出结果：

```
['A', 'B', 'C', 'D', 'E', 'F', 'G', 'ABC']
```

2. insert 方法

insert 方法比 append 方法更灵活，可以将新数据插到列表任何位置。

代码：
```
L=['A',"B","C","D","E","F",'G']#定义一个列表
L.insert(1,'罗亚雄')  #把 '罗亚雄' 插入到  第 1 位
print(L)
```
输出结果：
```
['罗亚雄', 'A', 'B', 'C', 'D', 'E', 'F', 'G']
```

3. remove 方法

移除列表中与传入参数匹配的第一个值。

代码：
```
L=['A',"B","C","D","E","F",'G']#定义一个列表
L.remove('A')#删除列表中的'A',  remove 不能直接靠下标来删除,即 L.remove(0)是不
行的
print(L)
```
输出结果：
```
['B', 'C', 'D', 'E', 'F', 'G']
```

4. pop 方法

移除列表中的一个值（默认最后一个元素），并返回移除元素的值。

代码：
```
L=['A',"B","C","D","E","F",'G']#定义一个列表
a=L.pop(0)  #删除列表中的 A,pop 可以靠下标来删除,并且可以返回这个删除的元素
print(L)
print(a)
```
输出结果：
```
['B', 'C', 'D', 'E', 'F', 'G']
A
```

5. del 方法

删除指定元素。

代码：

```
L=['A',"B","C","D","E","F",'G']#定义一个列表
del  L[0]   #del 不是列表内置删除,它是通用的,直接删除对应元素
print(L)
```

输出结果：

```
['B', 'C', 'D', 'E', 'F', 'G']
```

6. 修改

修改列表中某一项或多项的值。

代码：

```
L=['A',"B","C","D","E","F",'G']#定义一个列表
L[3]='d'            #把列表中的 D 改为 d
print(L)
L[0:3] =['a','b','c'] #把'A'、'B'、'C'改为小写
print(L)
```

输出结果：

```
['A', 'B', 'C', 'd', 'E', 'F', 'G']
['a', 'b', 'c', 'd', 'E', 'F', 'G']
```

7. 查询

查找列表中某一项或多项的值。

代码：

```
L=['A',"B","C","D","E","F",'G']#定义一个列表
print(L[1])
print(L)      #取全部
print(L[0:])#取全部
print(L[0:-1])#一直取到倒数第二个
print(L[3:6])#取出片段,规则:左包括,右不包括,相当于第三个(从 0 开始数)一直到第五个
print(L[0::2])#以步长为 2 来取
print(L[::-1])#倒着取
```

输出结果：

```
B
['A', 'B', 'C', 'D', 'E', 'F', 'G']
['A', 'B', 'C', 'D', 'E', 'F', 'G']
['A', 'B', 'C', 'D', 'E', 'F']
['D', 'E', 'F']
['A', 'C', 'E', 'G']
['G', 'F', 'E', 'D', 'C', 'B', 'A']
```

13.1.3　多维列表

一个列表作为元素嵌套在另一个列表中,称为多维列表(嵌套列表),嵌套的层数即为维数,图 13-1 和图 13-2 分别展示创建一个二维列表和三维列表并输出相应元素。

```
>>> x = [ [5,6],[6,7],[7,2] ,[2,5] ,[4,9]]
>>> print(x)
[[5, 6], [6, 7], [7, 2], [2, 5], [4, 9]]
>>> print(x[1])
[6, 7]
>>> print(x[1][1])
7
```

图 13-1　二维列表

```
>>> y = [[[5,7],[6,6]],[[6,6],[7,8]],[7,2],[2,5]]
>>> print(y[1][0][0])
6
>>>
```

图 13-2　三维列表

此三维列表前面两个元素是由两个二维列表组成,后面两个是单独的二维列表。

◆ 13.2　元　　组

13.2.1　元组的定义

元组是一组值的序列。其中的值可以是任意类型,使用整数索引其位置,元组类似于字符串,它们是不可变的,也就是说,你不能编辑或更改元组。

创建元组很简单,如下实例。

(1) 创建普通元组只需要在括号中添加元素,并使用逗号隔开即可。

(2) 创建空元组。

(3) 元组中只包含一个元素时,需要在元素后面添加逗号。

代码:
```
tup1 = ('physics', 'chemistry', 1997, 2000)
tup2 = ()
tup3 = (2,)
```

13.2.2　元组的主要操作

元组可以使用下标索引来访问元组中的值,下标索引从 0 开始,可以进行截取、组合,如图 13-3 所示。

因为元组也是一个序列,所以我们可以访问元组中指定位置的元素,也可以截取索引中的一段元素。

如对元组:L =（'Google', 'Taobao', 'Runoob'),可进行如表 13-3 所示操作。

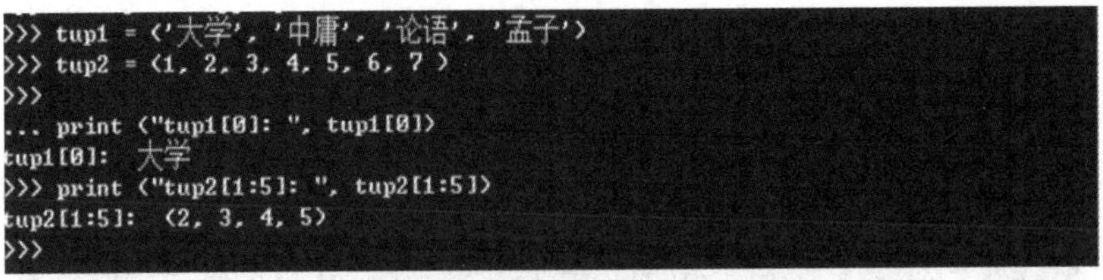

```
>>> tup1 = ('大学', '中庸', '论语', '孟子')
>>> tup2 = (1, 2, 3, 4, 5, 6, 7)
>>>
... print ("tup1[0]: ", tup1[0])
tup1[0]: 大学
>>> print ("tup2[1:5]: ", tup2[1:5])
tup2[1:5]: (2, 3, 4, 5)
>>>
```

图 13-3　元组的操作

表 13-3　元组的操作

Python 表达式	结　果	描　述
L[3]	'Runoob'	读取第三个元素
L[−2]	'Taobao'	反向读取;读取倒数第二个元素
L[1:]	('Taobao', 'Runoob')	截取元素,从第二个开始后的所有元素

Python 元组包含如表 13-4 所示内置函数。

表 13-4　元组的内置函数

序号	方法及描述	实　例
1	len(tuple):计算元组元素个数	tuple1＝('Google','Runoob', 'Taobao') len(tuple1) 输出结果:3
2	max(tuple):返回元组中元素最大值	tuple2 ＝ ('5', '4', '8') 　max(tuple2) 输出结果:'8'
3	min(tuple):返回元组中元素最小值	tuple2 ＝ ('5', '4', '8') min(tuple2) 输出结果:'4'
4	tuple(seq):将列表转换为元组	list1＝['Google','Taobao','Runoob','Baidu'] tuple1＝tuple(list1) tuple1 输出结果:('Google', 'Taobao', 'Runoob', 'Baidu')

13.2.3　列表和元组的区别

元组与列表都是容器对象,都可以存储不同类型的内容。元组与列表的不同有两点。

(1) 元组的声明使用圆括号,而列表使用方括号,当声明只有一个元素的元组时,需要在这个元素的后面添加英文逗号。

(2) 元组声明和赋值后,不能像列表一样添加、删除和修改元素,也就是说元组在程序运行过程中不能被修改。用于列表的排序、替换、添加等方法也不适用于元组。

◈ 13.3　集　　合

13.3.1　集合的定义

集合(set)是一个无序的不重复元素序列。

可以使用花括号"{ }"或者 set 函数创建集合,注意:创建一个空集合必须用 set 而不是{ },因为{ }是用来创建一个空字典。

举例如下。

代码:
```
s = {'h', 'l', 'e', 'o'}
s=set("hello")
```

13.3.2　集合的主要操作

1. 集合间的操作

子集:为某个集合中一部分的集合,故亦称部分集合。

使用操作符"<"执行子集操作,同样地,也可使用方法 issubset()完成。

代码:
```
A = set('abcd')
B = set('cdef')
C = set("ab")
C < A #C 是 A 的子集
C < B
C.issubset(A)
```
输出结果:
```
True
False
Ture
```

并集:一组集合的并集是这些集合的所有元素构成的集合,而不包含其他元素。

使用操作符"|"执行并集操作,同样地,也可使用方法 union()完成。

代码:
```
A = set('abcd')
B = set('cdef')
A | B
A.union(B)
```
输出结果:
```
{'c', 'b', 'f', 'd', 'e', 'a'}
{'c', 'b', 'f', 'd', 'e', 'a'}
```

交集：两个集合 A 和 B 的交集是含有所有既属于 A 又属于 B 的元素，而没有其他元素的集合。

使用"&"操作符执行交集操作，同样地，也可使用方法 intersection() 完成。

代码：
```
A = set('abcd')
B = set('cdef')
A & B
A.intersection(B)
```
输出结果：
```
{'c', 'd'}
{'c', 'd'}
```

差集：A 与 B 的差集是所有属于 A 且不属于 B 的元素构成的集合。

使用操作符"-"执行差集操作，同样地，也可使用方法 difference() 完成。

代码：
```
A = set('abcd')
B = set('cdef')
A - B
A.difference(B)
```
输出结果：
```
{'b', 'a'}
{'b', 'a'}
```

2. 集合内的增删

add 方法向集合中添加元素。

代码：
```
s = {1, 2, 3, 4, 5, 6}
s.add("s")
print(s)
```
输出结果：
```
{1, 2, 3, 4, 5, 6, 's'}
```

diacard 方法删除集合中的一个元素（如果元素不存在，则不执行任何操作）。

代码：
```
s = {1, 2, 3, 4, 5, 6}
s.discard("5")
print(s)
```
输出结果：
```
{1, 2, 3, 4, 6}
```

3. 集合和列表的区别

集合从定义上有如下特点。

(1) 由不同元素组成。

(2) 无序。

(3) 集合中的元素必须是不可变类型。

集合区别于列表的 3 个不同的特点。

(1) 集合是去重的,而列表是不去重的。

(2) 集合是无序的,而列表是有序的。

(3) 集合的元素是不可变类型的,即集合的元素是常量,而列表的元素是可变的变量。

◇ 13.4　字　　典

13.4.1　字典的定义

字典是无序可变序列,以"键-值"对的形式存储数据,类似一本地址簿,通过他或她的姓名,可以从地址簿中查找到其地址或是能够联系上对方的更多详细信息。通过字典结构我们将键(key)(即姓名)与值(value)(即地址等详细信息)联立到一起。

字典的每个"键-值"对用冒号(:)分隔,每个"键-值"对之间用逗号(,)分隔,整个字典包括在花括号({})中,格式如下所示。

```
d = {key1 : value1, key2 : value2 }
```

键必须是唯一的,但值则不必。

值可以取任何数据类型,但键必须是不可变的,如字符串、数字或元组。

13.4.2　字典的主要操作

1. 访问字典里的值

把相应的键放入熟悉的方括号,如下。

```
代码:
dict = {'Name': 'Zara', 'Age': 7, 'Class': 'First'}
print("dict['Name']: ", dict['Name'])
print("dict['Age']: ", dict['Age'])
输出结果:
dict['Name']:  Zara
dict['Age']:  7
```

2. 修改字典

向字典添加新内容的方法是增加新的"键-值"对，修改或删除已有"键-值"对，示例如下。

```
代码:
dict = {'Name': 'Zara', 'Age': 7, 'Class': 'First'}
dict['Age'] = 8 #更新
dict['School'] = "RUNOOB" #添加
print("dict['Age']: ", dict['Age'])
print("dict['School']: ", dict['School'])
输出结果:
dict['Age']:  8
dict['School']:  RUNOOB
```

3. 删除字典元素

删除一个字典元素用 del 命令，示例如下。

```
代码:
d = {'a':1,'b':2,'c':3}
del d['a'] #删除给定 key 的元素
print(d)
输出结果:
{'b': 2, 'c': 3}
```

◆ 13.5 术 语 表

数据（data）：能被计算机接收并处理的被操作对象集合。

数据项（data item）：数据中的最小单位，也被称为域（field），代表数据中的字段。

数据元素（data element）：由若干个数据项组成的数据基本单元，也称为结点元素。

集合（set）：由一个或多个确定的元素所构成的整体。

数据结构（data structure）：由相互之间存在着一种或多种关系的数据元素组成的集合。

◆ 13.6 练 习

一、问答题

1. Python 中列表类型和元组类型有什么区别？它们分别适用于什么场景？

2. 试用切片操作将列表中的元素逆序输出。

3. Python 中列表类型涉及哪些基本操作？它们在 Python 中应该如何调用？

4. 对列表使用 sorted 函数和 sort 函数有什么区别？

5. Python 中的列表如果使用了超出范围的索引会发生什么？如何避免程序出现问题？

二、编程题

1. 编写程序，给定列表[1,9,8,7,6,5,13,3,2,1]，先输出原列表，删除其中所有奇数后再输出。

2. 使用 Python 中的 list 结构构建一个队列数据结构。队列结构允许一端插入数据，在另一端删除数据。插入数据的一端称为队尾。删除数据的一端称为队首。队列中的数据应满足 FIFO(先进先出)。

3. 编写一个函数给定一个整数数组 nums 和一个目标值 target，找出数组中和为目标值的两个数返回它们的索引值。

例如：nums = [3,7,12,25], target = 10　返回[0,1]

提示：借助 enumerate 函数。

第14章

模块、文件、输入和输出

如果 Python 程序所要求解的问题非常简单,通常编写一个 Python 源程序文件即可。当所求解的问题比较复杂,需要通过模块机制把复杂问题进行合理分解,不同的模块使用一个或者多个 Python 源程序来实现。目前我们所见到的大多数程序都是临时的,因为它们只运行一段时间并输出一些结果,当它们结束时,数据也就消失了。如果再次运行程序,它将以全新的状态开始。另一类程序是持久的,它们长时间运行(或者一直在运行),需要将一部分数据记录在永久存储(如一个硬盘)中,如果关闭程序然后重新启动,它们将从上次中断的地方开始继续。程序保存其数据的一个最简单方法,就是通过使用操作系统提供的系统调用读写文件。

◆ 14.1　Python 程序的组织结构

在第 10 章中描述了 Python 程序的结构模型,指出 Python 程序由多个 Python 模块(.py 文件)组成,每个模块又包含了数据集和函数集。数据以常量或者变量的形式出现。模块中的数据和函数可以共享给其他模块使用。

14.1.1　模块和文件

模块是一个包含所定义的函数和变量的文件,其后扩展名为 py。一个模块可以被别的模块引入,以使用该模块中的函数等功能。Python 提供了大量内置的模块给开发者使用。要在一个模块中使用另外一个模块中的数据或者函数,需要通过 import 语句。

14.1.2　import 语句

当一个 Python 源文件(即.py 文件,与模块同义)需要使用其他模块的共享数据或者函数时,就要通过 import 语句,其的语法为：import module1,[module2,…, moduleN]。当 Python 解释器(例如 CPython)遇到 import 语句,先从当前目录开始,再从系统的搜索路径中寻找需要导入的模块。例如,basic.py 模块是一个被引入模块,它定义了如下数据和函数。

被引入模块名:**basic.py**
代码:
```
university_name = "Jinan University"
def say_hi(name):
    print("Hi, I am ", name)
```

basic 模块中定义了 university_name 变量和 say_hi 函数,如果一个新的模块 test.py 想要使用 basic 模块中的变量和函数,需要在模块的开始通过 import 语句引入 basic 模块,源代码如下。

模块名:**test.py**
代码:
```
import basic
basic.say_hi("Lin Longxin")
print("I am a teacher of ", basic.university_name)
```
输出结果:
```
Hi, I am  Lin Longxin
I am a teacher of  Jinan University
```

import basic 语句把 basic 模块引入 test 模块中,如果需要使用 basic 模块中的数据或函数,则需要通过在该数据或函数前添加"模块名."的方式进行访问。例如,上例中的 basic.say_hi、basic.university_name 等。如果想要省略"模块名.",直接使用该数据或者函数,则需要通过 from…import 语句。

14.1.3　from…import 语句

from…import 语句可以从模块中导入一个或者多个指定的函数、数据变量等到当前模块的命名空间,语法为:from mod_name import name1[，name2[，… nameN]]。例如,上面的例子中要导入 say_hi 函数,可以如下操作。

模块名:**test1.py**
代码:
```
from basic import say_hi
say_hi("Lin Longxin")
```
输出结果:
```
Hi, I am  Lin Longxin
```

当然,也可以把一个模块中的所有内容全部导入当前模块的命名空间中,只需要通过 from mod_name import * 语句,当然这种做法不宜过多使用。

还是针对上面的例子,采用 from…import * 的程序代码如下。

模块名:**test2.py**
代码:
```
from basic import *
```

```
say_hi("Lin Longxin")
print("I am a teacher of ", university_name)
```
输出结果：
```
Hi, I am  Lin Longxin
I am a teacher of   Jinan University
```

14.1.4 基于包和模块的程序组织

包是一种管理 Python 模块命名空间的组织形式，与 Java 中的包类似，在物理形式上以"文件夹"的形式体现。故，我们可以这样认为，包就是文件夹，模块就是.py 文件。文件夹中可以包含文件、子文件夹，类似地，包中可以包含模块和子包。通过"."分隔符来访问包中的元素，例如，包1.模块1、包1.子包11等分别表示包1中的模块1、包1中的子包11。

通过包、子包、模块的这种组织方式，程序员可以把所设计的程序进行很好的子系统、功能模块划分，便于更好的源代码组织。不妨假设研发一套统一处理声音文件和数据的处理库。现存很多种不同的音频文件格式例如.wav、.au、.aiff 等，该处理库需要有一组不断增加的模块，用来在不同的格式之间转换，并且针对这些音频数据，还有很多不同的操作（如混音、添加回声、增加均衡器功能等）。这里给出了一种可能的包结构组织方式，如下。

```
sound/                          #顶层包
    __init__.py                 #包初始化文件,必须要的
    formats/                    #音频文件格式转换子包
        __init__.py
        wav_read.py
        wav_write.py
        aiff_read.py
        aiff_write.py
        au_read.py
        au_write.py
        ...
    effects/                    #声音效果子包
        __init__.py
        echo.py
        surround.py
        reverse.py
        ...
    filters/                    #filters 子包
        __init__.py
        equalizer.py
        vocoder.py
        karaoke.py
```

用户可以每次只导入一个包里面的特定模块，例如，import sound.formats.wav_

read。也可通过 from…import 的方式导入，例如：from sound.formats import wav_read。如果直接导入模块中的函数，例如，导入 wav_read 模块中的 read_wav_file 函数，可以通过 from sound.formats.wav_read import read_wav_file 的形式。

◈ 14.2　输入和输出

本节的输入、输出指人机交互的概念，例如，输入是指从键盘输入数据，输出是指把信息输出到显示屏。

1. 输出

Python 3 主要通过 print 函数实现对数据的输出。如果希望输出的形式多样化，可以使用字符串内置的 format 方法来格式化输出值；如果希望将输出的值转换为字符串，可以使用 str 或者 repr 函数来完成。这两者的区别是，str 函数返回一个用户易读的形式，repr 返回一个解释器易读的形式。示例如下。

```
>>> s="hello world"
>>> str(s)
'hello world'
>>> repr(s)
"'hello world'"
>>> a = 100
>>> str(a)
'100'
>>> repr(a)
'100'
```

format 的基本用法示例如下。

```
>>>print("{}网站:{}".format("Lin Longxin", "https://icerg.longxinlin.com/"))
Lin Longxin网站:https://icerg.longxinlin.com/
>>> print("{1}和{0}".format("Google","Baidu"))
Baidu 和 Google
```

花括号及里面的字符（称为格式化字段）将被 format 中的参数替换。上例中，第 1 个 print 语句中的两对"{}"分别被后面的字符串所替换，第 2 个 print 语句中{1}被 format 中的第 2 个字符串所替换，{0}被第 1 个字符串所替换。如果在 format() 中使用了关键字参数，那么它们的值会指向使用该名字的参数，示例如下。

```
>>>print("{name}网站:{site}".format(
  site="https://icerg.longxinlin.com/",name="Lin Longxin"))

Lin Longxin网站:https://icerg.longxinlin.com/
```

可选项 ':' 和格式标识符可以跟着字段名。这就允许对值进行更好的格式化,下面的例子将 Pi 保留到小数点后两位。

```
>>> import math
>>> print("PI 的近似值为:{0:.2f}".format(math.pi))
PI 的近似值为:3.14
>>>
```

2. 输入

Python 3 主要通过 input 函数接收标准输入数据,即来自键盘的输入,返回字符串类型的对象。示例如下。

```
>>> str = input("请输入:")
请输入:计算机科学与程序设计导论
>>> print("你输入的内容为: ", str)
你输入的内容为: 计算机科学与程序设计导论
>>> type(str)
>>> <class 'str'>
```

◆ 14.3 文 件

14.3.1 数据的持久化

计算机的主要功能是对输入的数据进行处理、变换、存储和输出等。存储是很重要的组成部分。内存在数据的存储方面具有"非持久特性",一旦计算机关机,信息则会丢失。为了进行"持久化"的保存数据,主要的方式是操作系统提供的"文件"以及数据库管理系统,例如 Oracle、MySQL 等关系数据库。本节不讨论数据库这种持久化方案。

14.3.2 Python 中的文件操作

"文件"(file)的概念是操作系统数据存储方面的基本概念,用于持久化保存数据,主要有 4 个基本操作,即打开文件(open)、读文件(read)、写文件(write)和关闭文件(close)。

1. open 函数和 close 方法

open 函数用于打开一个文件,并返回文件对象。所有对文件的处理,首先需要使用该方法,如果该文件无法被打开,会抛出 OSError。对文件的基本操作过程为:打开文件→读、写文件→关闭文件。任何文件操作的结束以调用文件对象的 close 方法作为结束。示例如下。

```
#打开一个文件
f=open("/tmp/test.txt", "w")#以写的方式打开一个文件 text.txt
f.write( "同学们,欢迎来到暨南大学\n" )
#关闭打开的文件
f.close() #调用 f 对象的 close 方法关闭此文件
```

注意：上面说的 open"函数"，指的是这个函数不依附于一个具体的对象，而把 close 函数称为"方法"，是因为从面向对象的观点来看，它依附于一个具体的文件对象，例如 f。

open 函数常用形式是接收两个参数：文件名(file)和模式(mode)。例如：open(file, mode='r')。完整语法为：open(file, mode = 'r', buffering = -1, encoding = None, errors=None, newline=None, closefd=True, opener=None)。参数说明如下。

(1) file：必需，文件路径(相对或者绝对路径)。

(2) mode：可选，文件打开模式。

(3) buffering：设置缓冲区。

(4) encoding：一般使用 UTF-8。

(5) errors：报错级别。

(6) newline：区分换行符。

(7) closefd：传入的 file 参数类型。

mode 参数的设置，其含义如下。

基本模式：

r，只读模式。默认模式，文件必须存在，不存在则抛出异常。

w，只写模式。不可读，不存在则创建，存在则清空内容。

x，只写模式。不可读，不存在则创建，存在则报错。

a，追加模式。可读，不存在则创建，存在则只追加内容。

"+"，表示可以同时读写某个文件。

r+，读写。可读，可写。

w+，写读。可读，可写，消除文件内容，然后以读写方式打开文件。

x+，写读。可读，可写。

a+，写读。可读，可写，以读写方式打开文件，并把文件指针移到文件尾。

"b"表示以字节的方式操作，以二进制模式打开文件，而不是以文本模式。

rb 或 r+b

wb 或 w+b

xb 或 w+b

ab 或 a+b

注：以 b 方式打开时，读取到的内容是字节类型，写入时也需要提供字节类型，不能指定编码。

常用模式关系如表 14-1 所示。

表 14-1　常用模式关系

模　　式	r	r+	w	w+	a	a+
读	+	+		+		+
写		+	+	+	+	+
创建			+	+	+	+
覆盖			+	+		
指针在开始	+	+	+	+		
指针在结尾					+	+

2. file 对象

Python 3 中，调用 open 函数后会生成一个 file 对象，即文件对象。该对象包含了很多常用的方法，例如 read(读)、write(写)、close(关闭)、readline(读一行)、seek(设置文件当前的位置)、next(读文件的下一行)等。

1) read 方法举例

假如硬盘上 tmp 目录下有一个文件 welcome.txt，它的内容为如下。

> 同学们好,Welcome to 暨南大学!
> 希望你们在这里度过美好的大学生活!

为了读取一个文件的内容，需要调用 read(size)方法，这将读取一定数目的数据，然后作为字符串或字节对象返回。size 是一个可选的数字类型的参数，当 size 被忽略或者为负，那么该文件的所有内容都将被读取并且返回。示例如下。

模块名:read_test.py
代码：
```
f = open("/tmp/welcome.txt", "r")
content = f.read()
print(content)
f.close()
```
输出结果：
同学们好,Welcome to 暨南大学!
希望你们在这里度过美好的大学生活!

2) write 方法举例

f.write(string) 将 string 写入文件中，然后返回写入的字符数。示例如下。

模块名:write_test.py
代码：
```
f = open("/tmp/write_test.txt", "w")
```

```
num = f.write("同学们好,Welcome to 暨南大学!\n")
print(num)
num = f.write("希望你们在这里度过美好的大学生活!\n")
print(num)
f.close()
```

输出结果:

```
22
18
```

write_test.txt 的内容为:

同学们好,Welcome to 暨南大学!

希望你们在这里度过美好的大学生活!

Python 3 中 file 对象中其他的方法详情请参考 Python 的官方文档手册或者其他书籍。

◈ 14.4　术　语　表

持久化(**persistent**)：用于描述长期运行并至少将一部分自身的数据保存在永久存储中的程序。

文件(**file**)：计算机上相关信息的集合,可存储在长期存储设备上。所谓"长期存储设备"一般指磁盘、光盘、磁带等。其特点是所存信息可以长期、多次使用,不会因为断电而消失。

文本文件(**text file**)：保存在类似硬盘的永久存储设备上的字符序列。

目录(**directory**)：文件的集合,有特定的名字,也叫作文件夹。

路径(**path**)：一个指定一个文件的字符串,从开始目录直达目的文件或者目录,例如：/home/llx/src/readme.txt。

相对路径(**relative path**)：从当前目录开始的路径。

绝对路径(**absolute path**)：从文件系统顶部开始的路径。

◈ 14.5　练　　习

一、问答题

1. 简述 input 函数的工作原理。

2. Python 中有哪些导入模块的方式? 它们之间有什么不同?

3. 简述 os 和 sys 模块的作用。它们有哪些常用的方法?

4. 如何使用 Python 删除一个文件?

5. Python 内置的 open 函数可以实现文件打开操作,其 mode 参数用于指定打开文件的模式,说明模式 w 与模式 a 有什么区别。

6. 同为序列化工具,json、pickle 和 shelve 模块之间有什么区别?

7. 我们进行 Python 开发的过程中为什么要给不同模块的代码设计好目录结构？

8. Python 中如何安装第三方模块？

二、编程题

1. 尝试调用 sys 模块获取命令行中的输入并打印出命令行获取的参数。

2. 尝试调用 os 模块测试 os.path.dirname()和 os.path.abspath()之间的区别。

3. 调用 random 模块获取一个范围在 1～50 的随机整数，利用循环结构和分支结构，重复从命令行中接收数字，直到输入数字和随机数相同。

第
15
章

面向对象编程

面向对象程序设计(Object Oriented Programming,OOP)是当前应用最广泛的编程范式。面向对象程序设计方法以对象为出发点,使得软件的开发方法与过程尽可能接近人类认识世界、解决现实问题的方法和过程,使得问题空间与其求解方案空间在结构上尽可能一致,把客观世界中的实体抽象为问题域中的对象。面向对象程序设计以对象为核心,该方法认为程序由一系列对象组成。类是对现实世界概念的抽象,包括表示静态属性的数据和对数据的操作,对象是类的实例化。对象间通过消息传递相互通信,来模拟现实世界中不同实体间的联系。不同的面向对象编程语言虽然在语法层面存在一定的差异性,但是在编程思想方面是一致的。

◆ 15.1 面向对象思想

Python 是一门面向对象的编程语言,这意味它提供了能够支持面向对象编程的特性。在第一篇中提及,面向对象和面向过程是通过计算机求解问题的两种最常见的思路。大部分现代编程语言都是面向对象的编程语言,例如 C++ 、Python、Java、C♯ 等。所有面向对象编程语言都具有相同的编程思想。为更好地学习 Python 面向对象编程,需要先对面向对象的思想、面向对象和面向过程之间的异同点有深刻的理解。

15.1.1 面向对象和面向过程

在第一篇中,我们反复讲到"计算机编程本质上是对生活事情的一种建模"。可以把世界上的万事万物用一个简单的模型进行描述,即:世界＝事情(事)＋物体(物)。事情代表自然界的一切活动,物体是一切活动的主体或者受体。当我们用语言或者文字描述一件事情时,通常"名词"就是具体或者抽象的"物体",而"动词或者动名词"通常就指代"事情"。

1. 面向过程和面向对象的思维方式

当描述一件事情时,人们的思维习惯是以"过程"为核心。例如一个提问:请描述你吃饭的过程。你很自然就进行过程分解:把吃饭分解成,走到食堂、挑选美食、进食、洗碗等一个一个的小过程。一开始很多编程语言在设计时就从过程入手，把事情以 function 或者 procedure，即"函数"或者"过程"来等价仿真，如 BASIC、C、Pascal 等。简而言之，面向过程代表人们认识世界，是以"事情"为核心，从世界"动态"的一面入手。面向对象是求解问题的另外一个重要方法，是以"物体"为中心。面向对象的主要核心思想如下。

（1）世界的主体是"对象"，也就是"物体"，万物皆对象。"事情"只是一个物体或者多个物体能力或者协作能力的动态体现。

（2）任何对象可以由更多其他的子对象嵌套构成。对象包含静态的属性和动态的行为或者能力。

（3）可以把具有很多共同特征的对象归为一类。"类"是"对象"的模板，对象是类的实例。

（4）对象和对象之间主要存在 use a、is a 和 has a 关系，就是所谓的"依赖""继承"和"组合"。

（5）面向对象思维的核心特征：封装（包含组合、信息隐藏）、继承（is a 关系）、多态（重载、覆盖）。

几乎任何面向对象编程语言都需要遵循上述思想进行语法和语义规则的设计。

2. 面向过程和面向对象的关系

它们是认识世界"事情"本质的两种不同方式，都能解决问题，它们之间的关系（见图 15-1）如下。

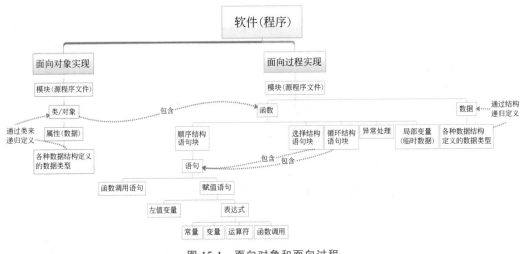

图 15-1　面向对象和面向过程

（1）对于复杂事物，面向对象的思维方式便于把问题更好地分解，降低认识复杂度。

（2）建模和仿真的内容相同，无非是物和事。执行过程的核心单元相同，都是一个个的函数。

（3）彼此间不是对立的。可以这样认为：面向对象编程 ＝ 面向过程编程 ＋ 面向对象的抽象思想。

（4）每种面向对象的编程语言都自然地包含面向过程编程的元素。

（5）面向对象编程的真正难点在于对面向对象思维的深刻理解，与具体的编程语言无关。

（6）在计算机编程的世界里，物体用常量、变量、对象等数据来建模。事情用方法、过程和函数来建模。

（7）程序＝算法＋数据，依然适用。算法在不同的编程语言中表现为函数、过程、方法等，本质上就是命名语句序列。数据表现为常量、变量、对象等概念。

15.1.2　use a、has a 和 is a 关系

在面向对象编程思想中，对象和对象之间存在 **3** 种重要的关系，即 use a、is a、has a。

1. use a 关系

use a 关系又称为"使用、关联"，具体指一个对象的活动需要使用另外一个对象，或者依赖另外一个对象，例如，一个人的"吃饭"活动中，"吃"的行为必须使用或者依赖"米饭"，所以，人和米饭之间是一种依赖关系，如果用编程语言来表示的话，可以通过定义一个函数"def eat（rice）"来体现这种关系，函数的参数 rice 是一个对象，那么另外一个对象是什么？在面向对象编程中，采用"类"来作为对象定义的模板，如下面代码所示。

```
代码：
class Person:                    #定义了一个 Person 类
    def eat(self,food):
        print("我正在吃 ", food)

zhang_san = Person()             #产生了一个 zhang_san 对象
zhang_san.eat("白米饭")           #调用了 eat 方法,该方法 use 了一个对象
zhang_san.eat("苹果")            #调用了 eat 方法,该方法 use 了另一个对象
输出结果：
我正在吃 白米饭
我正在吃 苹果
```

变量 zhang_san 是一个具体的对象，常量"白米饭"和"苹果"是另外两个对象，zhang_san 通过 eat 方法 use 了这两个常量对象。

2. has a 关系

has a 关系是指一个对象"拥有"另外一个对象，或者说一个对象由另外一些对象"组成"。生活当中案例太多，例如，每个人都有"年龄""姓名"等对象，他还可以拥有更复杂的对象，如住房、汽车等。而汽车这样的对象又是通过 has a 关系组成的，例如，汽车 has a 引擎、车窗、音响、刹车等。这种 has a 关系在面向对象中被称为"聚合""组合"等。如图 15-2 所示为一个 has a 关系的 UML 图。

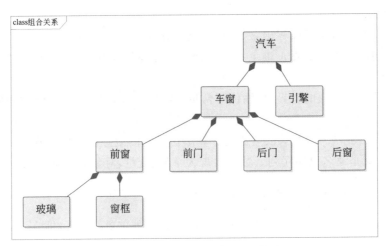

图 15-2　面向对象中的 has a 关系

3. is a 关系

　　is a 关系体现的是自然界中对象之间的"继承""相似"关系,例如,生物间的血缘关系、人类之间的家族谱等。更广意义上的 is a 关系无处不在,例如,我们经常说的"张三是一个学生""桃花是一种花"等,只要能够用"XXX 是一个 YYY"这样的句式表达的含义,那么 XXX 和 YYY 对象之间就存在一种 is a 的关系。is a 关系在面向对象中用"继承"的编程模式来实现。"继承"指一个对象具有另外一个对象的一些属性或者行为就可以了。例如,张三是学生,指张三对象从"学生"这类对象中继承了"学号""生源地""班级"等属性。

　　继承关系是对象和对象之间普遍存在的关系,图 15-3 体现了水果、瓜、苹果等之间的关系。

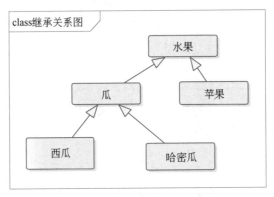

图 15-3　面向对象中的 is a 关系

　　在"继承"的层次关系中,出现了各种概念,例如子类、父类、祖先类、子孙类(或者叫作后代类)。这些概念源于"家族谱"中的称谓。

　　任何一门面向对象的编程语言都要在语言级支持和实现上述面向对象的思想,对象之间 use a、has a、is a 的关系。所以,学习面向对象编程,关键在于深刻理解上述面向对象编程思想。

◆ 15.2　类 和 对 象

15.2.1　类、对象、属性和方法

在面向对象思想中,"物体"被建模为"对象",由于很多对象具有共性,例如,张三、李四、李明都是学生,那么,可以把他们的共性剥离出一个模板,被称为"类",假如命名为"学生类",所以可以这样认为,"类"是对象的模板、对象是类的"实例"。生活中大量这样的例子,例如,"金属印章"是模板,而通过此印章模板可以盖出一个一个的具体"印章实例";"羽毛球"是模板,一个个具体的"羽毛球 A""羽毛球 B"才是对象实例。

在面向对象的思想中,任何对象都是由相对静态的"属性"和动态的"功能或者行为"组成。例如,对一个人而言,姓名、年龄、籍贯等是静态属性,而吃饭、打球、学习、弹钢琴等代表他动态的能力或者行为;一只水杯,产地、颜色、材质是静态属性,而盛水、保温等就是它的功效或者能力。在面向对象编程中,动态的功能或者行为通常被称为"方法"。

总结下类、对象、属性和方法之间的关系:万物皆对象,对象由属性和方法来描述,每个对象以类为模板。所以,如何定义"类"是首要问题。

在介绍类定义之前,结合上述描述,我们先给出 Python 面向对象编程的一些重要定义。

(1) **类**:描述具有相同属性和方法的对象集合的模板。对象是类的实例。

(2) **方法**:针对对象功能或者行为的建模,就是类中定义的函数。

(3) **属性**:类中定义的描述对象静态特性的常量或者变量。

(4) **类成员**:定义类时的属性和方法的总和,可以分为属性成员和方法成员。

(5) **类变量**:类中定义的,可以被所有实例共享的公共变量型属性。

(6) **实例变量**:类中定义的,非类变量的变量型属性。

(7) **局部变量**:定义在方法函数内部的变量,与函数章节中的"局部变量"相同。

(8) **继承**:通过派生类和基类之间的定义来体现对象之间的 is a 关系。

(9) **实例化**:以一个类为模板,创建一个具体的对象。

(10) **对象**:就是类的实例化,包含类变量数据成员、实例变量数据成员和具体的方法。对象本质上和前述章节描述的"数据"是一样的,还是对"物体"的建模。这个并不难理解,"万物皆对象"。在面向过程的认识中,把"事情"和"物体"作为独立平行的概念来认识,而面向对象思维中,以"物体"为中心,过程被"下降"为物体的"方法"了。

15.2.2　类的定义

1. 类定义的基本格式

在 Python 中,类定义的格式如下。

```
class ClassName:
    属性 1
    属性 2
      ⋮
    属性 N

    方法 1
    方法 2
      ⋮
    方法 N
```

举一个简单例子。

代码:
```
class Circle:                                    #定义一个类,名称叫作 Circle
    PI = 3.14                                     #属性
    def info(self):                               #方法
        return "我是一个圆"

c1 = Circle()                                     #实例化一个对象
print("Circle 类的属性 PI 是:", c1.PI)            #访问属性
print("Circle 类的方法 info 的输出为:", c1.info())  #访问方法
```
输出结果:
```
Circle 类的属性 PI 是: 3.14
Circle 类的方法 info 的输出为: 我是一个圆
```

上例中,通过 class 关键词来定义一个类,类中包含了属性 PI 和方法 info。通过"类名()"来实例化一个对象,并通过 c1 变量引用它。通过"."运算符去访问具体的属性和方法。

2. 类的方法和__init__方法

类的方法,实质上是针对对象"功能或者行为"的建模,是通过 def 来定义的一个函数,与普通的函数不同,这个函数被包含在类中,且第一个参数必须为 self,代表类在实例化时候的具体实例。和 C/C++ 、Java 的 **this** 关键词类似。有时候,通过类实例化一个对象时,需要给属性赋予一定的初始值,此时需要定义__init__函数,__init__又称为构造方法或者构造函数。

代码:
```
class Student:
    university_name = "Jinan University"

    def __init__(self, name, age):
```

```
        self.name = name
        self.age = age
    def say_hi(self):
        print("I am a student of", Student.university_name)
        print("My name is {}, I am {} years old".format(self.name, self.age))

zhang_san = Student("Zhang San", 18)
zhang_san.say_hi()
li_si = Student("Li Si", 19)
li_si.say_hi()
```
输出结果：
```
I am a student of Jinan University
My name is Zhang San, I am 18 years old
I am a student of Jinan University
My name is Li Si, I am 19 years old
```

上述例子包含两个方法，一个类变量 university_name，两个实例变量 name 和 age。对类变量的访问一般使用"类名.变量名"，对实例变量的访问一般采用"self.变量名"。当执行 zhang_san = Student("Zhang San"，18)语句时，默认调用了__init__方法来初始化 zhang_san 对象的 name 和 age 属性。

◇ 15.3　继　　承

对于面向对象的编程语言而言，封装、继承、多态常被称为面向对象的三大特征。封装更多地体现了 has a 关系和信息隐藏，继承是对 is a 关系的实现，多态体现函数的多种定义形式，反映对象行为的"多种态势"。

15.3.1　Python 继承实现

Python 中，继承类又被称为"派生类"或"子类"，被继承的类被称为"基类"或者"父类"，其定义形式如下。

```
class SonClass(ParentClass):
    属性 1
    属性 2
    ⋮
    属性 N

    方法 1
    方法 2
    ⋮
    方法 N
```

如果一个派生类只通过一个父类实现继承,则这种继承被称为单继承,示例如下。

```
代码:
class Person:
    #定义基本属性
    name = ''
    age = 0

    #定义私有属性,私有属性在类外部无法直接进行访问
    __weight = 0

    #定义构造方法
    def __init__(self,name,age,weight):
        self.name = name
        self.age = age
        self.__weight = weight
    def say_hi(self):
        print("{}: 我的年龄为{}岁。".format(self.name,self.age))

#单继承示例
class Student(Person):
    def __init__(self,name,age,weight,grade):
        #调用父类的构造方法
        Person.__init__(self,name,age,weight)
        self.grade = grade

    #覆盖父类的方法
    def say_hi(self):
        print("{}说: 我{}岁了,我在读{}年级".format(self.name,self.age,self.
grade))

zhang_san = Student("Zhang San",8,50,2)
zhang_san.say_hi() #自动调用子类的 say_hi 方法
print(zhang_san.name)   #访问对象非私有属性,正确
print(zhang_san.__weight)   #访问私有属性,会发生错误
输出结果:
Zhang San 说: 我 8 岁了,我在读 2 年级
Zhang San
Traceback (most recent call last):
  File "C:/Users/LongxinLin/test9.py", line 32, in <module>
    print(zhang_san.__weight)   #访问私有属性,会发生错误
AttributeError: 'Student' object has no attribute '__weight'
```

上述单继承实例中,子类 Student 从 Person 继承了 name、age 属性和 say_hi 方法,对

于 Person 中定义的私有属性 __weight 没有继承过来,Python 中,私有属性是以双下画线"__"开始命名的。在 Student 类中重新定义了父类的 say_hi 方法,这样,父类和子类都存在一个 say_hi 方法,这就是一种多态行为,这种发生在父、子类之间的多态被称为"覆盖"(override)。

15.3.2 多继承

子类从多个父类派生而来,这种情形称为多继承。其定义的形式如下。

```
class SonClass(ParentClass1,ParentClass2,…,ParentClassN):
    属性 1
    属性 2
    ⋮
    属性 N

    方法 1
    方法 2
    ⋮
    方法 N
```

示例如下。

代码:

```
class Person:
    #定义基本属性
    name = ''
    age = 0

    #定义私有属性,私有属性在类外部无法直接进行访问
    __weight = 0

    #定义构造方法
    def __init__(self,name,age,weight):
        self.name = name
        self.age = age
        self.__weight = weight
    def say_hi(self):
        print("{}: 我的年龄为{}岁。".format(self.name,self.age))

class Speaker:
    def __init__(self, topic):
        self.topic = topic
    def speak(self):
        print("我是一个演说家,我演讲的主题是:", self.topic)
```

```
#单继承示例
class Student(Person):
    def __init__(self,name,age,weight,grade):
        #调用父类的构造方法
        Person.__init__(self,name,age,weight)
        self.grade = grade

    #覆盖父类的方法
    def say_hi(self):
        print("{}说：我{}岁了,我在读{}年级".format(self.name,self.age,self.
grade))

class StudentSpeaker(Student,Speaker):
    def __init__(self,name,age,weight,grade,topic):
        Student.__init__(self,name,age,weight,grade)
        Speaker.__init__(self,topic)

zhang_san = StudentSpeaker("Zhang San",8, 50, 2,"面向对象和面向过程")
zhang_san.say_hi() #自动调用子类的 say_hi 方法
zhang_san.speak()
```
输出结果：
Zhang San 说：我 8 岁了,我在读 2 年级
我是一个演说家,我演讲的主题是：面向对象和面向过程

例中,StudentSpeaker 从 Student 类和 Speaker 类派生而来,Student 类从 Person 类派生而来。StudentSpeaker 继承了 Student 类的属性和方法,例如 name、age、topic 等属性,以及 say_hi、speak 等方法。

很明显,继承可以大大降低"子类"的编程工作量,Python 提供了大量的内置模块和内置类,程序员可以把这些类作为基类,进行扩展,可以大幅降低开发复杂度和提升开发效率。本质上而言,由于"继承"的思想,使得程序员可以反复重用基类的实现,而不需要"重复制造轮子"。所以,继承是面向对象编程最基本的编程思想。

◇ 15.4 多 态

多态是面向对象编程三大核心思想之一,其含义是指在一个类中或者父子类之间可以存在多个函数名完全相同的函数。一个类中存在多个同名函数的情形叫作方法重载,父子类之间存在多个同名函数的情形叫作方法覆盖。

15.4.1 方法重载

生活中的例子也很多：例如一个人吃饭,同样是吃饭,他吃西餐和吃中餐的吃法是不

一样的,那么他需要准备两种不同的吃饭算法,这种反映在一个对象内部的同名算法(函数)是多态的一种,被称为"方法重载"或"函数重载"(overload)。在静态编程语言(指变量的数据类型是确定不变的,而 Python 中变量的数据类型是可变的,所以 Python 被称为动态类型编程语言),例如 C++、Java 中,为了实现类中的方法重载,需要保证每个方法的"签名"(signature)不同。例如,Java 中,方法 public void eat(String foodName, int number)的签名为 eat(String, int),方法 public voide eat(String foodName, int number, int forks_number)的签名为 eat(String, int, int)。那么,这两个方法可以在一个类中定义,重载成功。

而在 Python 中,由于所有变量没有固定类型,无法依据参数的个数、类型和顺序来确定不同的签名,而且 Python 这种动态语言的特性,保证了不需要增加额外的语法来支持方法重载。本质上,方法重载无非为了解决两个问题:①参数数目相同,类型可变;②参数数目不同。那么,针对①,由于 Python 动态编程语言,其参数没有固定数据类型,可以指向任何数据类型对象,所以天然就支持它;针对②,Python 可以通过默认参数、可变参数就可以应对。所以,Python 自然不需要额外的语法来支持方法重载。

15.4.2　方法覆盖

方法覆盖又称为方法重写(method override)。顾名思义,就是用一个新的完全相同形式的方法覆盖一个旧的方法。这主要体现在父子类间,子类方法覆盖父类方法。生活中这样的例子也很多,例如,每个人出生都从父母那边继承了很多能力,如"吃饭"的能力,但是可能会觉得父母吃饭的方式(算法)自己不喜欢,例如你的父母吃饭时喜欢大声喧哗,而你不希望学习这样,而需要"安静地吃饭",这样你需要重新创建一种新的"吃饭"方式来覆盖你父母的吃饭方法。另外,我们可以通过一个简单例子来理解这种思想,如下。

```
代码:
class Parent:                        #定义父类
    def method(self):
        print("我是父类方法")


class Child(Parent):                 #定义子类
    def method(self):                #覆盖父类方法
        print("我是子类方法")


c = Child()                          #子类实例
c.method()                           #Python 虚拟机会自动调用子类重写的方法
super(Child,c).method()              #用子类对象调用父类已被覆盖的方法
输出结果:
我是子类方法
我是父类方法
```

上例中,产生一个子类实例,如果直接调用其 method 方法,虚拟机会自动调用子类重写后的新方法,而不是父类的 method 方法。如果要调用父类被覆盖的方法,需要通过

super 关键词来操作,如上例中的 super(Child,c).method()语句。

◇ 15.5 术 语 表

类(class):一种由程序员自定义的类型,在 Python 中,通过类定义创建了一个新的类对象。例如,程序员可以定义一个 Student(学生)类。

实例(instance):属于某个类的对象,类似生成对象的模板,对象是类的具体实例。例如,因为张三是一个 Student(学生),则可以以 Student 类为模板,实例化出张三这个对象。

实例化(instantiate):以类为模板,创建新的对象。

属性(attribute):和某个对象相关联的有命名的值。例如:对于一个学生对象而言,他的姓名、年龄、成绩等都属于该对象的属性。属性用于描述一个对象的静态特征。

方法(method):与某个对象相关联的有命名的函数。例如,对于一个学生对象而言,其具备的能力和行为,如打球、玩游戏、阅读等都属于该对象的方法。方法用于描述一个对象的动态行为和能力等。

◇ 15.6 练 习

一、问答题

1.类实例化的过程中调用的第一个方法是什么?

2.编写一个类一定要实现__init__方法吗? 为什么?

3.什么是类的静态方法?

4.如果一个类的属性名和方法名相同会发生什么?

5.面向对象编程中 self 参数的作用是什么?

二、编程题

1.按照下列规则定义一个类,并实例化测试它的方法。

定义一个矩形类,其中包含①属性:长,宽(整型)。②方法:计算面积 area();计算周长 perimeter();获取长宽 getwidth(),getlength()。

2.创建一个图形类 shape,包含①两个抽象方法 area(),perimeter()。②创建多个子类,即圆形 circle、三角形 triangle、菱形 rhombus、正方形 square;它们继承 shape 并实现两个方法,同时不同的图形需要有对应的属性,例如圆形需要半径。③实例化每个子类并测试两种方法的实现情况。

第 16 章

异常和调试

程序在编制完成后,通常很难做到完美无缺,在运行过程中经常会出现各种各样的与预期目标不相符的情况,需要通过异常处理和调试等手段进行排查和纠错等。每一种高级程序设计语言都提供相应的工具来支持程序的调试工作,大部分程序设计语言都提供了对异常处理的语法级支持,少量较古老的程序设计语言没有明确的语法级异常处理机制,但是可以通过其他方式由程序员自行完成异常处理。

◇ 16.1 异　　常

一般而言,程序在编写或执行过程中经常会出现各种各样的异常情况,发生这些异常就称为错误。例如,当你想要读取一个文件,而磁盘上这个文件不存在;输入的函数名称书写错误等。通常程序错误可以分为 3 种。

(1) 语法错误。指程序编写时没有按照语法规则进行造成的错误,例如,列表定义必须有一对方括号,a=[1,2,3,4,5]是正确的,a=[1,2,3,4,5 则是一个语法错误。如果程序有语法错误,Python 在解释执行时会显示错误信息,然后退出程序运行。

(2) 运行时错误。在语法上没有问题,只有在程序运行时才会出现。这类错误被称为异常(exception),这类错误就是本章要讨论的主要内容。例如,列表 a=[1,2,3],a[10] = 100。其中 a 是 3 个元素的列表,a[10]显然会造成索引错误(indexerror)。

(3) 语义错误。这类错误在程序运行时不会产生错误信息,但是不会返回正确的结果。严格来说,它是按照程序设计者的指令在运行,但是预期的结果不同,这类错误非常常见和棘手,通常需要通过细致的"调试"手段进行排查。

16.1.1　异常处理

如上所述,异常就是"运行时错误"。大多数的异常都不会被程序处理,都以错误信息的形式展现。示例如下。

```
>>> 50/0
Traceback (most recent call last):
  File "<pyshell#7>", line 1, in <module>
    50/0
ZeroDivisionError: division by zero
>>> 4 + b * 3
Traceback (most recent call last):
  File "<pyshell#8>", line 1, in <module>
    4 + b * 3
NameError: name 'b' is not defined
>>> "20" + 2
Traceback (most recent call last):
  File "<pyshell#10>", line 1, in <module>
    "20" + 2
TypeError: can only concatenate str (not "int") to str
```

异常以不同的类型出现,上例中的异常类型有 ZeroDivisionError、NameError 和 TypeError。

几乎所有主流编程语言,如 C++ 、Java、Go 等都在语言级支持异常处理,C 语言不提供语言级异常处理语法。在 Python 中,通过使用 **try…except** 来处理异常,一般来说把执行语句放入到 try 代码块中,而将异常处理代码放置在 except 代码块中,示例如下。

```
代码:
import sys
try:
    f = open('input_file.txt')
    s = f.readline()
    i = int(s.strip())
except OSError as err:
    print("OS Error: {0}".format(err))
except ValueError:
    print("Could not convert data to an integer.")
except:
    print("Unexpected error:", sys.exc_info()[0])
    raise
else:
    print("no exception")
    f.close()
输出结果:
  1.假如 input_file.txt 文件不存在
OS Error: [Errno 2] No such file or directory: 'input_file.txt'
  2.input_file.txt 存在,但是第 1 行不是数字符号,例如为"hello"
Could not convert data to an integer.
```

3.如果没有异常存在
no exception #同时关闭文件

try…except…else 语句的工作方式 如下。

（1）执行 try 语句块的语句（在 try 和第一个 except 之间的语句）。

（2）如果没有异常发生，忽略所有 except 子句，如果有 else 子句，则执行 else 子句中的语句块，继续后面语句（try 语句后面的语句）的执行，如果没有 else 子句，直接继续后面语句的执行。

（3）如果在执行 try 子句的过程中发生了异常，那么 try 子句语句块中余下的部分将被忽略。如果异常的类型和 except 之后的名称相符，那么对应的 except 子句所包含的语句块将被执行，最后执行 try 语句之后的代码。

（4）如果一个异常没有与任何的 except 匹配，那么这个异常将会传递给上层的 try 中。

一个 try 语句可能包含多个 except 子句，分别来处理不同的异常，但是最多只有一个分支会被执行。一个 except 子句也可以同时处理多个异常，这些异常将被放在一个括号里成为一个元组，如下。

```
except (RuntimeError, TypeError, NameError):
      pass
```

16.1.2　抛出异常

如果当前程序不能或者不想处理 try 子句中可能发生的某个异常，则可以把此异常抛出到上层处理，使用 **raise** 语句，示例如下。

代码：
```
try:
    a = 100
    b = 20
    raise NameError("my_name")
except NameError:
    print("收到了一个异常,我不想处理")
    raise
```
输出结果：
```
收到了一个异常,我不想处理
Traceback (most recent call last):
  File "D:\python-test\test1.py", line 4, in <module>
    raise NameError("my_name")
NameError: my_name
```

上例中，try 子句中主动通过 raise 抛出了一个 NameError 的异常对象，被 except 子句捕获后，它不想处理，只是做了简单提示后，又往上层主动抛出。最终被 Python 虚拟机捕获此异常，给出异常信息提示，并终止了程序执行。

16.1.3 try…finally

try 语句还有一个可选的子句 finally，用于无论有无异常都会执行一定的清理行为，例如关闭打开的文件等。例如，如下修改前面的示例。

代码：
```python
import sys
try:
    f = open('input_file.txt')
    s = f.readline()
    i = int(s.strip())
except OSError as err:
    print("OS Error: {0}".format(err))
except ValueError:
    print("Could not convert data to an integer.")
except:
    print("Unexpected error:", sys.exc_info()[0])
    raise
finally:
    print("do final cleanup action")
```
输出结果：
　1.假如 input_file.txt 文件不存在
```
OS Error: [Errno 2] No such file or directory: 'input_file.txt'
do final cleanup action
```
　2.input_file.txt 存在，但是第 1 行不是数字符号，例如为"hello"
```
Could not convert data to an integer.
do final cleanup action
```
　3.如果没有异常存在
```
do final cleanup action
```

输出结果表明，try 语句无论有无异常发生，finally 子句的语句块一定会被执行。

16.1.4 with 语句

通过 try…finally，在 try 块中获取一定的资源，例如打开文件、建立网络连接等，然后在 finally 块中释放资源，这是一种非常常见的模式。此外，with 语句可以提供更简洁的资源释放模式。示例如下。

```python
with open("input_file.txt","r") as read_file:
    for line in read_file:
        print(line, end=" ")
```

上述代码中，无论是否有异常发生，文件 read_file（假如它被成功打开的话）总会被成功关闭。

16.1.5　自定义异常

程序员可以通过创建一个新的异常类来定义自己的异常,异常类从 Exception 类直接或者间接继承而来,示例如下。

代码:
```
class Error(Exception):
    pass
class InputError(Error):
    def __init__(self, input_type, content):
        self.input_type = input_type
        self.content = content
class TransitionError(Error):
    def __init__(self, trans_type,  content):
        self.trans_type = trans_type
        self.content = content


try:
    raise InputError("键盘输入", "按键错误")
    raise TransitionError("WiFi 传输", "连接失败")
except InputError:
    print("输入错误")
except:
    raise
```
输出结果:
输入错误

上例中,通过 Exception 间接自定义了两个异常,即 InputError 和 TransitionError。try 语句块中产生了各自的异常对象并抛出,抛出第 1 个异常之后被第 1 条 except 语句捕获,输出"输入错误"信息。

◇ 16.2　测 试 概 念

从第 8 章中可知,测试就是为了发现程序中的错误。测试一般分为两种:白盒测试和黑盒测试。黑盒测试是在不知道程序的内部是如何工作的情况下进行的测试,所以,黑盒测试一般有专门的测试人员甚至最终用户来完成。而白盒测试是在基于软件内部构造的情况下进行的,其目的是检查软件所有部分是否符合设计,通常由程序员自行完成,而本节介绍的"调试"属于白盒测试的范畴。

◇ 16.3 调 试 概 念

调试(debug)是每个程序员必不可缺的基本技能,主要包含断点设置、step over、step into、设置 watch 窗口等基本技巧。

1. 断点设置

由于程序的执行是按照语句序列的顺序从上到下依次执行的,程序中的错误可能在程序中间的某一部分,通过在程序的语句中设置断点(break point),可以快速进入可能有问题的代码段。

2. step into

单步执行,遇到子函数就进入并且继续单步执行。简而言之,就是逐行逐行执行语句。

3. step over

在单步执行时,在函数内遇到子函数时不会进入子函数内单步执行,而是将子函数整个执行完再停止,也就是把子函数整个作为一步。在不存在子函数的情况下是和 step into 效果一样的(简而言之,越过子函数,但子函数会执行)。

4. watch 窗口

很多集成开发环境,例如 PyCharm 等均提供 watch 窗口(见图 16-1),用以在调试过程中监视多个变量的动态变化,便于程序员排查问题。

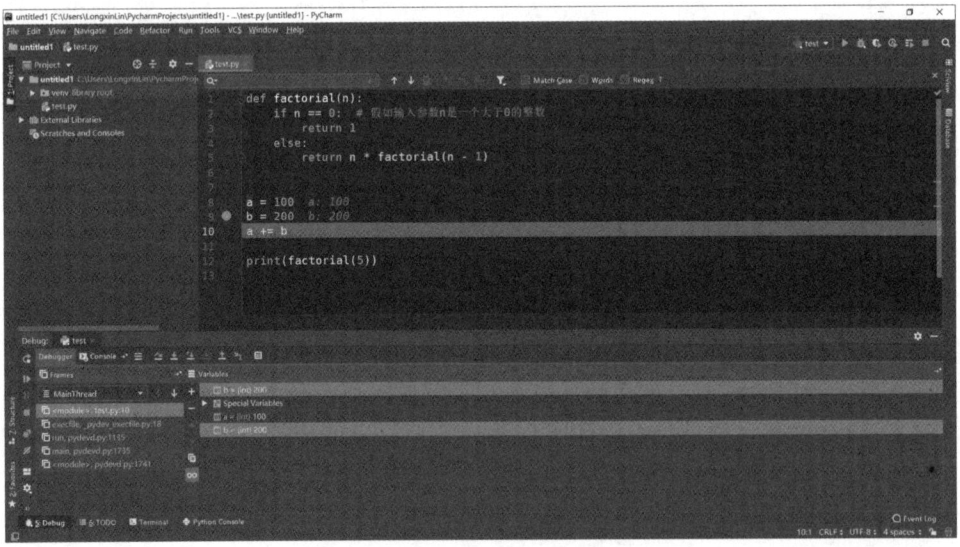

图 16-1 PyCharm 的调试环境

图 16-1 中,b＝200 语句左侧有小原点的行就是调试时设置的程序断点,当启动调试时,程序会执行到此行暂停,等待着程序员采用 step into、step over 动作进行程序调试。图中右下长条子窗口就是 watch 窗口,里面显示变量 a、b 等的当前值。watch 窗口上方的很小的折线、向下箭头代表 step over 和 step into 动作。

◆ 16.4　术　语　表

故障(bug):程序中出现的错误。

调试(debug):在程序设计活动中,寻找并解决错误的过程。

语法错误(syntax error):编写程序时没有按照语法规则进行造成的错误。

运行时错误(runtime error):编写程序时在语法上没有问题,只有在程序运行时才会出现的错误。

语义错误(semantic error):这类错误在程序运行时不会产生错误信息,但是不会返回和预期相同的结果。语义错误又常被称之为逻辑错误,逻辑错误的原因可能是语句中出现了差错(例如公式写错)、算法中的错误,甚至是选择了错误的算法。

◆ 16.5　练　　习

一、问答题

1. Python 中异常处理结构有哪几种形式?

2. 异常和错误有什么区别?

3. debug 的时候设置的断点是什么?

4. 一个 try 可以匹配多个 except 语句吗? 为什么?

5. Python 中如何用一种方法处理多个异常?

二、编程题

1. 下列代码如何利用 try…except 代码块确保程序不会因为 ValueError 和 IndexError 终止。

```
numbers = [10, 15, 30, 45]
number = input("Enter a number:")
index = int(number)
print(numbers[index])
```

2. 下列代码会输出什么样的结果,分析其中的原因。

```
try:
    print("123")
except:
```

```
        print("456")
else:
        print("789")
finally:
        print("10")
```

第 17 章

综合应用案例

本章通过一个称为迷你"图书馆管理系统"的综合应用案例来将前述各章知识进行串联,涉及软件工程、操作系统中的多线程编程、常用数据结构、算法、网络编程、数据库等诸多核心知识点,通过 Python 编程语言进行实现,并且针对相同的需求采取面向过程和面向对象两种不同的分析、设计和实现方法。如前面"软件工程"章节所述,分析、设计、实现和测试是软件生命周期的关键任务,本章通过这个综合应用案例重点体现了分析、设计和实现的具体内涵。

◇ 17.1 需 求 分 析

17.1.1 用户需求

本综合案例需要实现一个简单的迷你"图书馆管理系统",其用户需求如下。

(1) 模拟图书馆管理员和图书借阅者,实现图书的查询、增加、删除、借阅、归还功能。

(2) 每个图书的信息包括图书编号、作者、书名、出版社、当前剩余数量等。

(3) 采用客户机/服务器网络编程模式,服务器程序用于管理员操作,客户机主要用于用户图书的借阅和归还。

(4) 用户可以通过客户机程序借阅和查询自己的书籍情况。主要包括登录、查询、借阅、归还等功能。

(5) 管理员可以管理用户信息和图书资料。主要包括新书的入库、用户的管理、图书信息查询、图书借出信息查询等功能。

17.1.2 系统需求分析

1. 系统目标

"图书馆管理系统"主要提供图书信息和读者基本信息的维护以及借阅等

功能。本系统是提高图书管理工作的效率,减少相关人员的工作量,使学校的图书管理工作真正做到科学、合理地规划,系统、高效地实施。

2. 利益相关者

主要利益相关者(stake holder)为图书管理员和读者。

(1)图书管理员需要完成普通用户的创建、修改和删除等工作,以及对图书的入库、出库等管理工作,要求具备一定的计算机知识。

(2)读者是普通用户,具备一定的计算机操作能力即可。

3. 功能性需求

图书馆管理系统需要完成的功能如表 17-1 所示。

表 17-1　功能列表

编号	功 能 名 称	功 能 描 述	利益相关者
FUN001	查看馆内书籍	列出图书馆所有的馆藏图书信息	图书管理员、读者
FUN002	增加用户	增加读者用户账号	图书管理员
FUN003	删除用户	删除已经存在的读者用户账号	图书管理员
FUN004	新书入库	录入新书的相关信息,完成入库操作	图书管理员
FUN005	显示用户借阅信息	按照不同读者分别显示其对应的图书借阅信息	图书管理员
FUN006	书籍出库	把书籍从图书馆移除	图书管理员
FUN007	导入文件到数据库	从外部文件导入图书信息到数据库,实现批量图书入库功能	图书管理员
FUN008	导出图书信息到文件	把图书馆书籍信息从数据库导出到文件	图书管理员
FUN009	查看借阅记录	查看该读者的图书借阅记录	读者
FUN010	借书	从图书馆借一本书	读者
FUN011	还书	把已借的一本图书归还图书馆	读者
FUN012	登录	登录图书馆借阅系统	读者

注:功能编号中的 FUN,表示 function 的意思。

本案例功能简单,在分析上上述功能被等同于一个对应的用例(use case),其系统用例图(采用面向对象需求分析技术)如图 17-1 所示。

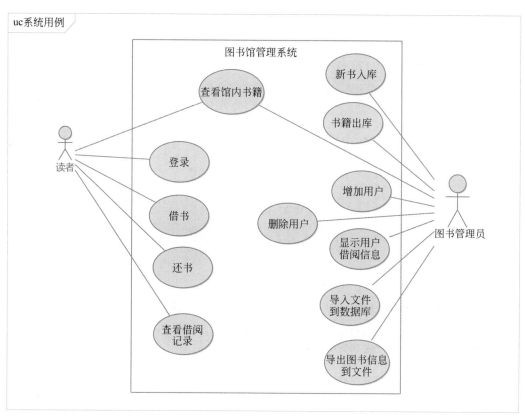

图 17-1　系统用例图

具体的用例描述如表 17-2～表 17-13 所示。

表 17-2　用例 1：登录

用例标识和名称	**UC001.登录**
主要参与人	读者
用例描述	参见表 17-1 中 FUN012
前置条件	读者运行图书借阅客户端程序,该程序和图书借阅服务器程序建立正确的连接通道
基本操作流程	① 输入读者标识信息(例如,账号、密码等)。 ② 客户端程序把读者标识信息通过网络发送给服务器程序。 ③ 服务器程序对读者标识信息进行验证,通过则返回"登录成功"信息,失败则返回"登录失败"信息。 ④ 如果登录成功,客户端程序显示进一步操作的主界面,引发后续的借书、还书等操作;否则,登录失败,退出客户端程序

注:表中用例标识命名中的 UC,表示 use case(用例)的意思。主要参与人,即面向对象分析与设计技术中的 primary actor,该用例的最主要发起人或者利益相关者(stake holder)。

表 17-3　用例 2：查看馆内书籍

用例标识和名称	UC002，查看馆内书籍
主要参与人	图书管理员，或者读者
用例描述	参见表 17-1 中 FUN001
前置条件	如果主要参与人是普通读者，则需要完成系统登录操作；如果是图书管理员，则不需要登录操作
基本操作流程	① 输入查看馆内书籍选项。 ② 显示馆藏的所有书籍信息记录。每条记录包含图书 ID、书名、作者、出版社、可借数目等信息。 ③ 读者可以根据馆内信息引发后续的借书操作

表 17-4　用例 3：借书

用例标识和名称	UC003，借书
主要参与人	读者
用例描述	参见表 17-1 中 FUN010
前置条件	成功登录系统，通过 UC002 用例查看馆藏内可以借阅的书籍
基本操作流程	① 输入借书操作选项，进入借书操作。 ② 输入需要借阅图书的标识，例如 book001。 ③ 客户端程序通过网络发送图书标识、借阅数目等信息到服务器程序。 ④ 服务器程序修改馆藏数据相关信息，返回"借书成功"等信息给客户端程序，完成借书操作

表 17-5　用例 4：查看借阅记录

用例标识和名称	UC004，查看借阅记录
主要参与人	读者
用例描述	参见表 17-1 中 FUN009
前置条件	成功登录系统
基本操作流程	① 输入查看借阅记录的操作选项。 ② 客户端程序通过网络发送"查看借阅记录、读者 ID"等信息到服务器程序。 ③ 服务器程序根据读者 ID，从数据库或者内存数据结构中检索该读者的借阅记录信息，然后把该借阅记录列表信息返回给客户端程序。 ④ 客户端程序分条目显示该读者所借阅的图书信息，包含图书 ID、书名、作者、出版社、所借数目等

表 17-6　用例 5：还书

用例标识和名称	UC005，还书
主要参与人	读者
用例描述	参见表 17-1 中 FUN011

续表

用例标识和名称	**UC005，还书**
前置条件	①已经借阅过某本书，知道其图书 ID。②成功登录系统
基本操作流程	① 输入还书操作选项，进入还书操作。 ② 输入需要归还的图书标识，例如 book001。 ③ 客户端程序通过网络发送"图书标识、归还操作"等信息到服务器程序。 ④ 服务器程序修改馆藏数据相关信息，返回"归还成功"等信息给客户端程序，完成还书操作

表 17-7　用例 6：增加用户

用例标识和名称	**UC006，增加用户**
主要参与人	图书管理员
用例描述	参见表 17-1 中 FUN002
前置条件	进入管理员操作界面
基本操作流程	① 进入增加用户操作界面。 ② 输入新用户的标识、密码等相关信息。 ③ 服务器程序修改数据库用户表等相关信息，完成增加用户操作。 ④ 在当前界面显示所有用户的列表信息

表 17-8　用例 7：删除用户

用例标识和名称	**UC007，删除用户**
主要参与人	图书管理员
用例描述	参见表 17-1 中 FUN003
前置条件	①所需删除的用户已经存在。②进入管理员操作界面
基本操作流程	① 进入删除用户操作界面。 ② 输入所需要删除的用户标识等。 ③ 服务器程序修改数据库用户表等相关信息，完成删除用户操作。 ④ 在当前界面显示所有用户的列表信息，以便操作者确认是否删除成功

表 17-9　用例 8：新书入库

用例标识和名称	**UC008，新书入库**
主要参与人	图书管理员
用例描述	参见表 17-1 中 FUN004
前置条件	进入管理员操作界面
基本操作流程	① 进入增加新书的用户操作界面。 ② 输入新书入库相关信息，例如图书 ID、书名、作者、出版社、图书数目等。 ③ 服务器程序修改图书表等相关信息，完成新书入库操作。如果成功入库，则显示"入库成功"，否则，提升"输入信息错误"等相关提示

表 17-10 用例 9：书籍出库

用例标识和名称	UC009，书籍出库
主要参与人	图书管理员
用例描述	参见表 17-1 中 FUN006
前置条件	进入管理员操作界面
基本操作流程	① 进入书籍出库的用户操作界面。 ② 输入所需要出库书籍相关信息，例如图书 ID、图书数目等。 ③ 服务器程序修改图书表等相关信息，完成书籍出库操作。如果成功出库，则显示"出库成功"，否则，提升"输入信息错误"等相关提示。

表 17-11 用例 10：显示用户借阅信息

用例标识和名称	UC010，显示用户借阅信息
主要参与人	图书管理员
用例描述	参见表 17-1 中 FUN005
前置条件	进入管理员操作界面
基本操作流程	① 进入显示用户借阅信息的操作界面。 ② 服务器程序查阅图书借阅信息表等相关信息，分条目显示不同读者的借阅信息情况。包含读者标识，所借阅的图书信息（图书标识、书名、作者、出版社、借阅数目等）

表 17-12 用例 11：导入文件到数据库

用例标识和名称	UC011，导入文件到数据库
主要参与人	图书管理员
用例描述	参见表 17-1 中 FUN007
前置条件	进入管理员操作界面
基本操作流程	① 进入导入文件到数据库的操作界面。 ② 输入批量导入图书信息的文件名称，例如 books.txt。 ③ 服务器程序从外存中读入 books.txt，并对其进行正确解析，把图书信息存入数据库相关表等，以完成批量图书入库功能。图书信息文件所包含的图书信息包括图书标识、书名、作者、出版社、图书数目等。 ④ 入库成功，则在界面上显示"导入成功"提示，如果失败，则给出提示信息，例如"导入失败：文件不存在"

表 17-13 用例 12：导出图书信息到文件

用例标识和名称	UC012，导出图书信息到文件
主要参与人	图书管理员
用例描述	参见表 17-1 中 FUN008
前置条件	进入管理员操作界面

续表

用例标识和名称	UC012，导出图书信息到文件
基本操作流程	① 进入导出图书信息到文件的操作界面。 ② 输入导出图书信息的输出文件名称，例如 books-out.txt。 ③ 服务器程序查询数据库图书信息等相关数据，并进行相应的统计、计算等，把馆藏数据按照条目输出到外存文件，以完成把图书馆书籍信息从数据库导出到文件的功能。图书信息文件所包含的图书信息需要包含图书标识、书名、作者、出版社、图书数目等。 ④ 导出成功，则在界面上显示"导出成功"提示，如果失败，则给出提示信息，例如"导出失败：文件不存在"

4. 非功能性需求分析

1）系统质量需求

一般而言，信息系统主要从可靠性、性能、效率、易用性、安全性、兼容性、可扩展性和可移植性等方面考虑其系统质量需求。本案例为一简单的模拟应用案例，其质量需求假定如表 17-14 所示。

表 17-14　系统质量需求

主要质量属性	详 细 要 求
可靠性	系统应该能在无重大改动的条件下正常运行 5 年以上；在正常情况下，应不出错。一旦发生意外，如掉电、网络不通等，也应保证图书数据不会丢失或者出错
性能、效率	对系统性能无特殊的要求，只要查询图书时没有明显的延迟就可以了，查询的时间不要超过 3s；系统并发用户数不低于 100，最大用户数不低于 1000
易用性	对易用性没有特别要求，能够表达功能意图即可
安全性	在图书借阅过程中要保证事务的完整性，需要完整的权限控制，防止某些人恶意攻击系统，修改原始记录。因此，要求用户在登录时进行身份验证
兼容性	软件系统可以在 Windows、Linux 操作系统下运行；建议采用 Python、Java 等跨平台编程语言实现程序编制
可扩展性	无
可移植性	无

2）用户界面需求

对系统的用户操作界面没有特殊要求，可以采用命令行式的操作界面（Command Line Interface，CLI）或者图形化操作界面（Graphic User Interface，GUI）均可。建议前期采用 CLI 用户界面即可，通过用户输入功能菜单选项来实现不同的功能操作。

3）软硬件环境需求

系统软硬件环境需求如表 17-15 所示。

表 17-15 系统软硬件环境需求

需求名称	详细要求
硬件平台环境	1 台 x86 架构 PC 服务器,CPU 不低于 4 核 8 线程,2GB 以上内存配置,1TB 以上硬盘空间;普通 x86 PC 客户机若干,CPU 不应低于 2 核,1GB 以上内存配置
软件平台环境	服务器运行 Ubuntu Linux 18.04 或者 Windows 10 操作系统;客户机运行 Windows 10 操作系统;程序设计采用 Python 3,服务器和客户机提供相应的执行环境

17.2 系 统 设 计

17.2.1 设计决策和技术选择

(1)本案例需求比较简单,可以采用面向过程的分析设计方法,也可以采用面向对象的分析设计方法。根据上述功能和非功能性需求,拟采用跨平台的 Python 语言编码实现,为保证系统的先进性和后向兼容性,采用 Python 3 而不是 Python 2 来实现系统程序编制。

(2)采用客户机/服务器的网络编程模式,服务器程序可以同时为多个客户机程序提供服务。为了使得服务器可以更好地为多个客户机程序提供服务,拟在服务器端采用多线程编程。每个服务器线程为一个客户机提供独立服务。网络通信可以采用 UDP 或 TCP 的方式进行实现。为简单起见,本案例采用 UDP 作为网络通信协议,并且自定义应用层通信协议。

(3)作为示范,本案例使用 Python 语言分别用面向对象的编程范式和面向过程的编程范式来编写两套不同的实现代码,以满足相同的系统需求。

(4)本应用案例尽可能覆盖较多的计算机和程序设计相关的知识点,例如算法设计、常用数据结构、操作系统中的多线程编程、网络编程、数据库编程、面向对象和面向过程等。

(5)在技术层面的选择为:编程语言采用 Python 3,集成开发环境采用 PyCharm,数据库采用 SQLite,图书文件采用 csv 格式描述等。

17.2.2 系统设计概述

本案例在设计阶段综合采用面向对象、面向过程程序设计方法的相关表达方法来阐述设计思路,例如面向对象中的活动图、用例图,面向过程中的流程图、功能模块图等。

1. 系统总体架构(面向过程)

本案例所要求完成的功能并不复杂,可以采用面向过程的分析设计方法,也可以采用面向对象的分析设计方法。如果采用面向过程的分析设计方法,系统总体设计框架如图 17-2(使用 Visio 2010 绘制)所示。

如图 17-2 所示,服务器采用 2 个线程,通信线程负责解析和客户端之间的通信协议,处理来自客户端的登录、借书、还书等请求;图书管理线程主要面向图书管理员,处理用户管理、图书管理等功能。其中的图书管理线程处理流程如图 17-3 所示。

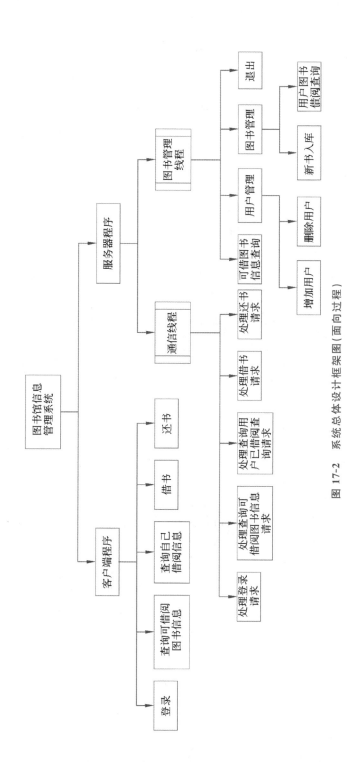

图 17-2 系统总体设计框架图（面向过程）

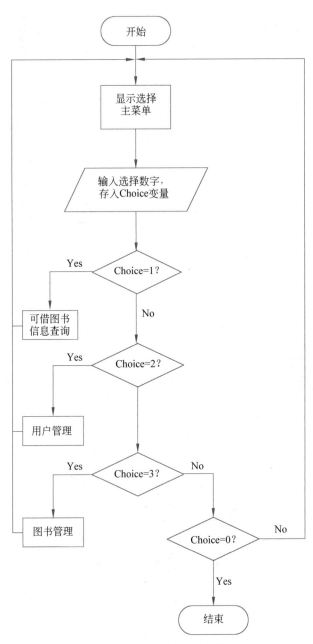

图 17-3　服务器图书管理线程流程图

服务器通信线程的处理流程如图 17-4 所示。

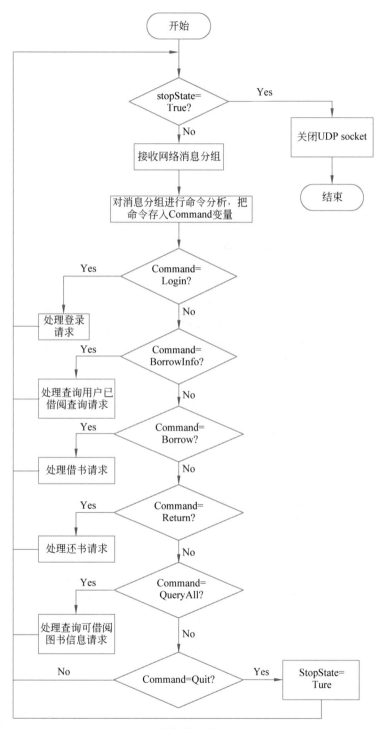

图 17-4 服务器通信线程流程图

客户端图书借阅流程如图 17-5 所示。

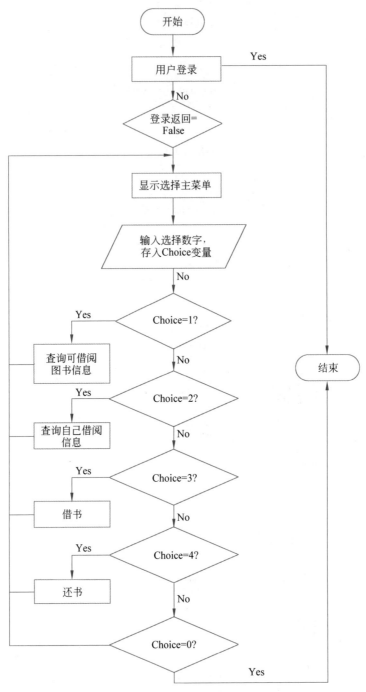

图 17-5　客户端图书借阅流程图

2. 数据结构和数据库设计

1）核心数据结构

服务器核心数据结构如下。

（1）可借阅图书：books，用户保存可借阅图书信息，属于全局变量。

```
books = [
        { 'BookID': 'book001', 'BookName': "C语言程序设计", 'Author': "谭浩强", 'Press': "教育出版社", 'Number': 5 },
        { 'BookID': 'book002', 'BookName': "大学国文", 'Author': "无名氏", 'Press': "教育出版社", 'Number': 4 },
        { 'BookID': 'book003', 'BookName': "计算机科学基础", 'Author': "陆汉权", 'Press': "电子工业出版社", 'Number': 5 }
        ]
```

（2）用户列表：user，允许图书借阅的用户。

```
users = ['zhang', 'li', 'wang']
```

（3）已借阅信息表：borrowInfo，用户借阅图书的信息列表，表示已经被借阅的图书。

```
borrowInfo = {
                'zhang':{'book001':1, 'book002':1},
                'li':{'book001':1, 'book002':2}
                }
```

（4）主要网络参数数据。

```
# 网络通信参数
HOST = '127.0.0.1'       # 服务器IP地址，采用本地地址
PORT = 21567             # UDP 端口
BUFSIZE = 1024           # 接收消息的缓冲区大小
ADDR = (HOST,PORT)
udpSerSock = socket(AF_INET, SOCK_DGRAM)      #获得一个socket插口
udpSerSock.bind(ADDR)                         # 服务器UDP端口绑定
udpCliSock = socket(AF_INET, SOCK_DGRAM)      # UDP 客户端socket, 用于管理线程往服务线程发送消息
stopState = False                             # 服务线程停止状态字
```

客户端核心数据结构如下。

```
loginUser = ""                          # 用来记录登录用户的用户名
HOST = '127.0.0.1'                      # 服务器IP地址
PORT = 21567                            # 服务器UDP端口
BUFSIZE = 1024                          # 接收消息缓冲区大小
ADDR = (HOST,PORT)                      # 服务器IP地址+UDP端口对
udpCliSock = socket(AF_INET, SOCK_DGRAM)     # UDP 客户端socket
```

2）数据库模型

通过建立系统的数据模型来理解和表示问题的信息域。图书馆管理系统涉及 3 个实体：借阅者、管理员、图书。通过对实体数据关系的整理，得到如图 17-6 所示系统ER 图。

数据表如表 17-16～表 17-19 所示。

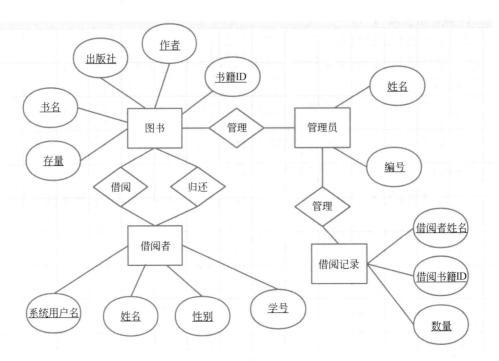

图 17-6　系统的 E-R 图

表 17-16　数据表汇总

表　名	功　能　说　明
USER 表	用户表,记录借阅者信息
BOOK 表	图书表,记录图书馆系统内图书信息
BORROW 表	借阅记录表,记录借阅信息

表 17-17　USER 表

列　　名	数据类型(精度范围)	空/非空	备　注
USER_NAME	TEXT	非空	用户名
NAME	TEXT	空	姓名
STU_NUMBER	TEXT	空	学号
GENDER	TEXT	空	性别

表 17-18　BOOK 表

列　名	数据类型(精度范围)	空/非空	备　注
BOOK_ID	char(20)	非空	书籍 ID
NAME	TEXT	非空	书名
AUTHOR	TEXT	非空	作者
PRESS	TEXT	非空	出版社
NUMBER	INT	非空	存量
LOCK	BOOLEAN	空	锁定标志,判断是否禁止借阅

表 17-19　BORROW 表

列　名	数据类型(精度范围)	空/非空	备　注
USER_NAME	TEXT	非空	借阅者名
BOOK_ID	TEXT	非空	借阅书籍 ID
NUMBER	INT	非空	数量

3. 对象模型设计(面向对象)

如果采用面向对象的程序设计方法,拟对系统的主要领域实体建立对象模型,例如本案例中拟对图书管理员、借阅者、图书等建立对象模型。而类是对象的模板,本案例中主要类的结构设计如图 17-7 所示。

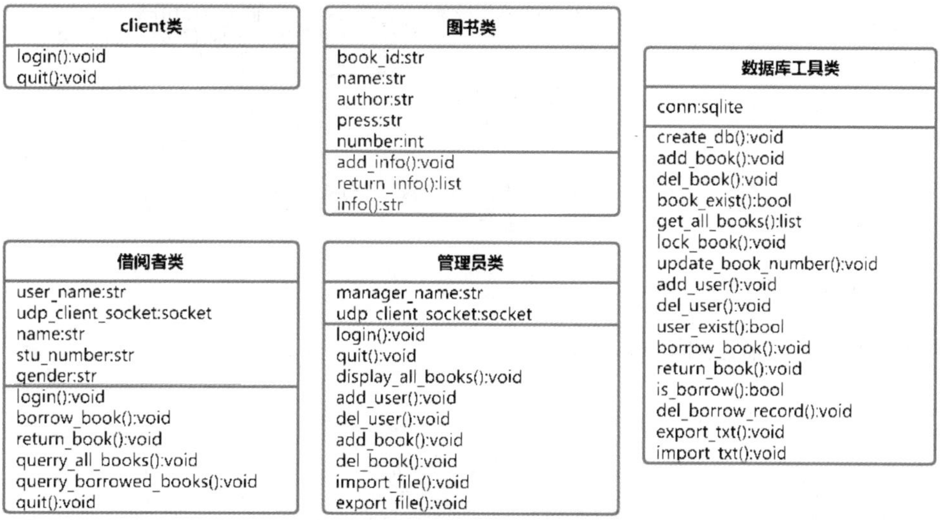

图 17-7　系统主要类的结构设计

17.2.3 核心算法描述

在设计阶段,通常需要对一些核心算法进行描述,如下。

1. 删除用户算法

删除用户算法描述如图 17-8 所示。

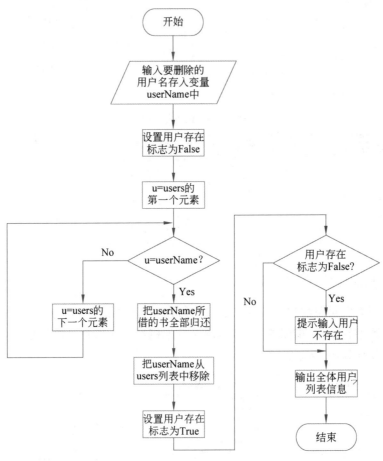

图 17-8 删除用户算法描述

2. 删除图书算法

删除图书算法描述如图 17-9 所示。

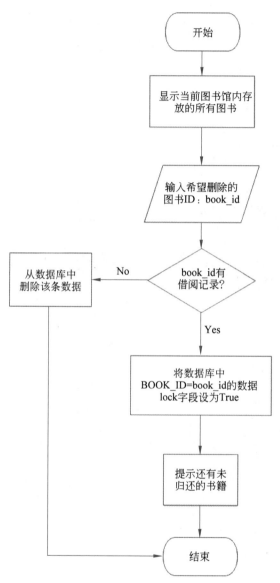

图 17-9　删除图书算法描述

3. 导入文件算法

导入文件算法描述如图 17-10 所示。

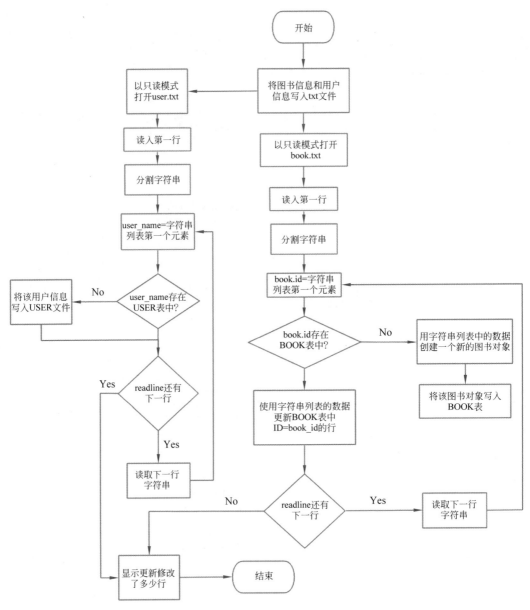

图 17-10　导入文件算法描述

其他核心算法不一一举例,读者可以参考上述描述,自行练习。

◆ 17.3 编码实现

17.3.1 面向过程

参考本书附加材料对应的面向过程编码实现。

17.3.2 面向对象

参考本书附加材料对应的面向对象编码实现。